U0316158

北京市社会科学基金项目

北京镜像

2009—2016年度外媒北京报道研究

高金萍　郭之恩　张海华　著

Beijing Images

Foreign Media Portrayal of Beijing, 2009-2016

中国人民大学出版社
·北京·

序

改革开放 30 余年来，经济和社会的高速发展已经把中国推向世界舞台的中央。北京作为中国的首都，也成为世界关注的焦点。北京发生的事件，往往会产生全球性影响，成为全球媒体关注的中心。然而，在国际社会中北京的媒体形象起伏很大，令关注时政和媒体的研究人士不禁要追问：外媒北京报道的变化究竟体现在哪里？变化的原因为何？这些都是研究外媒关于北京报道的重要课题。

2008 年北京奥运会是近年来中国主办的重大公共外交活动之一，也是最为成功的公共外交活动之一。说它最为成功，一个具体的表现就是 2008 年国外主流媒体对于北京、对于中国的关注达到了一个前所未有并且在相当一段时间里也很难超越的高度。2014 年之后，京津冀一体化战略推动北京与周边地区的同步、同向发展，外媒对于北京的报道是否同步、同向？是否出现变化？也许我们能够从中看到一些与平时熟悉的北京全然不同的地方。这当中有较客观的报道和评论，还有许多歪曲的报道和负面评论。

大众传媒在塑造国家形象和城市形象时，不仅发挥着客观呈现的功能，而且依据其认知框架、刻板印象、意识形态建构着一个媒介化的国家形象或城市形象。这种建构有时扭曲了真相，甚至无中生有、捏造事实。正是由于这种媒介化建构的存在，导致了“妖魔化中国”，导致了“中国威胁论”和“中国黄祸论”。这种扭曲的媒介化建构长期影响着人们对于现实的感受，而且改变了人们的思维模式。

如今，大众传媒因其所发挥的强大影响力，已经成为国家软力量的核心，大众传播关系着一个国家意识形态核心体系是否稳固。一方面，中国需要借助大众传媒让世界知晓、理解、接受中国的发展道路、社会制度、文化价值；另一方面，在国外媒体报道中，中国的进步与发展往往难以得到客观、全面的反映。这要求我们能及时发现其不实报道和谬误，及时回应，纠正其错误舆论。因此，开展关于国外媒体的舆情分析，及时准确地把握国外媒体对于中国的报道动态，对于具有针对性地开展对外传播具有十分重要的意义。

随着互联网技术和大数据分析的推广应用，现代舆情研究往往通过数据库检索来发现重点话题、焦点事件。但是在全球语境中，外媒往往用北京来指代中国政府，哪些报道指涉北京，哪些报道指涉中国，混杂一处难分你我。对于研究外媒舆情的学者来说，精细地分摘出外媒关于北京的舆情也得在方法论上有所讲究。

直面这种迫切和困难，承担外媒关于北京报道的舆情收集、动态分析、特点和规律的研究，也是需要勇气的。

北京语言大学外媒报道分析中心的一帮年轻人，从 2010 年开始从事外媒涉华舆情分析。近年来，他们服务北京、服务政府，努力向智库方向发展。北京语言大学是一所以对来华留学生进行汉语、中华文化教育为主要任务的国际型大学，有 180 多个国家和地区的留学生在这个校园里学习中华文化，故其有“小联合国”之称。这也为北语外媒报道分析中心开展外媒舆情研究提供了一个良好的环境。北语外媒报道分析中心结合该校留学生教育开展的舆情研究，更能够以全球视野俯瞰北京的变迁。我相信，舆情研究不仅仅是基于文本的分析，更应该是立足于外国受众所在的社会制度、传统文化和传播语境的解读。外媒关于北京的观察和叙述，总是从其自身立场出发、从所在国意识形态出发的“事实”再现——而基于他们所信奉的所谓“政治正确”也往往会脱离“真实”甚远，由此可见北语外媒报道分析中心之任重道远。

本书从年度报告、媒体报告和专题报告三个层面，对近 8 年外媒关于北京的报道进行了分析，具有原创性。其中呈现的大量数据具有很高的资料价值，对于政府有关部门的信息追踪具有一定的参考意义。也许其中的一些结论尚待时间去检验，然而这些年轻人为了北京的发展用心、用力，让我很敬佩。祝愿他们持之以恒，用自己的智慧为北京、为国家的发展提供支持，取得更多、更好的研究成果！

中国人民大学新闻学院院长、国务院新闻办原主任　赵启正
2017 年 1 月 9 日

目 录

年度报告篇

奥运光环下北京的嬗变

——2009—2016 年度国外主流媒体关于北京报道的分析报告 …………… 3

一、国外主流媒体关于北京报道的概况 ………………………………… 4

二、国外主流媒体关于北京报道的特点与趋势 ………………………… 8

三、作为全球城市北京形象塑造的传播策略 ………………………… 12

2009 年度国外主流媒体关于北京报道的分析报告 ………………………… 15

一、国外媒体关于北京报道的概况 …………………………………… 15

二、国外主流媒体关于北京报道的报道主题分析 …………………… 16

三、2009 年度国外主流媒体关于北京报道的特点与规律 ……………… 25

2010 年度国外主流媒体关于北京报道的分析报告 ………………………… 28

一、国外媒体关于北京报道的概况 …………………………………… 28

二、国外主流媒体关于北京报道的报道主题分析 …………………… 29

三、2010 年度国外主流媒体关于北京报道的特点与规律 ……………… 38

2011 年度国外主流媒体关于北京报道的分析报告 ………………………… 41

一、国外媒体关于北京报道的概况 …………………………………… 41

二、国外主流媒体关于北京报道的报道主题分析 …………………… 42

三、2011 年度国外主流媒体关于北京报道的特点与规律 ……………… 54

2012 年度国外主流媒体关于北京报道的分析报告 ………………………… 57

一、国外媒体关于北京报道的概况 …………………………………… 57

二、国外主流媒体关于北京报道的报道主题分析 …………………… 59

三、2012 年度国外主流媒体关于北京报道的特点与规律 ……………… 68

2013年度国外主流媒体关于北京报道的分析报告 …… 70
一、国外媒体关于北京报道的概况 …… 70
二、国外主流媒体关于北京报道的报道主题分析 …… 71
三、2013年度国外主流媒体关于北京报道的特点与规律 …… 82
2014年度国外主流媒体关于北京报道的分析报告 …… 84
一、国外媒体关于北京报道的概况 …… 84
二、国外主流媒体关于北京报道的报道主题分析 …… 85
三、2014年度国外主流媒体关于北京报道的特点与规律 …… 104
2015年度国外主流媒体关于北京报道的分析报告 …… 107
一、国外媒体关于北京报道的概况 …… 107
二、国外主流媒体关于北京报道的报道主题分析 …… 110
三、2015年度国外主流媒体关于北京报道的特点与规律 …… 137
2016年度国外主流媒体关于北京报道的分析报告 …… 140
一、国外媒体关于北京报道的概况 …… 140
二、国外主流媒体关于北京报道的报道主题分析 …… 141
三、2016年度国外主流媒体关于北京报道的特点与规律 …… 160

媒体报告篇

观点与立场的耦合
——2009—2016年英国《经济学人》报道中的北京 …… 165
一、研究背景 …… 166
二、2014年9月至2015年4月的涉华报道和北京报道 …… 166
三、2009—2016年《经济学人》关于北京的报道 …… 174
四、《经济学人》报道中的北京形象关键词 …… 177
五、观点与立场的耦合 …… 208
一种城市形象传播的视角
——2009—2016年CNN北京报道 …… 210
一、世界城市大竞争的时代：城市形象战略的重要性 …… 210
二、城市形象传播的框架与策略 …… 212
三、研究思路与研究方法 …… 214
四、调查发现与分析 …… 215
五、对北京城市形象传播的启示 …… 219

专题报告篇

APEC 峰会期间外媒关于北京雾霾报道的话语分析 ……………………… 225
一、研究背景 ………………………………………………………………… 225
二、研究综述 ………………………………………………………………… 227
三、研究方法 ………………………………………………………………… 230
四、研究发现 ………………………………………………………………… 232
五、核心议题的话语建构 …………………………………………………… 236
六、外媒雾霾报道的话语特征分析 ……………………………………… 239
七、结论与讨论 ……………………………………………………………… 244
美国主流媒体视野中的北京人形象（2009—2016） ………………… 247
一、研究背景 ………………………………………………………………… 247
二、研究综述 ………………………………………………………………… 248
三、研究方法 ………………………………………………………………… 251
四、研究发现 ………………………………………………………………… 252
五、结论与讨论 ……………………………………………………………… 260
英美主流媒体关于北京城市形象的认知分析
——以《纽约时报》和《每日电讯报》为例 ……………………………… 263
一、研究背景 ………………………………………………………………… 263
二、研究设计 ………………………………………………………………… 266
三、英美主流媒体对北京形象建构的分析 ……………………………… 267
四、从英美主流媒体对“北京建筑”报道看北京形象的国际认知 … 274
五、北京城市形象对外传播的对策建议 ………………………………… 277
六、结语 ……………………………………………………………………… 279

参考文献 ……………………………………………………………………… 280
附录 1：国外 50 家主流媒体来源 ………………………………………… 282
附录 2：2009—2016 年北京大事记 ……………………………………… 284
后　记 ………………………………………………………………………… 299

年度报告篇

奥运光环下北京的嬗变

——2009—2016年度国外主流媒体关于北京报道的分析报告

高金萍

北京是中国的政治和文化中心，是世界著名的历史文化名城。2008年，美国期刊《外交政策》首次发布“全球城市指数”排名，根据这一排名，北京已跻身全球城市（global cities）之列，在商业活动、人力资源、信息交流、文化积累及政治参与等方面，仅次于伦敦、巴黎、纽约和东京四大城市①。“全球城市指数”以荷兰裔美国社会学者萨斯基亚·萨森（Saskia Sassen）领导的“全球化与世界级城市研究小组与网络”（Globalization and World Cities Study Group and Network，GaWC）② 的研究为基础，自2008年首发后，GaWC在2010年、2012年、2014年也发布了全球城市的研究报告。所谓全球城市，指在社会、经济、文化或政治层面直接影响全球事务的城市，它们是全球化得以实现的主要通道，全球经济和政治的功能运转以这些全球城市为中心地点③。全球城市以其发达的信息基础设施和其他高度集中的服务设置为基础，实施和指引全球化运作④，成为“全球化的发动机”。

北京从一个“某一领域极为突出的城市”（政治）跃升为“全球城市”的历史节点，是2008年成功举办奥运会。2012年以后，法新社、英国《经济学人》、美国《华尔街日报》等媒体，在报道中多次称北京为全球城市⑤。2009—2016

---

① Brad Amburn. The main parameters are “Business activity” (30%), “Human capital” (30%), “Information exchange” (15%), “Cultural experience” (15%) and “Political engagement” (10%). The 2008 Global Cities Index [R]. Foreign Policy (November/December 2008). 2008-10-21.

② http://www.lboro.ac.uk/gawc/.

③ A. T. Kearney. 2012 Global Cities Index and Emerging Cities Outlook [R]. 2012-05-09.

④ 安东尼·吉登斯. 社会学 [M]. 李康，译. 北京：北京大学出版社，2009：763.

⑤ China urbanisation rattles on, but at what cost? [N] Agence France Presse, 2012-01-22. A continued infrastructure boom: Going underground [N]. The Economist, 2013-04-27. Spread Sheet: Raising the Rent-Globally-Cities like Dubai and Shanghai are seeing big rent increases as more expats move in; Corporate executives seek out furnished apartments in Beijing; in New York, they look for luxury amenities [N]. The Wall Street Journal, 2013-05-24.

年，国外主流媒体关于北京的报道数量呈增长之势，它们以独特的角度展现了2008 年奥运后北京的城市变化；同时也体现着西方媒体对北京城市形象的国际认知，塑造着西方受众心目中的北京城市形象。本研究使用道琼斯公司旗下的全球新闻及商业数据库 Factiva，对国外主流媒体近 8 年关于北京的报道进行分析研究，探索外媒关于北京报道的规律，为北京的全球城市形象塑造提供对策建议。

一、国外主流媒体关于北京报道的概况

道琼斯公司旗下的 Factiva 数据库，是当前国内政府部门、高等院校及民间智库最经常使用的媒体资源数据库之一，它收录了全球性报纸、期刊、杂志、新闻通讯社等主流新闻采集和发布机构发布的新闻报道、评论文章及博客，如《纽约时报》、《华盛顿邮报》、《泰晤士报》、《金融时报》、《经济学人》、世界著名通讯社和网站等，此外还包括道琼斯公司和《华尔街日报》等独家收录的资源。本研究以 Factiva 数据库中的国外 50 家主流媒体（含世界四大通讯社）为信息来源，以国际通用语言英语为检索语言，以新闻标题和导语中至少出现 3 次“北京”为检索限制（目的在于尽量去除“以北京指代中国”的媒体报道），进行全数据库检索。自 2009 年 1 月 1 日至 2016 年 12 月 31 日，国外主流媒体共发布关于北京报道 60 877 条，平均每年度 7 609 条。2009—2016 年度，国外主流媒体关于北京报道的总体数量呈增长之势，8 年中报道数量较多的是 2015 年（9 212 条）、2014 年（8 884 条）、2016 年（8 264 条）（见图 1）。

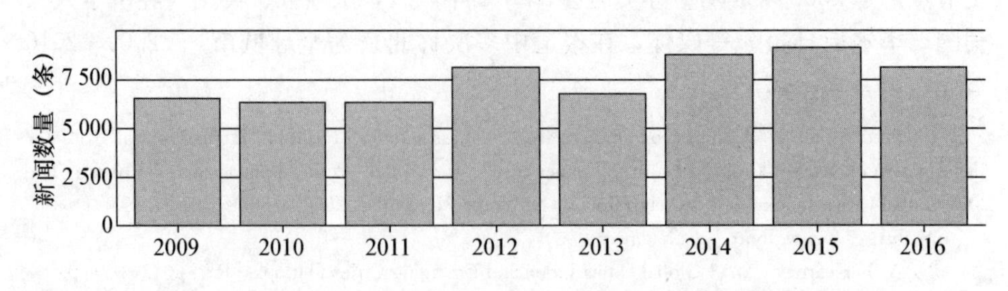

图 1　2009—2016 年度国外主流媒体关于北京报道总体数量趋势图

1. 报道趋势分析

2014—2016 年，外媒关于北京报道的总量居 8 年来的高位，体现了三个

特点：一是近年来北京在城市发展的各个领域确实取得了显著成绩，大事要事不断；二是近年来北京外宣工作确实上了一个台阶；三是自 2009 年以来北京奥运的影响力没有衰减，而 2022 年冬奥会申办成功又为北京奥运的光环附加了一层晕轮。

2014 年和 2015 年报道量稳步抬升的一个重要原因，是北京联合张家口申办 2022 年冬季奥运会并获得成功，吸引了外媒的高度关注；2016 年北京的冬奥会筹备工作，也是各国媒体聚睛细察的关键点。三个报道量较多的年度，都涉及奥运主题。

从报道量的月度分布情况，能够更加清晰地观察到近 8 年来北京通过主办国际性重大活动，广泛吸引外媒关注北京的变革和进步。具体情况如表 1 所示。

表 1　　2009—2015 年外媒报道量月度排名

排序	报道时间	报道总量	重点报道主题
1	2015 年 8 月	1 146	北京获得 2022 年冬奥会申办权（176 条） 第 15 届世界田径锦标赛（174 条）
2	2014 年 11 月	1 136	APEC 会议在京召开（226 条） 北京雾霾（174 条）
3	2012 年 5 月	1 062	陈光诚登机赴美留学（386 条）
4	2014 年 10 月	998	北京国际马拉松邀请赛在雾霾中开跑（53 条） 北京积极筹办 APEC 会议（37 条）
5	2015 年 7 月	957	北京投标 2022 年冬奥会申办权（164 条）
6	2015 年 12 月	950	北京遭遇严重雾霾（279 条）

外媒北京报道提及最多的主题情况如图 2 所示。

2. 报道来源分析

就北京报道资讯数量最多的 20 家媒体统计数据来看（媒体名称中外文对照参见附录 1），报道量最大的五家通讯社分别是：路透社（英国）、法新社（法国）、美联社（美国）、共同社（日本）、印报托（印度）（见图 3）。通讯社在国际传播中具有独特的优势，是本国媒体获取国际新闻的重要来源。

从 20 家媒体对北京报道的分布区域来看，报道量最多的国家及其报道在

提及最多的主题

主题	数量
国内政治	13 600
外交关系/事务	10 600
罪行/法庭	4 285
通讯社稿件	3 368
企业/工业新闻	2 891
武装部队	2 738
人权/公民自由	2 578
经济状况	2 516
奥林匹克运动会	2 081
评论/观点	1 944
经济新闻	1 940
实物贸易	1 918
“内乱”	1 861
政治/综合新闻	1 845
头版新闻	1 810
专栏	1 762
主要电讯新闻	1 738
经济增长/衰退	1 564
自然环境	1 450
外汇市场消息	1 293

图 2　2009—2016 年度国外主流媒体关于北京报道的报道主题分布图

提及最多的资讯来源

资讯来源	数量
Reuters News	9 396
Agence France Presse	6 208
Associated Press Newswires	4 726
The Wall Street Journal Online	4 007
The Wall Street Journal(Asia Edition)	3 469
Kyodo News	2 452
The Wall Street Journal	2 145
The New York Times	1 909
The Wall Street Journal(Europe Edition)	1 877
The Straits Times(Singapore)	1 869
Press Trust of India	1 807
Yonhap English News(South Korea)	1 589
The Times(U.K.)	1 401
International New York Times	1 296
NYTimes.com Feed	1 294
Sputnik News Service(Russia)	1 175
PNA(Philippines News Agency)	1 138
The Australian	1 110
The Guardian(U.K.)	919
All Africa	772

图 3　2009—2016 年度国外主流媒体关于北京报道的媒体分布图

全部报道中的比例分别是：英国（11 716条，18.8%）；美国（10 642条，17.1%）[①]；法国（6 208条，9.98%）；日本（2 452条，3.94%）；新加坡（1 869条，3.07%）；印度（1 807条，2.96%）。由此来看，不仅西方大国密切关注北京的变革，发展中国家也在注视着北京的一举一动。

二、国外主流媒体关于北京报道的特点与趋势

2008年北京成功举办夏季奥运会，是新中国成立以来北京在城市发展史上最重大的事件之一。2008年6月17日，《华尔街日报》最早提出了“后奥运时代”（Post-Olympic China；Post-Olympic Beijing）一词（“Post-Olympic Win for Crip. com Stock? Growth Has Slowed for Chinese Firm on Nasdaq Market”）。“后奥运时代”所涉及的主题主要包括旅游业、股票业、房地产业、会展产业、交通运输业与电信产业等。实质上，奥运对北京的影响，并没有随着时间的推移而消散，2015年冬奥会申办成功再度让北京披上奥运的光环。如果说有一条红线贯穿近8年外媒关于北京的报道，那就是奥运。

2009—2016年外媒关于北京的报道中，每年都有涉及2008年北京奥运的相关报道。2009—2011年，外媒的关注点是奥运场馆利用情况；2012年，伦敦奥运与北京奥运的比较、互鉴成为关注最多的话题；2013年国际奥委会宣布启动2022年第24届冬奥会申办程序，北京报道再度泽被奥运的光晕；2014—2015年北京积极筹备申办冬奥会并获得成功，外媒巨细无靡地记录了北京的申办过程、面临的困境和无数的猜测；2016年北京筹备冬奥会的情况以及国际奥委会对北京筹备情况的检查，也是外媒热衷报道的话题。奥运主题的报道一方面折射出2008年北京奥运的无限魅力，另一方面显示了国际性活动对于北京成为举世瞩目的全球城市的重要意义。

1. 近8年北京报道的密集度没有超越2008年

2008年，50家国外主流媒体关于北京报道总量为13 619条，其中夏季奥运会（8 699条）和残奥会（199条）共计8 898条，共占2008年报道总量的

---

① 在美国媒体报道量计算中，除通讯社以外，每家主流媒体的报道量计算，仅使用数量最高者，其余忽略不计。如，华尔街日报在线、《华尔街日报》（欧洲版）、《华尔街日报》、《华尔街日报》（亚洲版）等，只取报道量最多的华尔街日报在线，其余忽略不计，以避免重复计算。纽约时报在线和《纽约时报》，仅计算纽约时报在线。

65.3%。可见，2008年奥运会为北京赚足了外媒的关注，为北京国际影响力的提升发挥了重要作用。在2009—2016年度外媒关于北京报道中，有关奥运主题的报道为2 081条。年度分布情况如表2所示：

表2　2009—2016年度国外主流媒体关于北京报道总量　单位：条

年度	报道总量	奥运主题报道量	奥运报道占报道总量比值
2009	6 594	443	6.72%
2010	6 414	144	2.25%
2011	6 507	146	2.24%
2012	8 209	483	5.88%
2013	6 793	51	0.75%
2014	8 884	63	0.71%
2015	9 212	527	5.72%
2016	8 264	224	2.71%
合计	60 877	2 081	3.42%

近8年，每年均有奥运报道出现，奥运报道超过年度平均值的三个高峰分别是2009年、2012年、2015年。2009年，外媒报道的关键概念是“后奥运时代”，北京奥运的后续影响广泛地体现于外媒北京报道中。2012年也是奥运年，伦敦奥运吸引了全球注目，外媒在展现和评价伦敦奥运得失的同时，也在审视北京主办2008年奥运会的经验和成绩。2015年，经过努力，北京和张家口获得2022年冬奥会主办权，在国际奥组委赴京实地考察和吉隆坡投票过程中，外媒都发布了大量关于北京成为首个既举办夏奥会又举办冬奥会的城市的报道。

随着2016年8月第31届夏季奥运会在巴西里约热内卢开幕，奥运主题的报道数量略有增长，加之国际奥委会赴京检查冬奥会筹备情况，2016年也成为奥运主题报道的一个小高峰。随着冬奥会的临近，外媒关于奥运主题的报道数量也会缓步抬升，直至2021—2022年达到一个新的高峰。

2. 国际性事件与重大活动为北京形象增光添彩

2009年，中国成为世界第二大经济体，之后，随着国际地位的提升，中国越来越多地参与国际事务、承担大国责任、主办大型国际活动。2008年奥运会结束后，北京主办的多项常规性国际性文化活动（如北京国际电影节、中国网球公开赛、国际马拉松邀请赛、国际音乐节、世界媒体峰会、金砖五国媒体峰会、环北京职业公路自行车赛）越来越吸引外媒的关注，报道量呈逐年上升趋势；北京主办的全球首脑级活动APEC峰会、第15届世界田径锦标赛等，不仅获得了驻京外媒的全程关注，在举办期间还吸引了各国媒体记者赴京采访报道。

国际性重大活动在京举办，需要北京以综合实力作为支撑，包括政治稳定、经济繁荣、社会安全、公众支持等，北京也将为这类活动的举办投入大量的人力、物力。其结果是，无论是在京举办的政治性议题或会议，还是体育文化类的国际性赛事或活动，客观上都为北京形象增光添彩。外媒对这些国际性事件或活动的报道虽然褒贬态度有别，但都体现了为了办好活动，北京政府大力投入、集体动员的能力，客观上显示了中国的强大、北京的发展。

3. 房地产业是外媒观察北京经济的一个窗口

2008 年全球金融危机之后，北京在全国率先转向稳定经济增长、遏制经济下行。房地产业是北京乃至中国经济的风向标，在稳定经济增长、遏制经济下行的关键时刻，还需要房地产发挥更多作用，需要房地产市场的消费拉动整个消费的进程。在过去 8 年中，北京房地产市场蓬勃发展，在给城市 GDP 带来高速增长的同时，过热的房地产市场也显示出其脆弱性，价格错位以及过度建设等问题频发。外媒对于北京房地产的疯狂增长持讶异态度，持续关注其发展。

2010 年 12 月 29 日，《华尔街日报》专栏文章《中国的疯狂》（“A Frenzy in China”），用经典的“华尔街日报体”叙述了“我”的卖房经历，认为中国房地产市场已经进入崩溃后的泡沫期，房地产价格已经超出了一般购买者可达到的程度。2011 年 6 月 24 日，《华尔街日报》刊登《中国房地产关注度上升》（“China Real-Estate Concerns Rise”），称最近中国的房价下挫开始动摇人们对于中国经济增长活力的信心，引发了社会各界对于中国经济过度负债的争议，并例举了美国和日本的房地产泡沫。2012 年 7 月 11 日，菲律宾通讯社、路透社等多家媒体报道《北京出现新高价格地块拍卖》（“Beijing Sees New High-price Land Plot Auctioned”），称 7 月 11 日北京以 26.3 亿元人民币（约合 4 亿 1 317 万美元）的新高价格拍卖地块，这一地块在海淀区万柳，有 38 868 平方米。2013 年 12 月 9 日，路透社报道《择校教育驱动北京房地产市场》（“In Beijing Housing Market，Education Drives Location”），称一对夫妇愿意以两倍的价格购买他们现在只有 18 个月大的女儿未来能够上的小学附近的一个小房子。因为中国很多城市的公立小学，只接受住在附近的儿童，像这对夫妇这样的父母，正在抬高最受欢迎的学校附近的房价。中国放宽独生子女政策后的婴儿潮，将加快这一趋势。2014 年 11 月 26 日，《华尔街日报》（亚洲版）刊登报道《开发商表示，北京房地产正在复苏》（“Developer Says

Beijing Real Estate Is Reviving")，报道称中国最大的房地产开发商万科集团的高级执行官认为，上半年以来，北京的房地产市场展露出改善迹象，但是，即使是在上周的降息之后，房地产大幅上涨也不太可能。2015 年，路透社发布报道《北京大龙伟业以 4.03 亿元赢得北京土地拍卖》("Beijing Dalong Weiye Wins Land Auction for 403 Mln Yuan in Beijing")。2016 年上半年，北京房价出现快速上涨，外媒认为有出现泡沫化的倾向；12 月报道引用北京市政府信息说明房价停止上涨，北京市调控政策初现成效。上述报道粗略描绘出了房地产业与北京经济增长的关联，未来这类报道仍然是外媒观察北京经济衰退与繁荣的一个重要视角。

4. 突发事件报道显示了北京政府日益开放的姿态

近 8 年外媒关于北京的报道，鲜明地显现着北京政府管理日益开放的姿态。在 2009—2010 年的突发事件报道、社会安全类报道中，外媒多次提及致电北京市公安局等相关部门，却无人接听电话或对方称负责人员不在。2011 年以后，报道中很少出现这类信息。在 2014—2015 年的突发事件报道中，外媒越来越多地引用北京媒体的报道内容、北京政府官员的话语。在 2016 年的突发事件和社会安全报道中，外媒大量使用"平安北京"微博和北京本地媒体作为信源。纵观 8 年来外媒关于北京的报道，可以看到北京政府管理日益开放，北京外宣部门的信息服务更为全面，官员的媒介素养有了明显提升。

5. 北京文化的国际传播为北京增添无限魅力

近 8 年外媒关于北京城市文化的报道，交融着"传统北京"（北京传统文化的保护与传承）与"现代北京"（北京文化的国际传播）两个主题。北京既是中国的政治、文化中心，也是名扬中外的历史文化名城。北京核心区有 1 000 多条胡同，北京的故宫、长城、胡同、公园也已经成为北京的人文符号。具有老北京特色的传统街巷胡同和棋盘式路网骨架并存，青灰色民居烘托着红墙黄瓦的宫殿建筑群，这是北京最具魅力的地方，是北京的城市风格和个性。透过这些，不仅可以看到北京市民的日常生活，也可以看到历史的变迁、时代的风貌。外媒从怀旧角度出发，密切关注北京政府对于这些景观的保护和传承；这些人文景观发生的变化，也是外媒津津乐道的。近 8 年来，北京国际电影节、北京国际音乐节等文化品牌活动，致力于实现北京传统文化与世界文化的融合，以开放的姿态接纳西方艺术与文化，赢得了外媒的关注和赞赏。

6. 北京治理“大城市病”的举措获得外媒认可

外媒不仅看到北京改革开放 30 多年来的快速发展，也将北京在环境保护、交通拥堵、人口激增等方面出现的问题看在眼里。近 8 年来，外媒对北京雾霾、交通拥堵、人口增长的报道数量与年俱增，报道可以分为两个阶段：第一阶段（2009—2012 年），报道以记录、展现北京的“大城市病”为主要内容，交通拥堵、空气污染和水资源紧缺等问题极大地影响着北京城市形象。第二阶段（2013—2016 年），2013 年北京市政府发布《北京市 2013—2017 年清洁空气行动计划》，此后北京陆续出台多项改善空气污染的政策；2014 年京津冀一体化战略隆重登台，为北京的发展开辟了一个崭新的空间，北京市积极作为、向污染宣战的举措，得到外媒的广泛报道和一些肯定。

国外主流媒体关于北京的报道内容，与 GaWC 对于全球城市的评定准则不乏相同之处。GaWC 强调全球城市应具备：（1）庞大的人口，多元化的市民来源，人口流动性；（2）庞大的金融储备/支出和服务供应，城市的 GDP 产值以及股票市场；（3）拥有跨国公司的总部；（4）生活指数或城市发展指数，如亿万富翁数目；（5）瞩目的交通，如巨大的机场的吞吐量、普及的公共交通系统、卓越的铁路使用、重要的海港等；（6）重要的科技效能；（7）卓越的城市基建，如摩天大楼、标志性建筑等；（8）重要的城市设施，如教育机构、研究机构、生活设施等；（9）世界宗教的参拜圣地；（10）拥有国际组织的总部；（11）城市拥有联合国教科文组织历史及文化遗产；（12）高水平的文化设施，如著名的博物馆、歌剧院、电影中心和电影节、国际体育盛事场地；（13）旅游生产力，如一定规模的旅客、旅游经济、赛事等。上述 13 个指标可简约化为三个指标群：一是具有雄厚的经济实力；二是具有巨大的国际高端资源流量与交易（包括金融、科技、交通、文化、信息）；三是具有全球影响力。

外媒对于北京的城市化发展、经济金融稳定、生活指数、交通、文化、国际性活动等方面的报道，实质上是紧密围绕上述三个指标群开展的。这些逐年增长、巨细靡遗的报道，既有客观报道，也有从意识形态角度进行的冷嘲，从历史的角度来看，确实从多角度、多侧面展示了北京作为全球城市的变迁。

三、作为全球城市北京形象塑造的传播策略

北京引领着中国的现代化发展进程，一方面北京政府有责任通过媒体传

播其改革创新发展的实绩，为中国、为世界做出表率。同时，现代化进程中的正面和负面结果也是清清楚楚的，应当对外媒的负面报道持宽容和理解态度。一方面，西方国家也经历过现代化的发展历程，西方媒体在报道时，更偏向于以自己的视角、自己的经历来看待北京、看待中国。另一方面，北京政府有责任通过客观事实阐明中国的态度、北京的态度，阐明自己选择不同于西方做法的原因，为中国的发展、北京的发展营造良好的国际舆论空间，塑造北京开放、文明、繁荣、发展的全球城市的媒介形象。为此，要通过多方面共同努力“说透北京”，让外国人“读懂北京”。

（1）强化政府的议题设置能力。在重大活动或事件报道中，要加强报道策划，主动引领媒体传播方向，如及时报道“一带一路”倡议、京津冀协同发展战略、南水北调等重大事件的最新进展、各项成就、公众反应等，多一些真实、变化和新鲜，少一些概念、空泛和铺叙，通过舆论引导展示友善、积极、正面的政府形象；在官员腐败案件、社会安全类报道中，要结合这类负面报道，大力增加防范腐败和保障安全的制度建设信息，明确昭示北京政府在制度建设方面的进展，塑造北京政府为公、为民的政府形象。

（2）提高官员的国际传播素养，从国家形象塑造的高度来应对媒体。在突发事件特别是灾难性事件的报道过程中，境外媒体往往会使用北京政府、北京媒体发布的统计数据，或报道主管官员的一言一行。为此，应当通过培训的方式来提高官员的媒体意识、公关意识、形象意识，帮助政府官员学会从国家形象塑造的高度来规范自己的言行举止。

（3）提升对外媒舆情的分析评判能力（包括信息采集、分析、预警等）和实时舆情监测能力。为此，一方面需要提高技术水平和加大资金投入，能够借力现代科技及时、高效地分析和把握外媒舆情变化和走向。另一方面需要提高突发事件处理和应变能力。在重大事件、突发事件中，要通过迅速高效地引导舆论、组织舆论来塑造政府形象、国家形象。在网络信息时代，一味地封锁信息是徒劳的；只有变堵为疏，放宽网络控制，方为制胜之道。

（4）借力北京文化的国际传播展示和提升北京全球城市形象。北京的独特价值，不仅体现在物质文化（建筑、产品）中，而且体现于精神文化（电影节、音乐节、制度文化）中。北京要善于借力大型国际性活动，凸显自身特性；围绕重大主题，帮助外国公众“读懂北京”。在文化类报道中，努力将外媒的关注点从文化差异性转移到文化相似性上，通过人类的文化共同性搭建跨文化传播的基础。

（5）强化科技报道，塑造北京繁荣发展的全球城市形象。要大力加强北京科技创新的宣传，树立科技北京的形象。北京科技创新的报道应分为两类：

其一是对自主创新的报道；其二是对中外科学家合作创新的报道。前者可以从多个主题、多个角度进行报道，形成舆论合力，引导境外媒体关注北京的科技创新和发展；后者可以从中外技术合作与应用的角度进行报道，这类报道既不会引发境外舆论的猜忌和“中国威胁论”的附会，而且有助于彰显北京融入世界的姿态。

（6）鼓励市民参与促进北京文明进步的社会活动。首都文明办在APEC峰会召开前夕主办的“迎接APEC精彩北京人”活动，既提升了市民素质，也塑造了城市形象，展示了北京人爱国爱家的美善之心，获得外媒赞誉。对于北京市民形象的塑造，不仅要在北京人爱国爱家上大下功夫，而且要努力展现北京市民的国际公民情怀。这就需要从细节上下功夫，从选题上找亮点。

作为全球城市，北京的未来发展之路必然与国际化、全球化紧密联系在一起。北京的全球竞争力不是孤立发展的，它既要与国际网络系统中的其他全球城市紧密相连，更要与其国内网络系统（京津冀一体化系统）中的其他城市紧密合作。全球城市的连通性即其重要性，北京也将在与其他城市的联系与交流中，提升其竞争力和影响力。因此，对于北京城市形象的社会评价与媒体塑造，也将存在于一个更加宏阔的视域之中。当前，北京的全球城市形象塑造还缺乏对其外部连接性的重视，应强调北京与其他全球城市、与京津冀一体化城市的互动互联，引导国外媒体关注北京在政治、经济和文化发展方面全球性和地方性的引领作用和全球贡献。

2009年度国外主流媒体关于北京报道的分析报告

高金萍

本研究使用道琼斯公司旗下的全球新闻及商业数据库Factiva，对国外主流媒体关于北京的报道进行分析研究。Factiva数据库收录的资源包括全球性报纸、期刊、杂志、新闻通讯社、网站等主流新闻采集和发布机构发布的新闻报道、评论和博客文章，如《纽约时报》、《华盛顿邮报》、《泰晤士报》、《金融时报》、《经济学人》、世界著名通讯社等，此外还包括道琼斯公司和《华尔街日报》等独家收录的资源。本研究以Factiva数据库中的国外50家主流媒体（含世界四大通讯社）为信息来源，以国际通用语言英语为检索语言，以新闻标题和导语中至少出现3次“北京”为检索限制（目的在于尽量去除“以北京指代中国”的媒体报道），进行全数据库检索。自2009年1月1日至12月31日，国外主流媒体共发布6 594条关于北京的报道。

一、国外媒体关于北京报道的概况

2009年全年，国外媒体关于北京报道的数量比较稳定，报道量最多的是3月，共691条，报道量最少的是8月，共465条（见图1）。

1. 报道趋势分析

2009年报道量的四个高峰分别是3月（691条）、6月（624条）、2月和9月（均为583条）。上述四个报道高峰涉及的主题主要是：

3月：3月28日中国庆祝西藏解放50周年相关报道；3月18日中国商务部根据《反垄断法》禁止可口可乐收购汇源公司的相关报道。

6月：1989年春夏之交政治风波的相关报道。

2月：中央电视台新址园区正在建设的附属文化中心大楼工地因违规燃放烟花发生火灾的相关报道。

9 月：国庆 60 周年筹办及安保工作；北京开始大规模注射疫苗以防治 H1N1 流感。

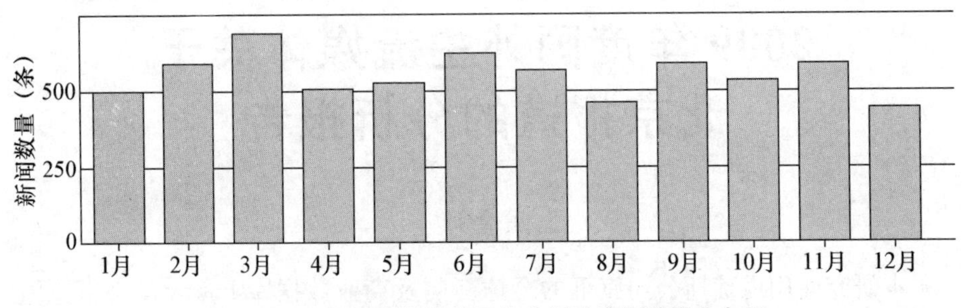

图 1　2009 年国外媒体关于北京报道的报道量分布图

2．报道主体分析

从报道量居首的 20 大媒体来分析，关于北京报道最多的国家和媒体依次为（见图 2）：

美国（1 668 条）：美联社、《华尔街日报》、《纽约时报》、《洛杉矶时报》。

英国（1 437 条）：《泰晤士报》《卫报》。

法国（756 条）：法新社。

澳大利亚（233 条）：《澳大利亚人报》《悉尼先驱晨报》。

日本（231 条）：共同社。

加拿大（214 条）：《环球邮报》《多伦多晨报》。

菲律宾（323 条）：菲律宾新闻通讯社。

印度（140 条）：《印度时报》。

爱尔兰（68 条）：《爱尔兰时报》。

在上述报道来源中，以通讯社居多，报道总体上强调事实叙述。同时，也有一些媒体如《澳大利亚人报》《印度斯坦时报》等，在报道中往往使用采访对象的话语和匿名新闻来源，发表歪曲事实的言论和观点，通过事实选择，使报道表现出较强的倾向性或批评色彩。

二、国外主流媒体关于北京报道的报道主题分析

在 2009 年度报道量最多的 20 个新闻主题中，前三个政治相关类主

提及最多的资讯来源

资讯来源	数量
Reuters News	1 200
Associated Press Newswires	859
Agence France Presse	756
The Wall Street Journal Online	397
The Wall Street Journal(Asia Edition)	343
International New York Times	309
Kyodo News	231
The Wall Street Journal(Europe Edition)	194
The Wall Street Journal	189
The Straits Times(Singapore)	178
The Australian	174
The New York Times	172
The Times of India	140
The Globe and Mail(Canada)	134
The Times(U.K.)	132
The Guardian(U.K.)	105
Los Angeles Times	103
The Toronto Star	80
The Irish Times	68
The Sydney Morning Herald	59

图 2　2009 年国外媒体关于北京报道的媒体分布图

题——“外交关系/事务”“国内政治”“人权/公民自由”，均以国家层面的报道居多。第五个主题“奥林匹克运动会”，涉及北京的房地产经济、北京与国际公司的合作、中国的互联网控制、奥运遗产等多个方面的内容（见图 3）。

提及最多的主题

主题	数量
外交关系/事务	1 663
国内政治	1 136
通讯社稿件	611
人权/公民自由	505
奥林匹克运动会	443
罪行/法庭	398
经济状况	306
实物贸易	280
头版新闻	254
武装部队	218
经济增长/衰退	214
体育/消遣	204
企业/工业新闻	201
环境新闻	182
评论/观点	181
气候变化	174
文艺/娱乐	172
收购/合并/撤资	162
宗教	160
卫生/医药	137

图 3　2009 年国外主流媒体关于北京报道的报道主题分布图

1. 建国 60 周年庆典

建国 60 周年庆典在天安门广场举办，这是 2009 年度中国和首都北京的一件大事。外媒也有大量相关报道，主要包括两方面内容：其一，对60周年庆典的评价。如，10月2日新加坡《海峡时报》报道《60年和一种阶级行动》（“60 and a Class Act”），称10月1日中国举行了建国60周年庆典，早上是一场行动划一、令人敬畏的军事游行，晚上是盛大的焰火和表演。军事游行中展示的武器装备，显示了在过去十年中中国军队的巨大发展。

其二，对中国官方主办庆典的情况介绍。2009年5月8日，美联社报道《为了60周年庆典，中国将赶走坏天气》（“China to Banish Bad Weather for 60th Anniversary”），援引新华社报道称中国为了迎接国庆60周年庆典，决定使用北京奥运期间曾经运用过的“播云造雨”技术来保障国庆期间的蓝天。2009年9月30日，香港《南华早报》报道《官员说：做到最好，不犯错误》（“Be Your Best and Make No Mistakes，Officials Told”）称，在北京国庆60周年庆典之前，北京市委书记刘淇警告官员们，如果出现错误将承担责任并被严肃处理。国庆安保是至关重要的事情，数万名警察和安保人员进入首都承担安全保卫工作，还有80万居民作为志愿者参与两个月来的各类犯罪行为监控。

2. 北京奥运后续影响

2008年北京奥运使北京作为全球城市的形象大为提升。承办这个全球性的体育文化活动，也给北京打上了一个闪亮迷人的印记。2009年被外媒称为“后奥运时代”，外媒的报道内容主要包括四个方面：其一，北京奥运的历史评价。10月7日，美联社发布《国际奥委会庆祝北京2008年奥运大获成功》（“IOC Congratulates Itself for Awarding the 2008 Olympics to Beijing”），报道称尽管有关于运动员人权方面的批评，国际奥委会仍然给了北京一个大大的好评。国际奥委会的报告认为，2008年北京举办了一场无与伦比的奥运会，这届奥运会给北京以及北京人民留下了长久的遗产。

其二，北京奥运在多国运动员的体育生涯中留下深刻印记，一些运动员受益北京奥运的锻炼，找到自信，开启运动员生涯的新历程。如，12月27日，美国《纽约时报》报道《北京让体操运动员发现了她的潜力》（“Beijing Helped Gymnast See Her Potential”）称，16岁的布丽奇特·斯隆（Bridget Sloan）作为美国女子体操队运动员参加了北京奥运会，获得了女团银牌。北京奥运会的历练，给了斯隆醍醐灌顶般的收获，此后便一发不可收。在2009年8月举行的全美体操锦标赛上，斯隆一举获得全能、高低杠和自由操冠军。在10月的世界体操锦标赛上，斯隆又获得全能冠军。美国体操协会主席史蒂夫·彭尼（Steve Penny）说：“一些女孩子在北京奥运之后决定停止练习，布丽奇特意识到这对她来说是一个大好的机会，她坚持练习，这给我们很多人以深刻印象。”12 月 29 日，《每日电讯报》报道《博尔特照亮后奥运年，理查兹、恩尼斯和贝克勒等明星走出北京的疲惫》（“Bolt Lit Up Superb Post-Olympic Year, Richards, Ennis and Bekele the Other Stars as Athletes Shook Off Fatigue from Beijing”），称在北京奥运会上表现不佳的一些运动员，通过反思、沉淀，终于找到了自己的状态，如闪电点亮夜空，成绩突飞猛进。

其三，北京奥运场馆的后续使用情况。如，11 月 4 日路透社消息《虽然政府作用更大，组织者还是很难为鸟巢找到新活动》（“Despite Larger Government Role, Organizers Struggle to Find Events for Beijing's Bird Nest”），援引《中国日报》报道中鸟巢的研究发展负责人周斌的话说，为这个拥有 8 万个座位的体育场寻找新活动是一个长久的难题。12 月 16 日，路透社消息《北京鸟巢被开发为冬季胜地》（“Beijing Bird's Nest Reinvented as Winter Wonderland”）称，中国标志性的国家体育场鸟巢，在奥运会后很少使用，如今在中国的心脏它被开发出一个新的用途——成为冬季胜地。12 月 19 日，冰雪嘉年华项目将在鸟巢开放，人造雪堆和迷你滑雪场将在这里等待本地市民和观光者。但是对于鸟巢来说，民众的欢呼声还是太少。虽然在奥运之后，鸟巢已经与长城、故宫等传统旅游景点同样成为旅游者的重要选择，但是，这个价值 5 亿美元的体育馆尚未摆脱无用之物的担忧。虽然北京是一个极度缺水的城市，但是这并没有吓退冰雪嘉年华的主办方。这个冰雪嘉年华的造价达 730 万美元，由于北京冬季的平均气温在 0 摄氏度左右，保持冰雪温度的成本很高。12 月 15 日，法新社消息《环保人士抱怨鸟巢冰雪世界》（“Olympics: Environmentalists Groan over Bird's Nest Snow Park”）称，据《环球时报》报道，鸟巢冰雪世界用了 16 000 多吨的水来造雪，与此同时环保人士正在控诉北京严重缺水。“环球时报”援引绿色和平人士刘双的话说：“人造冰雪是对水和能源的极大浪费，特别是在城市中。”奥运会后，鸟巢举办的大型活动寥寥无几，仅有意大利超级杯足球赛、香港明星成龙的演唱会以及张艺谋的歌剧《图兰朵》。

其四，奥运相关丑闻。10 月 19 日，《澳大利亚人报》、加拿大《国家邮报》等媒体发布消息《中国与罗格的秘密交易》（“China Did ‘Secret’ Deal with Rogge”）称，国家体育总局原局长袁伟民在自传《袁伟民与体坛风云》中披露，中国政府与奥委会前主席罗格达成君子协议，即中国投票支持罗格当选奥委会主席，罗格则支持北京申办奥运会。在北京获得 2008 年奥运会主办权之后三天，罗格当选为奥委会主席。罗格否认这宗交易，他说 2008 年北京奥运的巨大成就是奥组委选择中国承办这一正确选择的证明，也是中国融入世界以及锐意改革的结果。10 月 14 日，《泰晤士报》报道《中国人把年龄推后以回应高低杠的召唤》("Chinese Turn Their Backs on Age Concern to Answer Call to the Bars")称，在北京奥运会上获得女子体操团体及高低杠冠军等四项世界冠军的何可欣，实现了高低杠金牌“大满贯”，被誉为“高低杠公主”。在 10 月 13 日开幕的伦敦第 41 届世界体操锦标赛上，如果何可欣夺得高低杠冠军，将收获在奥运会、世界杯、世锦赛三大赛高低杠项目上的金牌“大满贯”，成为中国女子体操队获得“大满贯”的第一人。然而，自 2008 年 8 月国际奥委会下令彻查何可欣以及她的几位队友的真实年龄以来，中国女子体操运动员的年龄造假甚至可以追溯到 2000 年悉尼奥运会上的董芳霄。

3. 犯罪新闻

8 月 12 日，香港《南华早报》报道《男子在宾馆里强奸了信访者》("Man Held over Rape of Petitioner at Hotel")称，8 月 3 日晚，来自安徽阜阳界首市的女子李某某进京上访时，被界首市驻京办相关负责人带至河南省桐柏县驻京信访工作联络处所租用的北京市丰台区聚源宾馆房间。4 日凌晨 2 时许，在多名人员在屋内住宿的情况下，李某某遭桐柏县驻京办聘请的看管人员徐建暴力强奸。8 月 11 日，徐建在原籍向警方投案。

1 月 21 日，美联社报道《中国法院支持北京市原副市长因腐败被判处死缓》("Chinese Court Upholds Former Beijing Vice Mayor's Suspended Death Sentence for Corruption")称，北京市原副市长刘志华，利用手中职权之便，收受贿赂达 100 万美元，被河北省最高人民法院判处死刑，缓期执行。

2 月 12 日，路透社新闻《在央视大火之后 12 个人被拘留》("Twelve Held after China State TV Complex Blaze")引用官方媒体来源称，央视大火之后，12 人被拘留，其中包括主管央视基建工作的一位官员。大火于 2 月 9 日晚发生，起因是大量非法的烟花燃放。在大火中，1 位消防员死亡、7 位受伤。SOHO 公司的总裁潘石屹向北京市人民代表大会提交了一项提案，要求政府修改 2005 年制定的春节在市区有限制燃放烟花政策。

4. 房地产经济

12 月 17 日，NewsRx.com 刊发《城市规划：伦敦大学调查人员关于城市规划的研究》("Urban Planning: Investigators at University of London Zero in on Urban Planning")，提出自 1990 年代北京实施的房地产建设，是地方政府商业化行为深刻影响社会经济和空间变化的典型案例。2000 年以后，北京政府实施房地产新政，通过政府供地支持有偿住房建设，来增加居民安置率。伦敦大学调查人员的研究结果认为，这一政策转型，强调了北京城建政策的走向是：地方政府正在弱化企业化功能，强化社会包容功能。

5. 科技进步

12 月 8 日，Close-Up Media 公司发布新闻《PMC-Sierra 公司公布 2009 年度 PMC-北邮研究基金资助课题名单》（"PMC-Sierra Reveals Winners of 2009 Scholarship Program for BUPT"）称，全球领先的网络架构半导体解决方案提供商 PMC-Sierra 公司发布该公司与北京邮电大学信息光子学与光通信研究院联合主办的 2009 年度 PMC-北邮研究基金资助课题名单，3 名北邮学生获得基金资助。这一项目旨在鼓励和资助针对分组传送网（PTN）及光传送网（OTN）相关技术开展的研究；这种校企联合的方式，为高校学生提供了一个研究和创新的平台。

6. 中关村

中关村被称为"中国的硅谷"，自 20 世纪 80 年代末以来，历经 20 年的发展，中关村已成为中国科教智力和人才资源最为密集的区域。2009 年，国务院批复同意建设中关村国家自主创新示范区。长期以来，中关村的电子商业购物环境饱受诟病，有人称之为"骗子村"，政府多次开展整治，但是成效不佳。6 月 29 日，路透社刊登消息《重挫——中国过滤软件在数字市场中举步维艰》（"Refile—China Filter Software Faces Tough Sell in Digital Bazaar"）称，在"中国的硅谷"——中关村，政府推广的过滤软件《绿坝》"最终的命运可能是被扫入垃圾箱，或者被束之高阁"，在这个无序的数字市场中，政府试图通过过滤软件对互联网进行管控是无力的。

7. 交通

1 月 30 日，NewsRx. com 网站刊登文章《纽约成为获得世界可持续交通奖的第一个美国城市》（"New York Is the First U. S. City to Win International Award for Sustainable Transport"），在 1 月 30 日召开的美国交通运输研究委员会（TRB）年度会议上，纽约获得"第五届世界可持续交通奖"，这是美国第一个获得这一国际奖项的城市。同时获得提名奖的还有北京、伊斯坦布尔、墨西哥城和米兰。这一奖项授予采用创新性交通战略的城市，2009 年提名的主要标准是：第一，在应对气候变化和减少车辆废气排放造成的空气污染方面取得显著进步；第二，把街道空间改造为服务公众的公共广场；第三，增加公共交通方式并带来公共交通乘客的激增；第四，开设新的自行车道，促使更多人选择自行车骑行；第五，增加行人设施，鼓励更多人徒步旅行。北京获得提名的原因在于，北京在改善空气质量、让城市畅通而整洁方面做出了令人印象深刻的努力。为了2008年奥运会的召开，北京实行了车辆限行，在奥运会之后，应大众要求，政府实施了每周机动车限行一天的政策，每天大约有80万辆机动车停驶。政府执行欧Ⅳ标准，把汽柴油的含硫量从150ppm（每立方米空气中所含污染物数量）降低到50ppm。2008年，北京开通一条地铁线路和两条快速公交系统（BRT），延长了地铁和快速公交的服务时间。北京增加了公交车队，减少了30%的政府公车，三分之一的巡逻警车为非机动车和电动自行车。“亚洲城市清洁空气行动”（CAI-Asia）执行主任索菲·庞特（Sophie Punte）说：“奥运会为北京提供了一个改变空气质量、提升城市宜居度的绝佳机会，给人留下了深刻印象。对于其他亚洲城市来说，北京向我们展示了一个通过涵盖交通各个方面的综合方案能改变环境的令人鼓舞的典型。”

8. 媒体传播

11月20日，突尼斯非洲通讯社报道《国际儿童日世界媒体推出24小时环球直播》（“World Media Launch 24-hour Global Broadcast on Universal Children's Day”）称，11月20日是联合国设立的“国际儿童日”，当日由中国新华社与联合国儿童基金会共同发起，全球70多个国家的800余家媒体在同一时间、就同一主题合力打造一个24小时的环球直播报道，这一活动被称为“全球媒体儿童日”，旨在凸显媒体关注儿童生存环境、促进儿童健康成长的社会责任。这一活动是在10月北京举办的世界媒体峰会上提出的，峰会参与者一致认为，人道主义的真正核心首先就是关注儿童。

10月9日，共同社消息《北京的媒体奥林匹克加强了中国的软实力扩张》（“Beijing's Media ‘Olympics’ Buttresses China's Soft Power Expansion”）称，中国组织者声称由新华社主办的世界媒体峰会是为了搭建一个重要媒体组织在数字时代探索合作与发展的“非政府的平台”。

9. 旅游

北京历史悠久，文化灿烂，具有丰富的旅游资源，是一个旅游业高度发达的全球城市。外媒关于北京旅游的报道，主要以随感式、体验式为主，报道倾向正面。8月17日，《印度教徒报》文章《在星星的陪伴下》（“In the Company of Stars”）描述了北京后海的异国情调。后海就是整个北京城的缩影，它的变化浓缩了北京城市的发展。就在几年前，后海还只是天安门广场北边的一个仅供游人湖边散步、周末垂钓和冬季溜冰的地方。然而，从大提琴手白峰（音译）开了几家不知名的小酒吧开始，这里慢慢地汇聚了一些唱卡拉OK的人。到今天，后海已成为一个小资聚集的地方，各国啤酒广告的霓虹灯闪耀，观光客成群结队，还有各种旅游纪念品小店。3月16日，新加坡《海峡时报》报道《北京名列假日旅游目的地之首》（“Beijing Tops List of Holiday Destinations”）称，在为期三天的马来西亚旅行社联合会的大会上，北京、伦敦、上海、昆明和悉尼荣登马来西亚航空公司最佳旅游地名单。7月20日，新西兰《怀卡托时报》报道《与张女士共进午餐》（“Lunch with Mrs Zhang”）描述了乘坐人力车，游览北京胡同，在张女士家中用筷子品尝中国传统食物，感受地道的北京文化的场景。作者认为，胡同游让他看到了老北京的另一幅面孔，这是一种慢节奏的生活，是与繁华的林荫大道、举目皆是的高层建筑完全不同的文化体验。

10. 环境保护

随着近年来全球环境保护的需求越来越高，北京的气候恶化和环保措施也成为外媒关注的重点。外媒关于北京环境方面的报道主要包括两个主题：其一，北京市政府在环境保护方面的新举措。如8月8日，新加坡《海峡时报》刊登报道《北京奥运后的一年》（“One Year since China Olympics”）称，北京市委书记刘淇称2009年上半年，北京的蓝天天数比上年同期多23天，北京正享受10年来最好的空气质量，并已经成为全国单位GDP能耗最低的城市。毕竟在奥运会开幕前的7年里，北京投入了250亿美元用于控制污染。然而，中国官方对空气质量的评价遭到了质疑，原因在于中国使用的空气监测指数与其他国家不同。奥运前中国承诺的一切将会到来，并且国际社会也将承受其泽。一位向骑车者提供防污染口罩的法国企业家说，他在北京已经四年了，因为奥运会，北京的空气质量确实出现了5%～20%的提升。然而，这种提升部分归因于奥运会前中国经济增速的放缓，因此我们必须等待经济恢复到奥运之前的高速状态才能得出奥运政策改善环境的确切结论。

其二，北京城市环境恶化的表现。如：3月16日，法新社报道《第一场沙尘暴袭击北京》（“First Dust Storm of Year Hits Beijing”）；8月4日，美联社报道《绿色奥运一周年后，北京浓雾再来》（“A Year after ‘Green’ Olympics, Beijing’s Smog Is Back”）。

三、2009 年度国外主流媒体关于北京报道的特点与规律

2009 年国外主流媒体关于北京的报道，涉及主题广泛，基本事实清楚，倾向性突出。报道内容既有关于北京社会发展、民生问题的客观报道，也有关于人权/异见人士的批评性报道。在各类事件报道中，都能看到北京奥运对 2009 年报道的影响，从中也投射出 2008 年北京奥运极大地提升了中国和首都北京的国际影响力。厚重的奥运遗产，不仅是 2009 年北京的收获，而且将给中国带来深远的影响。

1. 2009 年的关键词是“后奥运时代”

早在 2008 年北京奥运会举办之前，外媒就提出了“后奥运时代”（Post-Olympic China；Post-Olympic Beijing）这一名词。2008 年 6 月 17 日，《华尔街日报》在关于中国近年来旅游业蓬勃发展的文章中首次提出“后奥运时代”（“Post-Olympic Win for Crip. com Stock? Growth Has Slowed for Chinese Firm on Nasdaq Market”）。2008 年 7 月 31 日，路透社在对中国奥林匹克运动会后经济发展的预测性报道中再次提及“后奥运时代”（“China Will Not See Post-Olympic Downturn-Adviser”）。这一专有名词多次出现在 2008 年、2009 年的外媒报道中，“后奥运时代”所涉及的主题主要包括旅游业、证券业、房地产业、会展产业、交通运输业与电信产业等。关于北京奥运的后续报道几乎贯穿 2009 年全年。3 月 19 日，路透社报道《北京奥运开幕式道具鼓拍卖高达 1 742 万美元》（“Olympics-Beijing Ceremony Props Drum Up ＄17. 42m at Auction”）称，在北京奥运开幕式上使用的 1 500 面鼓和 978 幅竹简在拍卖中获得 1 742 万美元的纯收入。多家媒体在北京奥运一周年之际的报道中提及“后奥运时代”，客观显示了北京奥运对中国和北京社会发展的重要意义。8 月 7 日，路透社报道《经济、政治削弱北京奥运遗产》（“Economics，Politics Dent Beijing's Olympic Legacy”）称，在壮观的北京奥运一周年后，中国的首都出现更多的蓝天、更少的交通拥堵，但是经济增速放缓和建国 60 周年庆典让“后奥运时代”的光环黯淡。

2. 重大事件报道往往全年发酵

2009 年是重大事件繁多的一年，从 3 月的西藏解放 50 周年，到 10 月的

国庆 60 周年……多个重大事件构成了外媒报道的主线，这些重大事件的相关报道往往贯穿全年，如：3 月 18 日，美联社就在报道中提及 1989 年春夏之交的政治风波，如《20 年过去了，老兵给国家领导人的公开信提供了看待天安门事件的一个新的视角》（“20 Years on, Soldier’s Open Letter to Chinese Leader Offers New Angle on Tiananmen Crackdown”）。9 月 22 日，《爱尔兰时报》报道《中国学生抗议演讲者被捕》（“Chinese Students Protest after Lecturer Arrested”）称，百余名学生在公安局前对一位 1989 年春夏之交政治风波中的领袖表示抗议。一些西方媒体的重大事件报道于客观报道中体现鲜明的倾向，媒体报道在事件纪念日达到高峰。

3. 民生报道在突出人的体验中阐述观点

很多媒体擅长采用 DEE 报道手法（华尔街日报体），即通过个体的体验来阐述社会现象、提出社会问题，形成见事见人的报道风格。10 月 1 日，《澳大利亚人报》刊登消息《人民的裁决》（“The People’s Verdict”），通过赵国涛父子分别参加 1984 年和 2009 年两次阅兵庆典的故事，对邓小平推动的社会主义市场经济体制改革进行了深度报道，报道采访了多位中国民众，借民众之口揭示了改革开放所带来的正面和负面影响。报道最后说：“这里困难重重。在中共大张旗鼓地庆祝其执政 60 周年之际，是邓小平 30 年前推动的改革给中共带来了生机勃勃的活力。然而，这能够持续多久?”报道从个人入手，貌似客观，倾向性隐含其中，以讲故事来显观点。

4. 北京人的总体形象正面积极

无论是在重大事件的参与中，还是在后海的漫步中，北京人都呈现出积极正面、热情主动、爱国爱家的形象。如，9 月 26 日，英国《星期日泰晤士报》的报道《在国庆节感受奥林匹克般的兴奋》（“A Touch of Olympics Excitement for China’s N-Day”）称，为了迎接十一国庆数百万名游客，北京紧锣密鼓做着准备，80 万名志愿者负责维持秩序和控制人流，还有 30 万名负责巡逻以及在公交车站和地铁站提供翻译服务。北京有 1 万对情侣将在国庆期间喜结连理。虽然根据官方调查，国庆期间 47%的中国人将外出旅行，但是 31 岁的北京上班族苗丽丽（音译）打算留在北京，享受政府假期期间组织安排的 200 多场旅游和文化活动，其中包括慕田峪长城的国际文化节、花卉博览会。对于苗丽丽来说，所有文化活动的最高潮是在家里观看国庆阅兵。

5. 主动发声，讲好北京故事

2009 年 6 月 19 日，国家审计署公布第 29 届奥林匹克运动会北京奥组委的财务收支情况和奥运场馆建设情况的审计结果。根据截至2009年3月15日的实际收支数、后续应实现收入和待结算支出的统计结果，北京奥组委收入将达到205亿元，较预算增加8亿元；支出将达到193.43亿元，较预算略有增加；收支结余将超过10亿元。6月19日，路透社、美联社、法新社和《华尔街日报》等多家媒体均就这一审计结果发布新闻，报道转发了国家审计署主要分析结果——北京奥运结余10亿元人民币（1.4亿美元）（路透社："Beijing Makes $146 Million from 2008 Olympics-auditor"。法新社："Olympics: Beijing Games Turns 176 Mln Dlr Profit: Govt"。美联社："Beijing Claims It Made a Profit on Hosting Olympics, not Including Venues, Infrastructure"。《华尔街日报》："Audit Finds Beijing Games Produced Surplus"）。讲好北京故事，政府肩负着重要责任，承担着重要角色。政府各级各类部门新闻发言人，要积极主动发声，善于用客观事实来展示北京社会各方面进步与发展的实绩；要善于正视社会矛盾和问题，让奥运光环与日月同辉。

2010年度国外主流媒体关于北京报道的分析报告

高金萍

本研究使用道琼斯公司旗下的全球新闻及商业数据库Factiva，对国外主流媒体关于北京的报道进行分析研究。Factiva数据库收录的资源包括全球性报纸、期刊、杂志、新闻通讯社、网站等主流新闻采集和发布机构发布的新闻报道、言论及博客文章，如《纽约时报》、《华盛顿邮报》、《泰晤士报》、《金融时报》、《经济学人》、世界著名通讯社等，此外还包括道琼斯公司和《华尔街日报》等独家收录的资源。本研究以Factiva数据库中的国外50家主流媒体（含世界四大通讯社）为信息来源，以国际通用语言英语为检索语言，以新闻标题和导语中至少出现3次"北京"为检索限制（目的在于尽量去除"以北京指代中国"的媒体报道），进行全数据库检索。自2010年1月1日至12月31日，国外主流媒体共发布6 414条关于北京的报道。

一、国外媒体关于北京报道的概况

2010年全年，国外媒体关于北京报道的数量略有变化，第四季度的报道量显著高于其他三个季度，报道量最多的是9月，共643条，报道量最少的是7月，共386条。报道总量比2009年减少2.73%（见图1）。

1. 报道趋势分析

2010年，报道量的三个高峰均出现在下半年，分别是9月（643条）、10月（639条）、12月（619条）。上述三个报道高峰涉及的主题主要是：

9月：北京两节（中秋、国庆）前后交通大拥堵；北京时间文化城项目搁置。

10 月：梁从诫逝世；北京遭遇严重雾霾。

12 月：北京市车辆限购政策出台；2011 年北京市将上调最低工资。

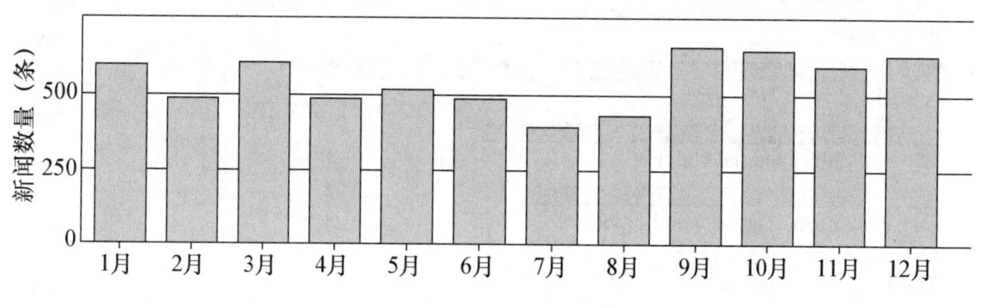

图 1　2010 年国外媒体关于北京报道的报道量分布图

2. 报道主体分析

从报道量居首的 20 大媒体来分析，关于北京报道最多的国家和媒体依次为（见图 2）：

美国（1 426 条）：美联社、华尔街日报在线、《纽约时报》（国际版）、《洛杉矶时报》。

法国（908 条）：法新社。

英国（899 条）：路透社、《泰晤士报》、《卫报》。

印度（430 条）：印报托、《印度斯坦时报》、《印度教徒报》、《印度时报》。

日本（264 条）：共同社。

新加坡（206 条）：《海峡时报》。

澳大利亚（100 条）：《澳大利亚人报》。

韩国（81 条）：韩联社。

报道总量比 2009 年略有减少，经分析可能是由于外媒驻京记者数量的变化引起的。

二、国外主流媒体关于北京报道的报道主题分析

在 2010 年度报道量最多的 20 个新闻主题中，前三个政治相关类主题——“外交关系/事务”“国内政治”“人权/公民自由”，均以国家层面的报

提及最多的资讯来源

来源	数量
Agence France Presse	908
Reuters News	899
Associated Press Newswires	620
The Wall Street Journal Online	461
The Wall Street Journal(Asia Edition)	415
The Wall Street Journal	286
Kyodo News	264
International New York Times	216
The Straits Times(Singapore)	206
The Wall Street Journal(Europe Edition)	198
The New York Times	180
The Australian	141
Los Angeles Times	129
The Globe and Mail(Canada)	111
The Guardian(U.K.)	102
Hindustan Times(India)	101
The Australian	100
The Hindu(India)	94
The Times of India	94
Yonhap English News (South Korea)	81

图 2　2010 年国外媒体关于北京报道的媒体分布图

道居多。本年度关于北京文化、北京交通、北京环境等方面的报道数量较多，既有客观报道，也有含沙射影式、负面倾向的报道（见图 3）。

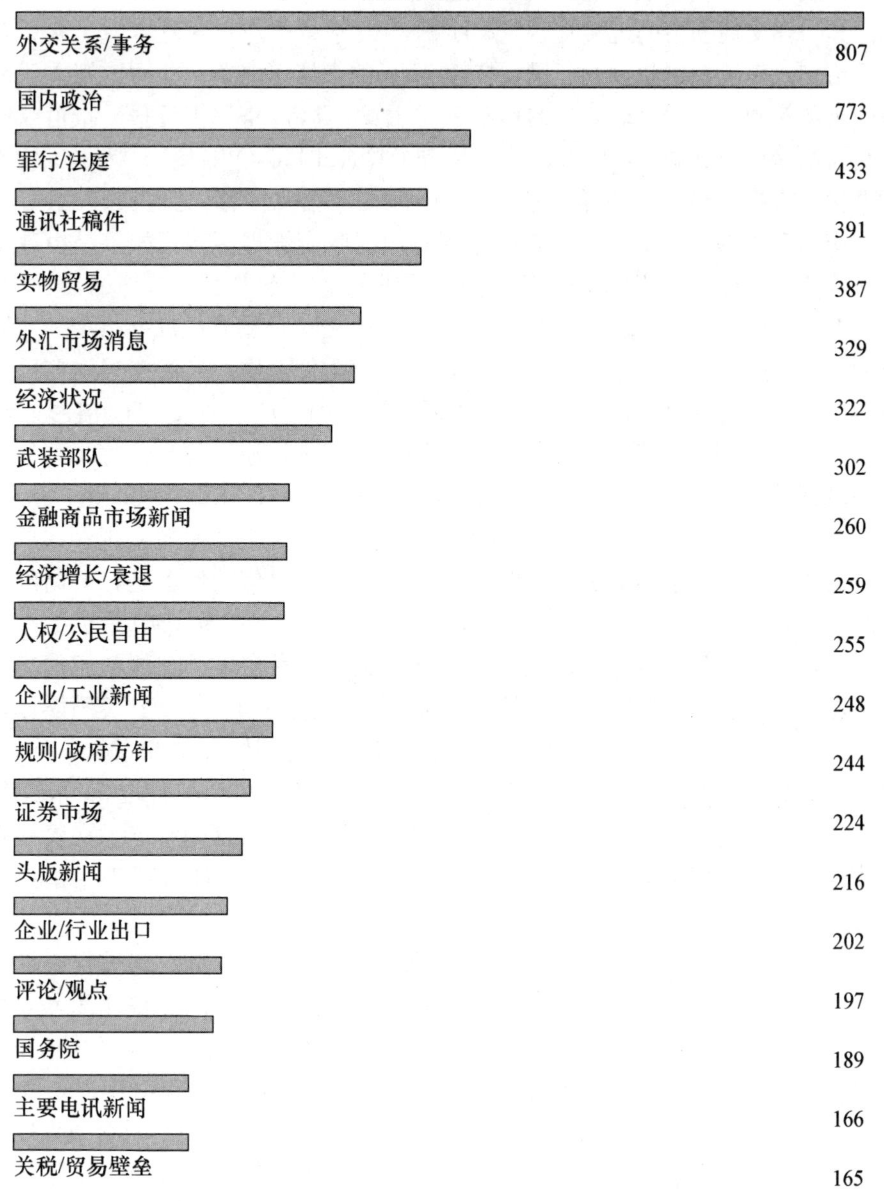

图 3　2010 年国外主流媒体关于北京报道的报道主题分布图

1. 交通

近年来，北京已成为全球交通最拥堵的城市之一，2008 年北京奥运前，交通已成为西方媒体报道北京的一个焦点。北京交通方面的报道涉及三个主题：其一，交通拥堵的现实呈现。8月24日，京藏高速自3月以来再次爆发严重堵车，车流拥堵超过百公里，持续10天的大堵车成了一些西方媒体亚洲版的头条新闻——“全球最长的堵车”。8月25日，《华尔街日报》报道《中国交通拥堵持续数周》（“China Traffic Jam Could Last Weeks”）援引一位纽约大学城市规划与运输政策学者的文章称，引发这次严重交通拥堵的原因，并非交通系统本身瘫痪，更主要的原因是中国政府管理不善。如果是由道路阻碍或道路设计不佳引起的，即便是最严重的情况下都不会出现绵延60英里、持续10天的大拥堵。文章称，拥堵的原因之一是造成司机不愿走其他道路的政策。2010年，中秋假期与国庆黄金周相距仅一周，人们在假期前后出行频繁，被外媒称为北京的“交通失调期”（2010年9月24日《洛杉矶时报》）。9月24日，美联社发布消息《中国汽车销售加速，与此同时北京的汽车却越开越慢》（“As Chinese Car Sales Speed Up，Traffic in Beijing Slows Down”），报道认为“随着汽车销售的火爆，北京路面上的车越来越多，近几个月来交通堵塞似乎达到新的顶峰。一个令人难以置信的例子是，上周出租车司机刘春旺带着4名乘客花了2小时走了7公里……根据IBM最近的一项调查显示，北京和墨西哥城已成为全球交通最拥堵城市，严重的交通拥堵已经给城市发展和市民健康、生活品质带来威胁”。这则消息被5家美国媒体转发。9月20日，印报托刊发消息《此刻，魔鬼般的拥堵袭击北京》（“Now，Monster Traffic Jams Hit Beijing”）称，拥有450万辆机动车的北京，持续数天、绵延100公里的魔鬼般拥堵已经变成了中国首都北京的常态，交管局官员说，9月19日早晨北京出现88条拥堵路线，9月17日出现140条拥堵路线。

其二，北京政府治理交通拥堵的措施。交通拥堵是经济发展过程中许多超大型城市面临的难题，随着中国经济的迅速发展，这个问题快速闯入北京等超大型城市人们的生活中。9月26日，《洛杉矶时报》的报道《洛杉矶和北京结为伙伴城市，交换交通治堵之招》（“Los Angeles，Beijing to Form Partnership，Exchange Ideas on How to Reduce Traffic”）称，洛杉矶交通局副局长保罗·泰勒访问北京，他对北京庞大的地铁系统和复杂的公交车线路印象深刻。“洛杉矶经历过高速发展和汽车的普及，现正在寻找汽车的取代之法，我们要学习北京高质高效的公共交通系统，”泰勒说，“北京的公共交通系统发达，非常值得洛杉矶学习，特别是地铁充分利用空间资源缓解了地面交通的压力；公共汽车的线路制定也很科学，能够满足市民从城区各处的出行。”9月27日，《印度教徒报》的报道《电动自行车大规模进入中国》（“E-bikes

Take China's Streets by Storm"），以上周北京发生140次交通拥堵为背景，从北京市民王蒙的电动自行车骑行体验入手，分析了北京引入电动自行车的成本效益（价格低端、成本效益高）和推广可能（自20世纪90年代以来，政府开设了许多自行车道），认为在中国推广电动自行车没有副作用。9月17日，《今日美国报》的报道《大堵车警示中国急需文明交通》（"Traffic Jam Warn Chinese Civilization Traffic"），介绍了市民、专家和官员对北京道路拥堵的评价，以及中央文明办发起的"文明驾驶，和谐出行"活动。

11月5日，《纽约时报》、印报托等报道了《中国：北京计划开通新的地铁线路》（"China：New Subway Line Planned for Beijing"），年底开通的北京地铁4号线单程近30公里，打通南北两城，将是中国最长的地铁线路。

12月23日，法新社、《卫报》、俄新社、《印度时报》、《印度斯坦时报》、《海峡时报》、美联社、《纽约时报》、《华尔街日报》等多家媒体高度关注并报道了北京小客车限购政策。《卫报》报道《北京衰退：汽车开始限购》（"Beijing Blight：Car Curbs Stalled"）称，12月23日北京市颁布《北京市小客车数量调控暂行规定》，通过摇号来分配车牌。

12月30日，路透社、《华尔街日报》、《海峡时报》、印报托等多家媒体报道了北京4条地铁新线开通（"Beijing Shows Public Transport Gusto with New Subways"），4条地铁新线开通后，北京所有轨道交通联网，地铁线路之间基本实现顺畅换乘。北京市市长郭金龙承诺，将给公共交通以更大优先权、设立更多的公交专线、减少机动车排放。从报道来看，西方媒体对中国政府和北京市政府缺乏应对交通拥堵的经验和方法，表示出一定程度的理解，也报道了北京市政府的一些具体措施，同时指出当前出台的许多政策对交通问题没有产生多大的改变。如何破解这个难题，各个城市因其情况不同，也各有自己的做法，北京不可能照搬其他城市，北京市政府应将为此而做出的积极努力并及时公之于众，通过政策的透明化获得市民的支持，赢取西方媒体的理解。

其三，因交通拥堵而衍生的经济、文化问题。9月17日，《华尔街日报》（亚洲版）刊登报道《车企加入对北京的批评之中》（"Auto Makers Join Criticism of Beijing"）称，外国车企对北京小客车限购政策十分担心，批评中国现行的工业政策可能强迫福特、丰田等世界著名车企与中国公司分享尖端技术，以此换取中国国内市场的进入权。据4位熟悉中国汽车政策的外国车企高管称，中国工信部和科技部提出了一个"十年计划"——成为世界电动汽车和混合动力汽车的龙头老大。中国渴望引入外国汽车公司的清洁能源技术，但通用等国外车企并不希望与其中国盟友分享其核心技术，即使这些技术可能来自中国的实验室。

2. 文化

作为全球为数不多的全球城市，北京不仅是中国的政治中心，而且是中国的一张文化名片。北京不仅拥有悠久深厚的历史文化，而且在科技文化领域也走在世界前列。外媒关于北京文化的报道主要分为三个方面：其一，北京文化的国际影响。9 月 30 日，加拿大《环球邮报》的报道《另类乡村音乐，来源于京剧》（“It's Alt-Country，but via Beijing Opera”）称，“烟枪牛仔”在北美乃至世界范围内都大名鼎鼎。作为横跨 20 世纪八九十年代的一个民谣团体，20 多张经典唱片成就了他们另类民谣摇滚的辉煌，他们的音乐融合了摇滚、乡村、蓝调和民谣的元素。文章称如果你听到多伦多“烟枪牛仔”摇滚乐队的歌曲，突然想起了京剧，不要质疑自己，你是对的。虽然在“烟枪牛仔”女主唱玛戈·蒂明斯缓慢、性感的粗音与尖锐、急促的京剧之间存在着鲜明的音乐鸿沟，但是京剧的确深刻地影响了“烟枪牛仔”最近的作品。“烟枪牛仔”的主创人迈克尔·蒂明斯在江苏靖江市的人民公园，参加了一个京剧票友会，他把城市的喧哗、中国的流行音乐都写进了乐谱。

北京国际音乐节备受国外主流媒体关注，报道侧重点不同，赞赏与批判兼而有之。11 月 7 日，《波士顿环球报》的报道《一部跨界的中国传统故事——〈白蛇传〉从波士顿来到北京》（“A Traditional Chinese Tale Crosses Borders：‘Madame White Snake’ Goes from Boston to Beijing”）称，由美国人瑟瑞斯·林·杰考布斯编剧、旅美作曲家周龙作曲、美国人阿德里安娜·贝尔执导、中外歌唱家联袂演出的讲述中国家喻户晓的传奇故事的英文歌剧《白蛇传》，在北京国际音乐节演出。该剧由波士顿歌剧院和北京国际音乐节联合推出，6 月在波士顿首演。这篇报道高度评价中国爱乐乐团的表演。10 月 26 日《国际先驱论坛报》的报道《北京国际音乐节上，亨德尔几乎没有逃脱审查》（“At Beijing Festival，Handel Survives Censors - Barely”），10 月 26 日《纽约时报》的报道《北京虽然允许歌剧发展，但还是一副愚蠢调门》（“Beijing Allows Lustful Opera，but Tones down the Donkey”），都以批评的口吻报道了 10 月 24 日北京国际音乐节上，著名亨德尔巴洛克歌剧《塞魅丽》的首次在华上演。报道关注的不是音乐或者是艺术的价值，而是各个环节的审查，包括中文字幕等。

其二，北京传统文化的现代传播。9 月 29 日，《英国卫报》的报道《北京纪念孔子的快乐回归，2 561 岁了》（“Beijing Marks Confucius's Happy Return，Aged 2,561”）称，自 1949 年以来，中共首次在北京孔庙举行祭孔大典，这是一个值得注意的变化。报道援引儒学教师杨儒勤的话说："这一事件是人们对儒学思想重新产生兴趣的可喜之象。人们开始理解其关键价值、关键概念，并且开始寻找那些与其日常生活息息相关的价值。"9 月 26 日，新加坡《海峡时报》的报道《快餐冲击老北京小吃》（"Fast Food Chews Up Old Beijing Snacks"）称，许多老北京居民认为，北京小吃的味道就在豆汁、驴打滚、炒肝等等之中。但是，现在前门大街上很多游客四处寻找的是星巴克和麦当劳，在过去几个月里，很多老北京小吃因为高昂的租金纷纷搬离前门大街。报道明确提出，西式快餐对老北京小吃带来严重冲击，越来越少的人想吃老北京小吃，越来越少的人会做老北京小吃。"爆肚冯"第三代传人、78 岁的冯广聚说，最近 20 年，传统小吃开始复苏。过去，简陋的北京小吃满足了众多平民百姓的日常需要，它是北京文化和历史的精华所在。

其三，老北京文化的保护。在北京的城市建设中，为了交通便利和发展经济，一些老建筑正在被拆除、改建，外媒对于老北京建筑的拆除更加敏感，批评政府的急功近利。7 月 21 日，《纽约时报》的报道《推土机面对具有历史意义的中国邻居，反应不同》（"Bulldozers Meet Historic Chinese Neighborhood, to Mixed Reaction"）称，在过去两个月里，鼓楼北边大量的老房子被推土机清除，以为附近在建的地铁站让路。新加坡《海峡时报》的报道《老北京的一部分悬而未决》（"Slice of Old Beijing Hangs in the Balance"），报道了最近一个颇有争议的重建老北京的项目被暂时叫停，在这个疯狂建设的城市里，这个项目的命运未卜，建与不建仍然处于争议之中。2010 年初，政府计划拨款 9 900 万美元，把北京鼓楼附近一片破破烂烂却又迷人的胡同和古老的四合院，重建为一个大规模的旅游景点——北京时间文化城。然而，谣言称将有大量人员会因拆迁被迫搬离。非营利机构北京文化传承保护中心的项目经理张珮说："奥运会后，由于太多老北京建筑被拆除，对于哪些建筑需要保护和保留，政府和北京居民之间存在着认识上的巨大差距。如果不是因为居民的强烈反应，这个鼓楼项目不应该被叫停。"9 月 7 日《洛杉矶时报》的报道《半真半假的北京胡同游》（"A Trip down Beijing's Half-Fake Memory Lane"）、9 月 8 日《纽约时报》的报道《重建计划被老北京居民抛弃了》（"Redevelopment Plan Scrapped for Historic Beijing Neighborhood"）、9 月 10 日《每日电讯报》的报道《记载北京历史的胡同得以暂时保留》（"Beijing's Historic Hutong Alleyways Win a Reprieve"）、9 月 11 日《新西兰先驱报》的报道《现在北京看上去要保存它的过去》（"Beijing Now Looks to Save Its Past"），也谈及北京时间文化城项目因为对鼓楼四合院和老胡同的拆建被搁置，"北京官员已经搁置了一项备受攻击的重建鼓楼周边的计划。那里的胡同是在城市发展过程中仅存的、没有被破坏的、具有历史意义的居民区”。

3. 名人

10月30日，《纽约时报》刊发文章《78岁的梁从诫，中国环境保护的变革者》（“Liang Congjie，78，Crusader for the Environment in China”），梁从诫先生是“自然之友”的奠基人，“自然之友”是最早被国际组织和中国政府共同认可的、合法的民间环保组织之一。10月28日，梁从诫在北京病逝，享年78岁。1994年，他作为中国文化书院导师，与另外3人共同创办了“自然之友”，“自然之友”以面向大众开展环境教育、倡导绿色文明、建立和传播具有中国特色的绿色文化、促进中国的环保事业为宗旨。10月29日路透社报道《中国环境保护NGO组织的先驱去世》（“Pioneer of China Environmental NGOs Dies”）、10月29日法新社报道《中国环境保护的引领者逝世》（“Trailblazing China Environmental Activist Dies”），也报道了这一消息。

9月9日，《洛杉矶时报》刊发专栏文章《中国的欢笑变成了低语：打击低俗使得粉丝逃离热衷于调侃性、腐败和贪婪的喜剧明星郭德纲》（“Laughter Turns to Whispers in China：A Crackdown on Vulgarity Drives Fans Away from Comic Guo Degang，once Beloved for Joking about Sex，Corruption and Greed”），文章称郭德纲是一个粗俗的、不尊重政府的喜剧明星，他使得相声这种传统艺术得以复活，但是今年夏天，在对政府的几次明讥暗讽之后，郭德纲被彻底“噤声”。

4. 体育

北京国际马拉松邀请赛历经30年的发展，已逐渐成为北京的一个品牌活动。10月24日，美联社发布报道《埃塞俄比亚的吉纳·西拉杰赢得北京马拉松男子冠军，中国赢得女子冠军》（“Ethiopia's Gena Siraj Wins Rainy Beijing Marathon，China Dominates Women's Race”）。这是在北京举办的第30届马拉松赛事。

5. 突发事件

10月21日，《印度斯坦时报》、印报托、美联社、共同社等多家媒体报道了“10·21”东直门爆炸事件（“Beijing Blast Injures American Student”），在北京语言大学就读的美国留学生腿部轻微受伤，四川人雷森（音译）制造了这起爆炸事件。12月10日，《海峡时报》《澳大利亚人报》等发布报道《孔子和平奖：与获奖人和政府都有距离》（“Confucius Prize：Both Winner and

Govt Keep Distance"），称9日在北京东单新闻大厦举行了由民间组织创设的"首届孔子和平奖"颁奖典礼，获奖人是中国国民党荣誉主席连战。

6. 环境

在全球气候恶化的大背景下，北京治理环境的努力愈发显得收效甚微。2010年，北京的环境问题层出不穷。春天的沙尘暴、秋冬灰蒙蒙的天是西方记者进入中国后最先感受到的与本国的差异之一，也是西方媒体津津乐道的话题。10月7日，法新社报道《在联合国框架下的气候谈判期间北京的雾霾让人窒息》（"Beijing Smothered in Smog during UN Climate Talks in China"）称，10月4日至9日，联合国气候变化会议在天津召开，北京却成为这个国家污染最严重的城市。中国政府一个基本的承诺是提高能源使用效率，但是排放在继续增加，迄今为止官员们仍然拒绝减少排放和外部评估。10月11日，印报托报道《在污染最严重之日，中国有32个人死亡》（"32 Killed as China Suffers Its Worst Pollution Day"）称，10月10日的严重雾霾使北京成为全国47个被监测的城市中污染最严重的，很多人抱怨眼睛发炎、喉咙难受。11月19日，美联社报道《美国大使馆：北京空气质量糟得一塌糊涂，污染指数爆表》（"US Embassy: Beijing Air Quality Is 'Crazy Bad', as Pollution Index Slides off the Charts"）称，随着北京进入冬季采暖期，越来越多的远郊工厂和乡村烧煤取暖，加之北京每天有1 200多辆新车上路，各种问题加剧了北京的空气污染。这则消息称，2008年北京奥运期间，北京曾下大力气改善空气质量，种植了数千英亩的树木，但那已时过境迁。报道引述北京公众与环境事务协会负责人马军（音译）的话："北京应当把环境问题放到更重要的位置上，现在北京居民的健康还没有那些在北京只待一两周的外国运动员们的健康重要。"

7. 政府管理

10月14日，法新社报道《北京官员接受使用社交媒体培训》（"Beijing Officials Trained in Social Media"）根据13日官方晚间新闻称，北京官员接受社交媒体培训，以指导和控制公共舆论。北京党校给"厅局级干部"提供培训以帮助"领导人赶上互联网大潮"。报道也提及，中国有一个巨大的舆论检查系统，删除网站上对执政党不利的言论。12月27日，路透社、法新社、韩联社报道《北京将2011年的最低工资提升21%》（"Beijing to Raise Minimum Wage by 21 Pct in 2011"）称，在六个月里，北京市第二次上调最低工资21%，从7月份的960元调整为1 160元，以应对食品价格飞涨、房价上涨和贫富收入差距拉大。

8. 房地产

12 月 29 日，《华尔街日报》刊登署名文章《中国的疯狂》（“A Frenzy in China, Hugo Restall”），以第一人称描述自己对北京房地产的体验，“上周我把北京的一套房子以 2.5 倍的买入价格卖掉了，那是我五年三个月前买的。我问买房者为什么对房地产如此乐观，他解释说，在中国城市里土地是有限的，政府会通过政策保障房地产市场的上升势头。这个市场已经进入崩溃后的泡沫期，房地产价格已经超出了一般购买者可达到的程度。在美国，过去每十年房地产的峰值是 6.4 倍；在北京，这个数字是 22 倍”。12 月 23 日，印报托报道《北京政府今年在土地出售中获利 228 亿美元》（“Beijing Admn Makes USD 22.8 Bn in Land Sales This Year”）称，大概今年政府出售了 252 块地皮，其中在北京东部 CBD 商圈卖出了 63 亿美元，全国最高的摩天大楼将在那里建设。北京的土地销售收入是全国 31 个省份中最高的。

三、2010 年度国外主流媒体关于北京报道的特点与规律

2010 年国外主流媒体关于北京的报道，涉及主题广泛，倾向性鲜明。下半年的报道量有较大增长，这与异见人士相关报道有关。关于北京文化的国际传播、北京交通的报道较为客观。

1. 北京已成为中外文化融合之都

多数外媒对 4 月北京国际电影节和 11 月北京国际音乐节的报道积极、正面，肯定了这些活动对于中外文化交流、融合的促进作用，从另一个角度呈现了全球城市北京的文化包容和文化辐射能力，既有悠久深厚的传统文化，又乐于接受西方歌剧等外来艺术形式。

2. 北京国际音乐节已产生良好的世界反响

创办于 1998 年的北京国际音乐节，每年秋季在北京举办。经过十多年的发展，北京音乐节的国际化程度相当高，充分彰显了它“以推广新作品、推广在中国首演的经典作品、推广中国作品为艺术宗旨”的追求。每年秋季，

它也成为外媒关注的一个北京品牌活动。2010 年，也有外媒批评北京主办的文化活动中存在控制问题，这是政治领域话题在文化领域的延伸。

3. 北京环境污染问题备受外媒关注

2010 年对北京天气的报道中，西方媒体就事论事、客观真实，没有与政治或其他事件挂钩，虽然批评的倾向是鲜明的，但报道还是基本符合新闻传播规律的。外媒对北京雾霾天气、空气污染的报道，有鲜明的指向性，多数外媒在报道中也陈述了政府所做的努力，但是也有媒体在分析中把北京环境污染的根由指向中国经济高速发展的负面效应。

4. 房地产在北京经济发展中存在泡沫受到外媒关注

房地产是中国经济繁荣的一个重要表征，北京的房价畸高，一方面与其首善之区的地缘位置有关，另一方面也代表着中国房地产业的发展趋势。2008 年全球金融危机后，北京房地产价格从多年来的一路攀升到开始出现少许回落，但是并未出现一些观察家所认为的泡沫破碎。因此，一些外媒对于北京房价的不断上涨感到匪夷所思，也据此对中国经济的繁荣发展持怀疑态度。

5. 北京在改善交通方面做出的努力受到外媒认可

空气质量问题与交通问题紧密相关，家用汽车的普及加剧了北京自然环境的污染。虽然近年来北京政府做了很多努力以改善环境，但是各种恶化自然环境的因素也不断出现。虽然外媒对北京 9 月、10 月的大堵车进行了大量的报道，但是并未忽视北京开通多条地铁线路、实行车辆限行制度，多措并举以缓解交通拥堵、改善环境的努力。

6. 关于异见人士的报道有上升趋势

2010 年三、四季度的报道中大量出现批判中国人权的内容。8 月，郭德纲演出取消也成为西方攻击中国文化控制的子弹。在国际新闻报道中，西方媒体的态度立场来自其所向往的“秩序”，也就是西方国家自己的价值标准。这是西方媒体在国内新闻与国际新闻报道中出现对于反政府人士（或持不同政见者）完全不同的报道倾向的深层根源，即所谓“双重标准”。在国内新闻报道中，反政府人士的示威游行、抗议等行动，是与维护既定的西方“秩序”相违背的，因此，这类报道不会被关注，即使造成了一定的社会影响确实需要报道，也是蜻蜓点水，一笔带过。在国际新闻报道中，情况却有所不同，特别是在对于中国等社会主义国家的报道中。中国等国家反政府人士的一举一动，都让西方媒体津津乐道，大做文章。西方媒体认为这是“失序”的社会主义国家中出现的变革的曙光，对这类事件的反复报道，蕴含着改变中国等国家现存政治制度的潜在诉求。

2011年度国外主流媒体关于北京报道的分析报告

高金萍

本研究使用道琼斯公司旗下的全球新闻及商业数据库Factiva，对国外主流媒体关于北京的报道进行分析研究。Factiva数据库收录的资源包括全球性报纸、期刊、杂志、新闻通讯社、网站等主流新闻采集和发布机构发布的新闻报道、言论及博客文章，如《纽约时报》、《华盛顿邮报》、《泰晤士报》、《金融时报》、《经济学人》、世界著名通讯社等，此外还包括道琼斯公司和《华尔街日报》等独家收录的资源。本研究以Factiva数据库中的国外50家主流媒体（含世界四大通讯社）为信息来源，以国际通用语言英语为检索语言，以新闻标题和导语中至少出现3次“北京”为检索限制（目的在于尽量去除“以北京指代中国”的媒体报道），进行全数据库检索。自2011年1月1日至12月31日，国外主流媒体共发布6 507条关于北京的报道。

一、国外媒体关于北京报道的概况

2011年全年，国外媒体关于北京报道的数量略有变化，下半年的报道量高于上半年，报道量最多的是6月，共685条，报道量最少的是2月，共362条（见图1）。

1. 报道趋势分析

2011年报道量的峰值分别是6月（675条）、12月（618条）、4月（608条）。上述三个报道高峰涉及的主题主要是：

6月：京沪高铁开通。

12月：北京实施互联网实名制；北京政府宣布达到蓝天目标。

4月：北京基督徒的复活节弥撒；大兴火灾事件；孔子像从天安门广场移走。

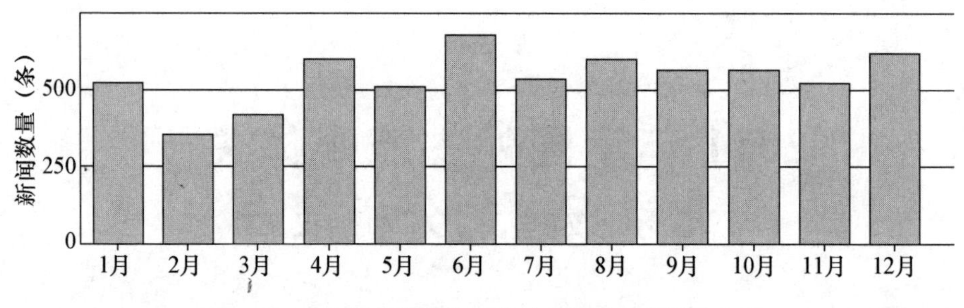

图 1　2011 年国外媒体关于北京报道的报道量分布图

2. 报道主体分析

从报道量居首的 20 大媒体来分析（如果既有网站又有报纸，取数量多的，不重复计算），关于北京报道最多的国家和媒体依次为（见图 2）：

英国（1 366 条）：路透社、《泰晤士报》、《每日电讯报》等。

美国（1 303 条）：美联社、《华尔街日报》、《纽约时报》、《洛杉矶时报》等。

法国（755 条）：法新社。

印度（310 条）：印报托、《印度时报》、《印度教徒报》等。

日本（298 条）：共同社。

新加坡（242 条）：《海峡时报》。

澳大利亚（158 条）：《澳大利亚人报》。

韩国（123 条）：韩联社。

加拿大（92 条）：《环球邮报》。

由于 Factiva 为美国道琼斯公司所有，媒体来源中《华尔街日报》涵盖了网络版、亚洲版、欧洲版、主报等；《纽约时报》报道涵盖了网络版、亚洲版、欧洲版、本地版等。本研究在报道量统计中，上述两大媒体的报道量只取其发布量最高者，以与其他媒体进行横向比较。

2011 年度，英国是关于北京报道数量最多的国家，路透社是报道量最多的通讯社。

二、国外主流媒体关于北京报道的报道主题分析

在 2011 年度报道量最多的 20 个新闻主题中，前三个政治相关类主题——“国内政治”“外交关系/事务”“人权/公民自由”，均以国家层面的报

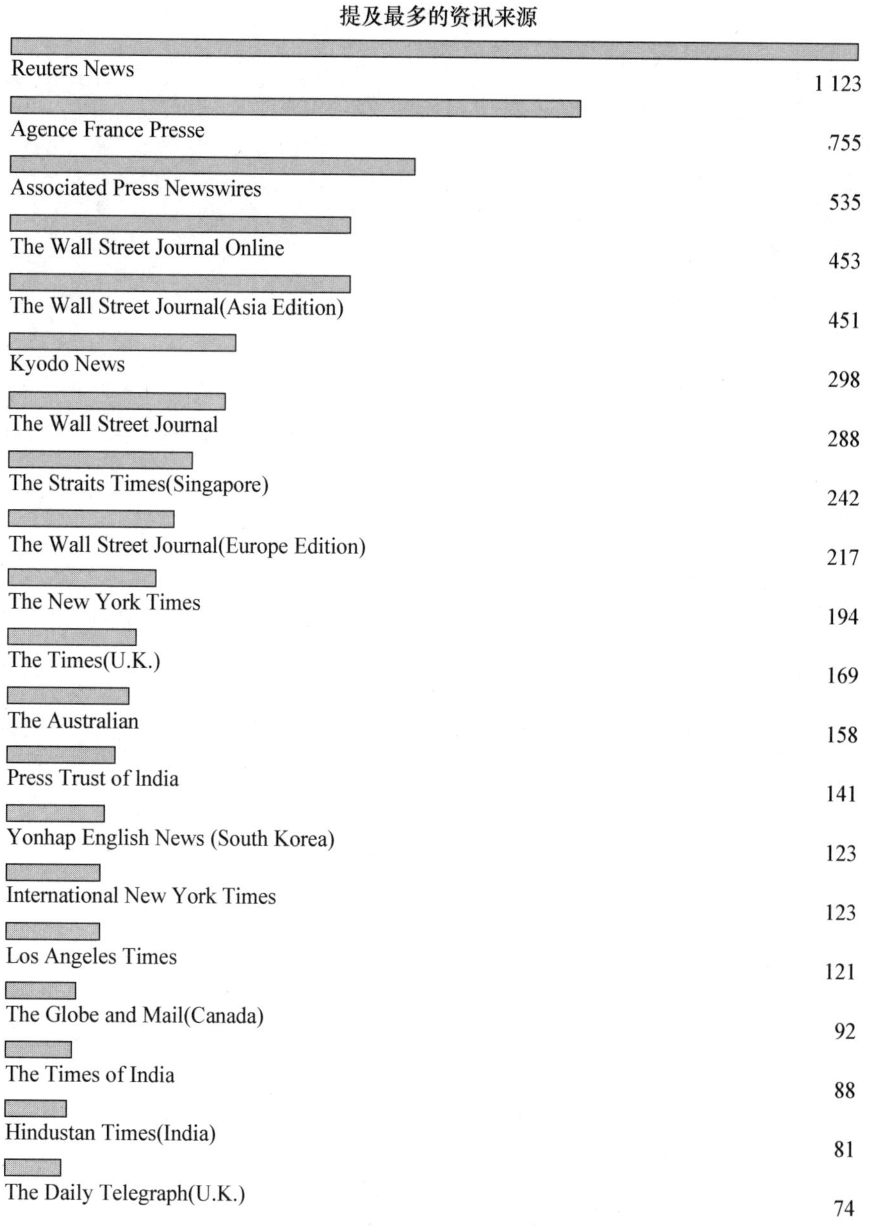

提及最多的资讯来源

资讯来源	数量
Reuters News	1 123
Agence France Presse	755
Associated Press Newswires	535
The Wall Street Journal Online	453
The Wall Street Journal(Asia Edition)	451
Kyodo News	298
The Wall Street Journal	288
The Straits Times(Singapore)	242
The Wall Street Journal(Europe Edition)	217
The New York Times	194
The Times(U.K.)	169
The Australian	158
Press Trust of India	141
Yonhap English News (South Korea)	123
International New York Times	123
Los Angeles Times	121
The Globe and Mail(Canada)	92
The Times of India	88
Hindustan Times(India)	81
The Daily Telegraph(U.K.)	74

图 2　2011 年国外媒体关于北京报道的媒体分布图

道居多，包括异见人士报道。本年度关于北京文化、北京交通、北京环境等方面的报道数量较多，既有客观报道，也有含沙射影式、负面倾向的报道（见图 3）。

提及最多的主题

主题	数量
国内政治	1 184
外交关系/事务	535
罪行/法庭	507
经济状况	396
企业/工业新闻	393
武装部队	359
通讯社稿件	351
政治/综合新闻	322
主要电讯新闻	314
人权/公民自由	284
实物贸易	273
外汇市场消息	246
评论/观点	239
金融商品市场新闻	194
新闻摘要	188
通货膨胀/物价指数	174
头版新闻	174
政府行政部门	168
经济增长/衰退	167
货币政策	156

图3　2011年国外主流媒体关于北京报道的报道主题分布图

1. 交通

2011年北京实施机动车摇号限购政策后，北京市机动车保有量增长速度缓缓下降。2011 年底，北京机动车保有量近 500 万辆。北京交通方面的报道涉及两个主题：其一，北京政府治理交通拥堵。1 月 17 日，《南华早报》、法新社报道《北京在人大会议上誓言破解迫在眉睫的人口、交通和环境问题》（“Beijing Vows to Beat Looming Problems to Be a Top-class City Congress Seeks Solutions on People, Traffic and the Environment”），称郭金龙市长在北京市第十三届人民代表大会第四次会议上的讲话中，针对北京市交通拥堵问题指出，北京交通拥堵的首要原因是机动车数量增长过快。报道称，北京市的官员们总是在与可怕的交通拥堵和环境污染做斗争——北京的这两个问题是全世界最严重的。为此，一方面北京市实施车辆限购的措施，2011 年只允许市民购买 24 万辆车；另一方面北京大力建设轨道交通，积极发展地铁。1 月 18 日，《海峡时报》以《市长承诺结束交通拥堵》（“Beijing Mayor Vows to End Capital's Traffic Jams”）为题，报道了郭市长提出的北京市为解决交通拥堵将要实施的四个方面举措。7 月 28 日，路透社报道《赢得北京汽车号牌的关联交易》（“RPT-Chance to Win Beijing Car Registration a Spin of the Wheel”）称，7 月北京新车购置摇号的“比例已经降至 35∶1 左右——大致与在轮盘赌赌桌上获胜的概率相当……治理北京拥堵的努力招致了潜在购车者和一直期待北京成为他们重要市场的汽车制造商的批评”。如何破解北京交通拥堵，是北京成为全球城市的一个难题。9 月 5 日，路透社、印报托等报道《北京计划征收拥堵费以缓解交通情况》（“Now Beijing Plans Congestion Fees to Ease Traffic”）称，据中国官方通讯社报道，北京计划在一些道路征收拥堵费，缓解长期以来的交通拥堵并通过鼓励居民购买新能源汽车等措施，减少环境污染。外媒对北京缓解交通拥堵、致力环境保护的多项措施，给予了及时的报道。

其二，首都第二机场建设。北京首都国际机场是中国的空中门户和对外交流的重要窗口，它也是世界上最繁忙的机场之一。2010 年首都国际机场的年吞吐量达到 7 377 万人次，位居亚洲第一、全球第二。为了提升北京作为空中交通枢纽的地位和功能，北京市于 2000 年初开始规划新机场，先后有三处选址，2011 年最终选址确定为大兴区与河北省廊坊市广阳区交界处。首都新机场建设将加快京津冀一体化进程。1 月 12 日，法新社、印报托报道《北京将建设第二个主要机场》（“Beijing to Build Second Major Airport”）称，北京将在下一个五年建设第二机场，预计新机场于 2017 年投入使用，以满足经济快速增长中乘坐飞机旅行者人数的爆炸式增长。9 月 10 日，《每日电讯报》《卫报》报道《北京推出建设世界最大机场的计划》（“Beijing Unveils Plans for World's Biggest Airport”）称，北京计划建设新机场，大致有百慕大那么大，有九条跑道。新机场将于 2015 年开工。

2. 京沪高铁

京沪高铁是新中国成立以来一条建设里程长、投资大、标准高的高速铁路，是中国“四纵四横”客运专线网的其中“一纵”，纵贯北京、天津、上海三大直辖市和冀、鲁、皖、苏四省，连接环渤海和长江三角洲两大经济区。京沪高铁尚未开通，就已经引发国内外普遍关注。外媒对这个新闻专题的关注程度甚至超越了北京市物价、通胀等经济问题。1 月 4 日，英国《独立报》、加拿大《温哥华太阳报》率先报道了京沪高铁即将于 7 月开通的消息；进入 5 月，京沪高铁的报道逐渐升温；6 月 13 日京沪高铁运营发布会和 6 月 27 日京沪高铁媒体通气会的召开促成了两个报道高峰。从报道倾向来看，京沪高铁 6 月 30 日正式运营之前，外媒对京沪高铁的报道总体上是正面的，强调京沪高铁使用中国自主研发技术。6 月 30 日京沪高铁开通，多家媒体对这一事件进行了浓墨重彩的报道，《华尔街日报》称京沪高铁为中国的“阿波罗”登月计划。其一，肯定高铁对促进中国经济的发展具有重要价值，如 6 月 30 日，法新社报道《京沪高铁初次亮相》（“Beijing-Shanghai High-Speed Train Makes Debut”）称，连接北京和上海的京沪高铁，是减轻中国交通系统过大压力的重要一步。京沪高铁可能对未来中国沿海地区经济转型发展有着重大意义，沿线所有城市也都将受益于此。京沪航空运输线可能遭遇“毁灭性”打击，但同时带来积极影响——提升航班的正点率。印报托报道《国旗下的京沪子弹头列车》（“China Flags Off Beijing-Shanghai Bullet Train”）称，在中共建党 90 周年之际，京沪高铁开通，旅行时间缩短一半。高铁还联结了环渤海和长江三角洲经济圈。其二，展示中国人对高铁的骄傲，如《华尔街日报》报道《高铁联结京沪——中国铁路扩张的里程碑阐释了超级减速》（“High-Speed Train Links Beijing，Shanghai—Cornerstone of China’s Rail Expansion Illustrates Megaprojects’ Speed Bumps”）称，尽管有各种各样的问题，但对于一个二三十年前仍用蒸汽机车的国家来说，高铁值得骄傲。这种骄傲不经意地表现在列车员身上。当列车将抵上海时，一名实习列车员问一名美国记者：“美国有高铁吗?”这名记者回答说，基本没有。列车员沉默了一会说，“哦，真的吗?”脸上露出难以掩饰的笑容。6 月 28 日，《爱尔兰时报》的报道《乘每小时 330 公里的快速子弹头列车穿越中国》（“Biting the Bullet at 330km/h on a Fast Train through China”）称，时尚美观的白色高速列车从北京开往上海，以超过 300 公里的时速穿越山峦和稻田，沿途既有蓝色屋顶的新式厂房，又有明朝以来的古老村庄。100 年前，从北京去上海要花 3 个星期，还不要说沿途的艰辛与危险。现在的子弹头列车穿越华东秀丽山川只需 4 小时 48 分，想想这是什么感觉。该报评论说，中国不甘心仅做低成本制造国，在奥运会展现了民族骄傲之后，高铁成为中国发展的又一个缩影。其三，中国高铁对世界的意义，如6月28日，《每日电讯报》的报道《全速驶向铁路的未来：本周中国开通京沪高铁》（“Full Speed Ahead for the Railway of the Future：China Opens Its Beijing-Shanghai High-Speed Rail Link to the Public This Week”）称，不管代价多大，中国领导人推进高铁的信心不会动摇。“现在就干、快点干”是政府的理念，要赶在土地更贵、拆迁更困难之前就干好。打造全新世界级中国高铁的冲刺已经开始。6月23日，《纽约时报》的报道《高铁正在改变中国》（“High-Speed Rail Poised to Alter China”）认为人们往往忽视了这个世界最先进的高铁系统对美欧构成的竞争。就像50多年前，美国修建州际公路系统使现代商业在全国范围内变得更加可行一样，中国雄心勃勃的高铁发展计划有助于这个幅员辽阔、人口众多的国家经济一体化。与美国在上世纪50年代考虑开发高铁相比，中国高铁建设的时间表要快得多，高铁时速也明显更高。对美欧来说，此事的意义不仅在于对共产党式的建设速度感到惊讶。其四，对京沪高铁的批评。6月27日，美联社报道《中国测试运营的京沪子弹头列车被成本过高的争议包围》（“China Conducts Test Run of Beijing-Shanghai Bullet Train Amid Controversy over Cost”）称，质疑声包括高成本运营、昂贵的票价、施工质量、工程中的腐败问题等。高铁在中国并没有得到普遍好评，对于普通市民而言，高铁昂贵的票价已经触及中国日益拉大的贫富差距这个痛处。

“7·23”甬温线事故发生后，外媒迅速报道了这一事件，两个报道高峰分别出现于7月25日和8月12日，这两个高峰的共同点是：外媒高度关注中国政府和相关部门对甬温线事故的积极反应和补救措施。客观地说，这两个报道高峰对中国国家形象的影响是正向的。但是，也有媒体抓住“7·23”甬温线事故的人为因素大做文章。7月25日，美联社报道《导致39人死亡的列车相撞事件增加了对中国高铁发展的质疑》（“Train Crash That Killed 39 Raises Questions about China's High-speed Rail Expansion Plans”）强调铁轨安装和列车购买的招标过程不公开、合同不齐备。8月12日，美联社报道《由于技术问题导致致命列车相撞后中国对高铁的热情偃旗息鼓》（“China's Enthusiasm for High-Speed Rail Stalls after Fatal Crash，Technical Problems”）称，中国北车股份有限公司召回54列在京沪高铁上运行的列车，评价说“这对中国高铁行业是一个新的打击”。

3. 社会安全问题

无论是京沪高铁甬温线事故，还是北京“7·5”地铁四号线自动扶梯事故，有一些外媒认为，北京的快速发展中存在着较为严重的安全隐患。"7·5"地铁四号线自动扶梯事故，造成1人死亡，2人重伤，26人轻伤。7月5日，法新社、《每日电讯报》发布消息《官方媒体称：1人死亡，20人受伤》("One Dead，20 Hurt at Beijing Metro Station：State Media"）称，北京地铁四号线动物园站的自动扶梯5日上午9点半发生事故，扶梯运行方向突然逆转，导致扶梯上多人跌倒，致使一名13岁男孩死亡、20多人受伤。事故原因还在调查中，法新社采访时警察拒绝对事件发表看法。

4月25日大兴火灾事件引发外媒关注，火灾中的死亡人员全部为进京务工人员。4月25日印度亚洲国际新闻社报道《在北京建筑火灾中，17人死亡、24人受伤》("17 People Killed，24 Others Injured in Beijing Building Fire")、4月26日法新社报道《电动三轮车故障引发致命的北京工厂大火》("Fatal Beijing Factory Fire Sparked by Electric Bike")，引用官方报道称，发生火灾的楼房为违规建筑，房主违规私自对外出租。现场存放的电动三轮车电气故障引起大兴区旧宫镇火灾。

4. 城市文化

作为全球城市，北京的国际化程度是通过国际性活动来体现的。2011年3月，由国家广播电影电视总局、北京市人民政府主办的首届北京国际电影节开幕，外媒对其进行了报道，体现了这一电影节国际性、专业性、创新性、开放性和高端化、市场化的特征，其在融汇国内国际电影资源，搭建展示交流交易平台方面，成为北京市建设全球城市的一个重要文化活动。3月16日，印度电视网报道《中国首都将主办第一届电影节》("Chinese Capital to Host 1st Intl. Film Fest"）称，电影节将于4月23—28日在北京举办，将有近百部好莱坞新片与当地观众见面。4月24日，加拿大新闻社报道《成龙、章子怡等中国一线明星迎来北京国际电影节》("Chan，Zhang，Chinese A-Listers Usher in Inaugural Beijing Film Festival"）称，业内人士一直梦想着在中国首都举办国际性的电影节，今日梦想成真。北京国际旅游博览会于6月17—19日在国家会议中心展厅举办，All Africa网（泛非通讯社下属的南非新闻报刊网站）报道《津巴布韦在北京国际旅游博览会上获得旅游奖》("Country Scoops Tourism Award at Beijing Expo"）称，在103个国家参加的博览会上，津巴布韦获得参展单位"最佳组织奖"。博览会吸引了796个参展商、3万余名参观者。

有着数百年历史的北京拥有独特的城市文化，对于北京政府来说，如何在全球城市建设中融合现代与传统，是一个极其挑战的命题。外媒从历史文化角度出发，既关注北京传统文化的保护与传承，也关注北京文化的对外传播。7月17日，《洛杉矶时报》刊发文章《传统正在流逝：城市改建威胁到北京最后的澡堂子》（“A Tradition Is Circling the Drain：The New Beijing Has Forced Out Bathhouses and Their Unique Social Culture”）称，据说位于北京南苑的双兴堂是最后一家传统澡堂，北京城建部门可能要拆除这一澡堂，“如果拆除双兴堂，其所承载的时代文化也将随之消失”。文章援引非政府组织北京文化遗产保护中心创始人何戍中的话说，“地方官员认为，旧建筑与全球城市新北京的理念是不协调的”。8月2日，澳大利亚《太阳先驱报》刊发文章《北京烤鸭足以成为访问北京的理由——忘记紫禁城，不用说毛泽东》（“Peking Duck Is Reason Enough to Visit Beijing—Forget the Forbidden City, Don’t Even Mention Mao”），介绍了美味的北京烤鸭。5月17日，《今日埃及》刊发文章《北京饺子：中国烹饪的正宗味道》，以一个外来旅行者的身份，介绍了北京街头随处可见的饺子馆。文章说，虽然饺子在中国各地随处可见，甚至在海外还可以尝到中国春卷和面条，但是只有在北京的大街上，才可以尝到绝对正宗的饺子。作者还专门列举了朝阳门内南小街东方饺子王、东城区老边饺子馆等餐饮场所。

1月27日，加拿大《国家邮报》发表文章《中国品尝肯德基》，回顾了百胜集团旗下的肯德基和必胜客在中国的发展历程，1987年肯德基落户天安门广场近旁，如今已拓展至全国650个城市，3 200个肯德基和500多个必胜客覆盖的范围和影响非常可观。文章分析了肯德基和必胜客不同的经营之道，前者刻意增加本土化色彩，后者则坚持西方文化风格，两者在中国的快速发展，已经形成了与中国民俗文化相媲美的新时代文化，并且为北京市民所喜爱。7月27日，《海峡时报》刊登消息《美国男孩的天才：唱京剧》称，美国奥克兰市的15岁少年泰勒·汤普森能够字正腔圆地演绎中国京剧，他已经学会了几个著名的京剧唱段，中国艺术为他打开了机遇的大门。泰勒是在奥克兰市林肯小学的音乐班通过“紫红丝绸音乐教育项目”学会演唱京剧的，他已经跟随“长城青年国乐和戏曲团”在美国各地进行了多次演出。这是美国小学开设中国古典音乐节目的成果。7月19日，由国家汉办和孔子学院总部主办的“I Sing Beijing”——国际青年声乐家汉语歌唱项目在北京开启，《洛杉矶时报》的《西方的歌剧在中国大放异彩》（“Western Opera Sing in China”）报道了孔子学院的“I Sing Beijing”活动，20位来自美国、欧洲、中美洲和南美洲的西方青年歌唱家，经过层层选拔来到北京学习用汉语唱歌剧。这一音乐交流活动被认为“是一个用汉语歌词向西方人介绍中华文化的好机会”。

5. 天安门广场

天安门广场是中国首都北京的“心脏”，无论是在天安门广场举办的重大活动，还是在这里发生的突发事件，或是微小改变，都会引起世界关注。6 月 30 日，路透社报道《隐居画家让毛泽东的精神活在天安门》（“Reclusive Painter Keeps Mao Spirit Alive on Tiananmen”）称，1953 年出生于北京的葛小光是天安门城楼毛泽东巨幅像的画作者，他的画作凝视当今世界最著名的城市广场之一天安门广场已经有数十年之久。自从 1949 年 10 月 1 日中国共产党宣布新中国成立以来，毛泽东这位“伟大舵手”的巨幅画像就一直悬挂在天安门城楼上。1976 年之后，葛小光正式成为毛泽东画像的第四位画家。经过 30 多年的改革，中国已经成为世界第二大经济体，但毛泽东仍然是这个走过 90 年历史的党派的思想中心。近年来，中国再度涌现怀念毛泽东时代的情绪，以红色为餐馆装饰主色调，以火辣体现毛泽东老家湖南湘菜的特点，很久以前毛主席的半身像、徽章和其他小纪念品就在街市上非常走俏。葛小光说：“必须把这项工作做好。这不仅是一幅画作，这还代表着中国的精神和一个时代的情感。”

4 月 23 日，美联社、路透社、《纽约时报》等多家媒体报道《备受争议的北京天安门广场孔子雕像被神秘移开，猜测可能移至室内》（“Mystery Removal of Beijing’s Confucius Statue Sparks Guesses but May Just Have Moved Indoors”）称，1 月 11 日，国家博物馆在天安门广场隆重举行“孔子塑像落成仪式”，高达 9.5 米的孔子像即将矗立于天安门广场东侧，引发很多人非议。4 月 20 日，孔子像被神秘移走，不知落脚何处，网友猜测可能有更多考虑或者受到政治压力。

6. 环境

12 月 7 日，《芝加哥论坛报》报道《雾、霾之争笼罩北京》（“Fog-Smog Debate Clouds Beijing”）称，无论是雾或是霾，北京首都机场的数千名旅客已经因此被滞留了好几天。12 月 18 日，法新社报道《尽管空气不好，北京达到“蓝天”目标》（“Beijing Hits ‘Blue Sky’ Target Despite Bad Air”）称，尽管有公众称政府对污染问题轻描淡写，北京政府宣布 2011 年达到 274 个“一级或二级”天气质量，相比 2010 年的 252 个，已达到蓝天目标。环保部建议使用美国大使馆细颗粒物测量系统，以探测更微小、更危险的空气污染。12 月 13 日，《华尔街日报》报道《北京面临新的空气污染危机》（“Beijing Faces a New Air-Pollution Crisis”）称，北京市环保局副局长杜少中承认乌云笼罩北京，虽然自 1998 年以来北京的空气质量得到极大改善，但是北京面临着近年来的第三次空气污染危机，必须加快汽车排放、煤炭燃烧、工业废气等的减排力度。12 月 15 日，《华尔街日报》报道《中国的热空气：减少碳排放需要调整经济结构》（“All the Hot Air in China：Cutting Carbon Emissions Requires Restructuring the Economy”）称，这个月早些时候，当中国首席气候谈判代表建议北京减少碳排放时，中国产生了连锁反应。

7. 政府管理

“北京打工子弟学校被关事件”备受外媒关注，自 2011 年 6 月中旬起，北京陆续关停 24 所打工子弟学校，大兴、朝阳、海淀近 30 所打工子弟学校相继收到关停通知，涉及近 14 000 名学生。在学生安置工作中，由于多方面原因，有些务工子弟恐难就近入学，有些务工人员认为，这是政府在驱赶他们返乡以腾出城市空间。8 月 25 日，美联社报道《北京关停务工人员子弟学校，凸显中国居住证制度的困境》（“Beijing Shuts Down Schools for Migrants，Highlighting Woes of China's Residency System”），认为是中国的户籍制度让务工人员子弟无法入学，报道最后提到，在媒体报道学校关闭事件后，大兴有 4 所已关闭的学校又重新恢复了，其中原因不明。8 月 26 日，《基督教科学箴言报》报道《北京关闭学校使数千名进城务工人员子弟无学可上》（“Beijing School Closures Leave Thousands of Migrant Children Without Classrooms”）称，几天前，北京市政府突然关闭 24 家非法的进城务工人员子弟学校，在暑假前并没有提前通知学生，这一行动导致 14 000 名务工人员子弟在 9 月 1 日开学时无处可去。报道认为这凸显了对于进城务工人员的制度性歧视。

官员腐败是中国共产党执政中的一个痈疽，大可引发政局动荡，动摇执政根基；小可影响官民关系，形成社会治理中的“塔西佗陷阱”。自 2009 年以来，官员腐败屡有曝光，外媒往往以腐败官员审判为主题予以报道。12 月 8 日，美联社、印报托、共同社等多家媒体报道《首都机场集团公司原总经理因买卖工作职位和腐败，被判处 12 年徒刑》（“Former Beijing Airport Boss Sentenced to 12 Years in Prison for Selling Jobs，Other Corruption”）称，首都机场集团公司原总经理张志忠受贿超 472 万元，获刑 12 年。张志忠案是最近中国航空业系列官员受贿案中的一起，调查显示，航空业充斥着以权谋私和贪污受贿的机会。12 月 26 日，印报托报道《中国官员因腐败被判处 13 年徒刑》（“Chinese Official Sentenced to 13 Years for Corruption”）称，2009 年

“2·9”央视大火案首犯、央视新址办原主任徐威在服刑期间，又被查出贪污受贿422万元人民币，法院在此前判处的7年徒刑基础上，以贪污罪判处其有期徒刑13年，数罪并罚最终执行有期徒刑20年。据估计央视大火损失2 530万美元。

9月4日，法新社报道《宣传部接管北京报纸》（“Propaganda Authorities Take Over Beijing Papers”），称北京两家以敢言著称的报纸《京华时报》和《新京报》被北京市委宣传部接管。官方的千龙新闻网报道称此举的目的是使这两家报纸处于本地政府管辖之下，以遏止报纸之间的广告战。报道说，这两家报纸也有可能合二为一。网民对这一事件持批评态度，网民Brkchinese在微博上说：“这两家报纸被矮化了，它们批判的力量将被削弱。”

8. 互联网管理

中国互联网发展速度迅猛，在全球位居前列。北京的网民数量和活跃程度都在全国居首，互联网管理的难度是显而易见的。同时，北京的互联网管理也是全国的风向标。4月25日，《华尔街日报》报道《网民瞒过北京的审查——“肥肥”“爱未来”，一些代码和玩笑帮助公众避开日益严格的网上持不同政见者的限制》（“Web Users Outwit Beijing's Censors—‘Fatty’, ‘Love the Future’, Other Codes and Tricks Help Public Evade Increasingly Tough Restrictions on Online Dissent”），称当北京正在加大努力去压制政治异见时，中国网民也在寻找创造性的方式冲破互联网控制。8月24日，《华尔街日报》报道《北京市委书记暗暗警告中国互联网站》（“Beijing Communist Party Chief Issues Veiled Warning to Chinese Web Portal”）称，刘淇书记视察新浪网和优酷网，实质上是“北京高官向中国互联网门户网站发出隐晦的警告”，微博传播的影响力，已经威胁到官方媒介的控制。9月3日，路透社报道《中国官方报纸要求互联网站重新考虑堵住敌人的嘴》（“China State Paper Urges Internet Rethink to Gag Foes”），就《人民日报》（海外版）发表的长篇文章《网络舆论：民意的“自由市场”》，指出中共的“言论控制”是在冒险，除非政府采取更严厉的措施阻止网络民意被越来越有组织的政治敌人所塑造。12月14日，《南华早报》报道《北京市接受微博，冷静的新闻发言人说不可能关闭流行的微博》（“Beijing Municipality Embraces Weibo, Fad Spokeswoman Says It Would Be an Impossible Task to Close Down the Popular Twitter-Like Microblogs”），援引北京市新闻办主任、资深新闻发言人王惠的话称，关闭微博“是不可能的，很多人使用微博，他们都喜欢用微博，因为它及时、方便、能够自我表达”。王惠说，她永远不会命令那些访问她微博的人删除他们的政治性甚至是暴力或色情的留言。但是，很多博主说中国的政治审查总是存在着。

12月16日，北京发布《北京市微博客发展管理若干规定》，要求任何组织或者个人注册微博客账号，应当使用真实身份信息。12月22日起，开展微博客业务的主要网站开始实行微博客用户使用真实身份信息注册制度。由此，实名制在微博客领域全面推行，中国进入互联网实名制时代。17日，《华尔街日报》报道《北京收紧互联网控制》（“Beijing Tightens Cyber Controls”）称，市政府要求微博客实名注册以应对日益严重的抗议行为。《纽约时报》的报道《北京加强对社交媒体网站的新规制》（“Beijing Imposes New Rules on Social Networking Sites”）称，社交媒体确实传播了一些批判政府的声音，同时中国官员也认识到网络媒体能够让人们宣泄愤怒，官员能够寻踪探访民意。越来越多的官员被鼓励开设微博、引导争议。北京政府官员称，微博能够“积极传播社会主义核心价值观，弘扬社会主义先进文化，建设社会主义和谐社会”。

9. 基督徒的复活节弥撒

4月10日，美国广播公司（ABC）最早报道北京警方取缔北京非法教会服务的消息，消息称北京警方在一个未注册登记的“守望教堂”拘留了几十个参加礼拜的人员，并查封了“守望教堂”。在北非中东动荡后，北京政府高度关注经由网络发起的群体集会事件，在这一背景下，这次星期日礼拜活动有知识分子、艺术家、律师、作家等人参与，他们也被警方拘留。据学者统计，中国仅有2 000万名基督徒在官方登记的教堂活动，此外还有6 000万名基督徒活动于非官方登记的教堂。4月25日，《华尔街日报》报道《北京警方拘留基督教徒》（“Beijing Police Detain Christians”）称，在一个大约500人的复活节户外祈祷活动中，警方拘留了30名福音派基督徒。4月25日，加拿大《多伦多星报》的报道《北京害怕基督徒增多，政府严打非法教会未能阻止信徒》（“Beijing Fears Christianity’s Rise; Government Crackdown on Illicit Churches Fails to Discourage Believers”）称，正当“守望教堂”在做复活节祈祷时，至少有30名基督徒被逮捕，该教堂未在政府登记注册，三周前该教堂的部分成员曾被警方拘留。目前有6 000万名基督徒活动在非官方登记的家庭教堂，这一群体数量的快速增长，影响了中国官方对教堂的管理，令管理者感到担忧和不安。

三、2011 年度国外主流媒体关于北京报道的特点与规律

2011 年国外主流媒体关于北京的报道总量比 2010 年同期增多，报道总体态势活跃，涉及主题广泛，倾向性鲜明。报道涉及最多的是北京政府管理、社会安全。

1. 时政事件的国内反响引发国外媒体高度关注

8 月 18 日，美国副总统拜登在北京姚记炒肝店吃面，国内网友群情沸腾，热情追捧。外媒迅速做出反应，8 月 19 日，新加坡《海峡时报》报道《拜登的面条外交赢得欢呼》（“Biden Warms Up to Hosts in Beijing”）称，“拜登的节俭深得中国人欢心”。8 月 23 日，路透社报道《拜登北京餐馆之行正中中国人心意》（“‘Biden Set’ a Hit at Beijing Restaurant”）称，拜登光临小吃店，这一“面条外交”深受北京好评。8 月 20 日，《海峡时报》的评论文章《拜登访华：战略互惠》（“Biden's China Visit：Strategic Symbiosis”）指出，拜登访华，试图与中国领导人建立“个人关系”，他的拜访将在 2011 年习近平和李克强访美中得到回报。国内媒体过度炒作北京市民对姚记炒肝店的热捧，缺乏对“拜登吃面”事件政治意义的分析，导致公众认识的偏差。

2. 对北京社会安全事故报道的引导不足

在北京地铁 4 号线扶梯事故报道中，外媒积极主动寻找信息源和采访对象，报道先入为主，极大地削弱了政府新闻发布的影响力，使得中国媒体对事故的报道显得被动。在新媒体时代，出现了社会安全事故，“捂盖子”是不可能的，迟滞发布也会产生负面效果。政府应加强对事件的掌控，及时联系外媒，召开发布会，适时、适度地引导报道，换句话说，要善于给外媒“喂新闻”。政府官员应提高媒介素养，要敢于发言、善于发言，坚持“以人为本”的原则，积极应对媒体质疑。

3. 互联网管理能力及掌握网络传播主动权能力有待提升

微博在中国娱乐和政治领域中的强大影响力，使之成为宣泄民意、鼓动民意的一个重要平台，也成为中西意识形态领域斗争的一个新的重要舞台。

对互联网的管理与控制，要采取法治手段，通过法治渠道依规管理，这样对内有助于实现管理的常态化，对外易于西方世界理解北京政府的社会治理思路。坚持依法治国理念，是取信于国民、融入于世界的有效途径。同时，政府需要迅速行动起来，利用微博疏导民意、把握意识形态主导权，抓住社会管理主动权，实现引导舆论的目的。

4. 警惕危机事件频发所引起的雪崩效应

北京的众多文化符号，如故宫、长城、胡同等，都是外媒密切关注的对象，是外媒评判北京文化发展的标的物。5 月 17 日，《纽约时报》报道《紫禁城里私人会所的谣言》（“Rumors of a Private Club in the Forbidden City”）称，有网友披露，在故宫建福宫有奢华的个人会所。7 月 31 日，英国广播公司等相继报道《北京故宫证实有珍贵宋瓷受损》，称北京故宫器物部工作人员在将一件宋代哥窑瓷器出库送检时，不慎将其摔碎。31 日故宫博物院证实了这一消息。8 月 19 日，香港《南华早报》发表文章《故宫博物院系列丑闻令声誉受损》（“Museum's Reputation Shattered a String of Scandals”），报道指出因故宫管理不善而导致的多起丑闻，“已经让公众数十年来对其能力和诚信的信任感就此崩溃……网民不仅对故宫博物院的各种差错怒不可遏，而且非常不满其在事件曝光后的处理方式”。10 月 6 日，《温哥华太阳报》报道《小偷瞄准紫禁城：曾经是皇帝之位，令人自豪的历史因盗窃蒙羞》（“Thieves Target Forbidden City：Once the Seat of China's Emperors，Proud History Tainted by Burglaries”），从“5・8”故宫失窃案谈起，到 7 月、8 月各种丑闻频频曝出，称“所有这些令人汗颜的事件暴露出故宫博物院在安全和管理上的漏洞。有观察家认为，管理不善和商业化运作损坏了中国的文化遗产，中国古代文化的精华被交到了错误的人手里”。故宫丑闻频发，容易引发雪崩效应，致使公众对政府机构产生信任危机，将矛头指向政府的不作为。在类似事件中，政府应积极介入，帮助公众树立信心共渡危机。

5. 北京政府管理者的声音弱而小

在一些突发事件中，北京政府官员的声音微弱，客观上影响了北京正面形象塑造，为政府工作获得国内、国际民众的理解和配合，加大了难度。在 2011 年夏季关停 24 所非法的进城务工人员子弟学校事件中，外媒报道的信源多元，既有务工人员、非法学校老师，也有 NGO 组织负责人，但是没有北京市教育管理部门新闻发言人。美联社报道中称北京市教委的电话打过去没有人接听；《基督教科学箴言报》的报道中写道，“连续三天都没有得到朝阳区教育局新闻发言人的电话回复”。显然，北京市教委 2005 年 9 月下发《北京市教育委员会关于加强流动人口自办学校管理工作的通知》（京教基〔2005〕27 号），明确提出了“扶持一批，审批一批、淘汰一批”的工作思路，并自 2006 年以来陆续关闭务工人员子弟学校的政策，外媒记者并不知晓。在这次关停非法学校过程中，北京市各区县做了大量安置学生工作，外媒记者也不知晓。记者仅仅获知还有少量学生并没有得到妥善安置、务工人员满腹哀愁。

2012年度国外主流媒体关于北京报道的分析报告

高金萍

本研究使用道琼斯公司旗下的全球新闻及商业数据库Factiva，对国外主流媒体关于北京的报道进行分析研究。Factiva数据库收录的资源包括全球性报纸、期刊、杂志、新闻通讯社等主流新闻采集和发布机构发布的新闻报道、评论和博客文章，如《纽约时报》、《华盛顿邮报》、《泰晤士报》、《金融时报》、《经济学人》、世界著名通讯社等，此外还包括道琼斯公司和《华尔街日报》等独家收录的资源。本研究以Factiva数据库中的国外50家主流媒体（含世界四大通讯社）为信息来源，以国际通用语言英语为检索语言，以新闻标题和导语中至少出现3次“北京”为检索限制（目的在于尽量去除“以北京指代中国”的媒体报道），进行全数据库检索。自2012年1月1日至12月31日，国外主流媒体共发布8 209条关于北京的报道。

一、国外媒体关于北京报道的概况

2012年国外媒体关于北京报道的数量有较大增长，与2011年（6 507条）相比增长26%。除了政治经济领域的报道外，文化软实力方面的报道数量较之往年也有较大幅度提高。全年报道量最多的是5月，共1 062条，报道量最少的是12月，共399条（见图1）。

1. 报道趋势分析

2012年报道量的峰值分别是5月（1 062条）、9月（873条）、7月（865条）。上述三个报道高峰涉及的主题主要是：

5月：《北京市主要行业公厕管理服务工作标准》发布。

9 月：北京反对日本“购买”钓鱼岛的抗议活动。

7 月：“7・21”北京暴雨事件；伦敦奥运开幕式与北京奥运开幕式的比较。

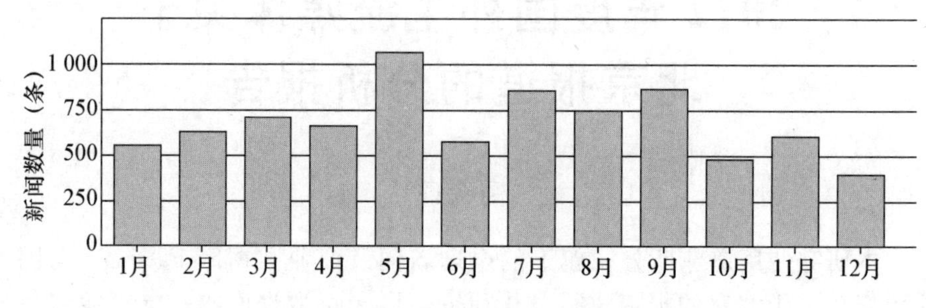

图 1　2012 年国外媒体关于北京报道的报道量分布图

2. 报道主体分析

以报道量居首的 20 家媒体来分析（如果既有网站又有报纸，取数量最多者，不重复计算），关于北京报道最多的国家和媒体依次为（见图 2）：

美国（1 540 条）：美联社、《华尔街日报》、《纽约时报》、《洛杉矶时报》等。

英国（1 384 条）：路透社、《泰晤士报》、《卫报》。

法国（937 条）：法新社。

日本（449 条）：共同社。

新加坡（299 条）：《海峡时报》。

印度（271 条）：印报托。

澳大利亚（167 条）：《澳大利亚人报》。

韩国（147 条）：韩联社。

加拿大（136 条）：《环球邮报》。

非洲（131 条）：泛非通讯社。

由于 Factiva 为道琼斯公司所有，媒体来源中《华尔街日报》涵盖了网络版、亚洲版、欧洲版、主报等，本研究只取道琼斯公司报道量最高的一家媒体《华尔街日报》网络版，其余亚洲版、欧洲版等忽略不计；《纽约时报》报业公司的报道量，同理，也只取报道数量最高的《纽约时报》，其余忽略不计。去除上述两家媒体集团的因素，2012 年度路透社关于北京的报道量是最多的。除美欧媒体以外，亚洲媒体也高度关注北京。

提及最多的资讯来源

资讯来源	数量
Reuters News	1 022
Agence France Presse	937
Associated Press Newswires	619
The Wall Street Journal Online	510
The Wall Street Journal(Asia Edition)	455
Kyodo News	449
The Straits Times(Singapore)	299
The Wall Street Journal	295
Press Trust of India	271
The New York Times	260
The Wall Street Journal(Europe Edition)	243
The Times(U.K.)	217
NYTimes.com Feed	197
The Australian	167
Los Angeles Times	151
International New York Times	148
Yonhap English News (South Korea)	147
The Guardian(U.K.)	145
The Globe and Mail(Canada)	136
All Africa	131

图 2　2012 年国外媒体关于北京报道的媒体分布图

二、国外主流媒体关于北京报道的报道主题分析

在 2012 年度报道量最多的 20 个新闻主题中，前两个政治相关类主

题——“国内政治”“外交关系/事务”，均以国家层面的报道居多。“人权/公民自由”和“罪行/法庭”包括异见人士相关报道、香港出版《关于陈希同的争议》等事件。2012 年度，奥运主题报道数量巨大，伦敦奥运报道中也包含了与北京奥运的比较、运动员过去参加北京奥运的经历等。本年度关于北京文化、北京交通、北京环境等方面的报道数量较多，既有客观报道，也有含沙射影式、负面倾向的报道（见图 3）。

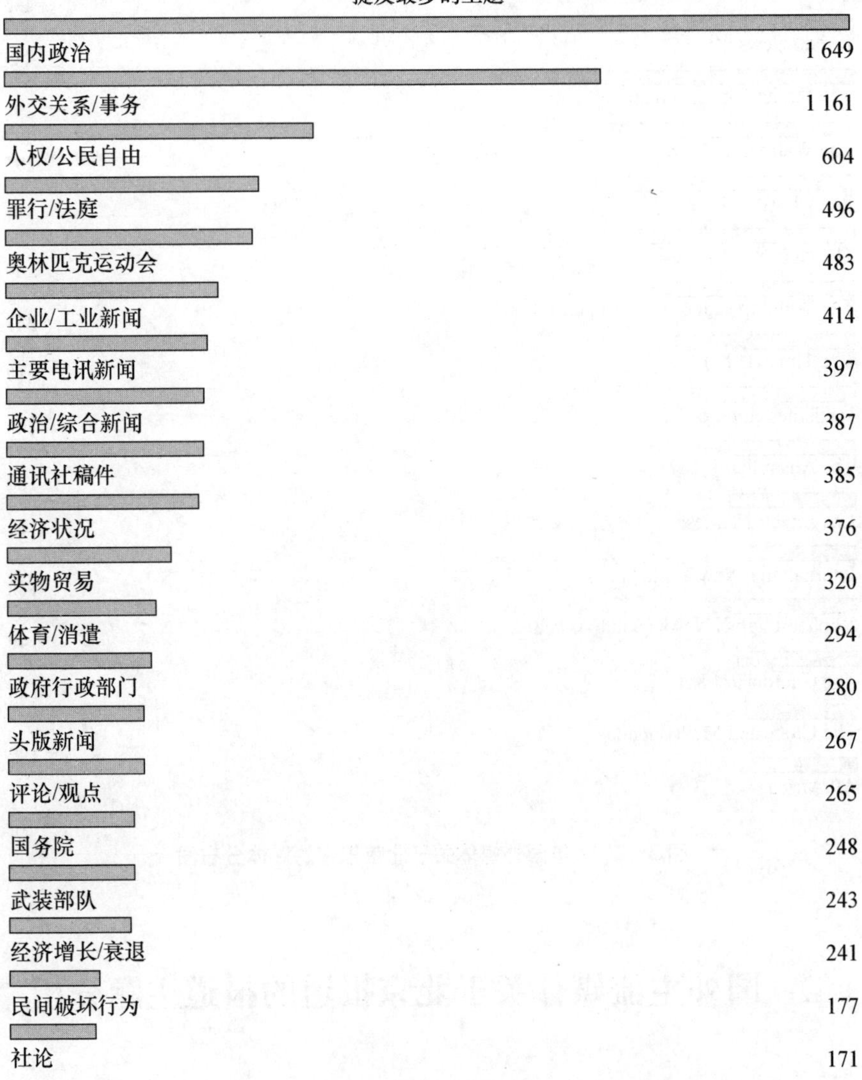

图 3　2012 年国外主流媒体关于北京报道的报道主题分布图

1. 环境

近年来，虽然北京市加大力度进行经济增长方式转型、产业升级改造，但是日益恶化的环境难以在短时期内得以改善，各种环境问题频频出现。2012年2月29日，中国发布新修订的《环境空气质量标准》，新标准增加了细颗粒物（PM2.5）和臭氧（O_3）8小时浓度限值监测指标。细颗粒物是指大气中直径小于或等于2.5微米的颗粒物，通常称为细粒子，也称可入肺颗粒物。相比于过去环境监测使用的可吸入颗粒物（粒径≤10微米）标准，细颗粒物更易吸附大量的有毒、有害物质，是空气中各种有毒物质的载体。细颗粒物主要来自化石燃料的燃烧和扬尘，对人体健康和空气质量的影响很大。自2012年起，京津冀、长三角、珠三角等重点区域以及直辖市和省会城市相继开展细颗粒物与臭氧等项目监测。

北京环境方面的报道涉及两个主题：其一，北京市日益严重的环境污染。如3月17日，法新社、印报托等报道《烟雾笼罩数百架北京航班》（"Smog and Fog Ground Hundreds of Beijing Flights"），称因为17日的大雾和空气污染，从北京首都国际机场起飞的400多架次航班，包括35架国际航班，被推迟或取消。将近250架航班被取消，其中包括15架国际航班。中国表示，目前全国有三分之二的城市无法达到新的空气质量标准。政府引入新的空气质量目标，在于安抚中国公民因日益关注健康而增长的愤怒。7月31日，路透社刊发文章《"灰扑扑"？空气污染玷污北京名声》（"'Greyjing'? Air Pollution Fouls Beijing's Name"）称，伴着美丽的公园、百年的宫殿，北京应该是世界上最令人赏心悦目的首都之一。然而，严重的空气污染让它被认为是最糟糕的城市。健康官员说，北京2 000万人口中肺癌患者数量呈上升之势。对于很多跨国公司来说，在北京任职是一项艰苦的工作，尽管有额外津贴，很多行政官员还是离开了。

其二，为了提升空气质量、保护环境，北京政府出台了各种措施。5月9日，法新社报道《北京关闭1 200家污染企业》（"Beijing to Get Rid of 1,200 Polluting Enterprises"）称，4日北京官员称，为了提升空气质量，北京计划到2015年逐步关闭1 200家污染企业，包括铸造厂、化工厂和家具工厂等。北京是世界上污染最严重的城市之一，迫于网民压力北京市环保局开始发布细颗粒物指数，而不是过去使用的可吸入颗粒物指数。政府也开辟了一些自行车道以缓解交通拥堵——汽车尾气排放是另外一种空气污染来源。9月18日，路透社报道《北京发展有限公司称将斥资5亿3 500万元购买能源企业》（"Beijing Development Says to Buy Energy-Related Firm for Up to $535

Mln”)，称北京发展（香港）有限公司将斥资 53 500 万元购买一家国内垃圾焚烧发电公司，通过可再生能源发电业务拓展收入来源。

2. 社会安全问题

5 月 17 日，一名美国男子在北京前门被一名 61 岁的山东男子扎伤臀部。当日，印报托报道《美国人在北京被刺伤》（“American Citizen Stabbed in Beijing”）称，美国商务人士在前门旅游集散中心前被山东男子用刀刺伤。7 月 11 日，菲律宾新闻社报道《北京一工厂倒塌致一人死亡》（“Beijing Factory Collapse Leaves 1 Dead”）称，朝阳区金盏乡原京运铸造厂礼堂因翻修发生重大坍塌事故，当时有 5 人在施工，其中 1 人死亡，还有 2 人被埋在废墟下面。

作为中国历史文化的瑰宝，故宫博物院始终是外媒关注的焦点。3 月 20 日，《纽约时报》、法新社、BBC 等多家媒体报道《盗窃故宫博物院钱包的小偷被判刑》（“Thief Who Stole Museum's Purses Is Sentenced”）称，3 月 19 日，27 岁的山东农民石柏魁因盗窃故宫展品，被北京市第二中级人民法院一审以盗窃罪判处 13 年有期徒刑，并处罚金 1.3 万元。9 月 10 日，《南华早报》报道《博物馆安保系统更新》（“Museum Security Updated”）称，根据《京华时报》报道，故宫博物院安装了新的安保系统，安装工作将于 2014 年完成。大概有 60%的博物馆安装了这套新系统，2011 年 5 月，石柏魁偷了 9 件博物馆珍品，制造了博物馆安保的恶劣记录。

3. 城市文化

北京具有全球城市的独特魅力和感召力，这源于它深厚的文化积淀和现代化的都市形象。5 月 16 日，美联社报道《中央电视台新址建成，引领北京建筑新潮》（“China's CCTV Headquarters Is Completed, Joining Beijing's Architectural New Wave”）称，采用未来派风格、两个斜塔以 90 度在顶部相连的中央电视台新址大楼竣工，早在十年前这一设计问世时就引发激烈争议。央视新址大楼和鸟巢、水立方等建筑引领了北京标志性建筑的新潮，让这个死气沉沉的城市充满活力。7 月 31 日，《海峡时报》文章《去北京拿京剧学位》（“Off to Beijing for Opera Degree”），介绍了 53 岁的 Lim Mei Lian 女士，参加国家大剧院主办的京剧进修项目，并获得学士学位的故事。Lim Mei Lian 女士热爱京剧，已经有 30 年的自学经历，这次她辞别两个女儿和丈夫去北京接受专业学习，得到了两个女儿的支持。8 月 11 日，加拿大《维多利亚时报》专栏文章《探索北京的五种免费方式》（“Five Ways to Explore Beijing for free”）介绍了探索北京的几种免费方式，包括逛天安门广场、日坛公园、798艺术区、各种胡同。9 月 29 日，《华尔街日报》文章《中国最好的北京烤鸭》（“The Best Peking Duck in China”）描述了北京烤鸭的发展历史，从 16 世纪来自山东的烤鸭，直到今天的大董烤鸭。大董在烹饪工艺上有了大的改变，从健康的角度为食客考虑，这也是大董烤鸭店生意红火的原因。大董烤鸭的鸭皮口感最特殊，是真正的“酥而不腻”，而不是传统烤鸭所提倡的“又酥又脆”。北京烤鸭已经成为一种令人沉迷的美味，吃北京烤鸭成为一种身份的体现。

4. 腐败问题

中共自我净化的力量值得外媒关注，但是外媒的关注角度往往是从批评出发的。北京市地方税务局原党组书记、局长王纪平因在产品采购、招投标过程中以权谋私，获取上千万元的好处费。5 月 9 日，北京市第一中级人民法院以贪污和受贿两项罪名判处其死刑，缓期 2 年执行。5 月 10 日，印报托以《北京税务局一把手因腐败被判处死刑》（“Top Beijing Tax Official Sentenced to Death for Corruption”）为题对此事进行了报道，称王纪平在庭审中否认收受 435 万元的贿赂。王纪平有可能由死缓改判为无期徒刑，这是 2011 年以来在反腐败中第二个落马的高级官员，4 月 27 日江西省政协原副主席宋晨光也因受贿被判处死缓。

5. 政府管理

北京人口增长过快，带来城市交通拥堵、水资源短缺、生活环境日益恶化等一系列问题。如何加强北京人口管理，是政府工作中亟须解决的一个重要问题。3 月 6 日，印报托报道《北京考虑以居住证控制人口大潮》（“Beijing Mulls Residential Permits to Control Population Surge”）称，中国首都拟引入居住证制度，以减轻基础设施的压力。报道引用北京市发改委主任张工的话说，中央政府制定相关政策，地方政府开展试点工作。人口问题是城市化发展进程中不可避免的，但张工没有提及这一制度何时出台。5 月 15 日至 8 月底，北京警方将集中开展清理“三非”外国人百日专项行动。其间，北京市公安局将集中力量，加强对在京非法入境、非法居留、非法工作（简称“三非”）外国人的整治力度。17 日，《爱尔兰时报》报道《北京警方清理非法外国人》（“Beijing Police to ‘Clean Out’ Illegal Foreigners”）称，由于 5 月 8 日晚 11 点左右，一名英国籍男子在宣武门地铁站附近当街对一名女子实施性侵，北京警方采取了清理非法外国人这一行动。中国经济的爆炸性增长已经使北京成为吸引外国人居住的一个主要中国城市，仅次于上海。报道援引《环球时报》的话称“中国警方在对付非法外国人方面采取了强硬态度，但是如果处置不当，可能引发外交纠纷”。

提升北京全球城市形象，城区改造和环境改善是重要的举措。3 月 30 日，美联社报道《亚特兰大机场仍然是世界上最繁忙的机场，然而北京机场已经缩小了边界》（“Atlanta Airport Still World's Busiest，but Beijing's Airport Has Narrowed Margin”）称，根据国际机场理事会的数据，2011 年亚特兰大机场运送了 9 240 万人次，是世界上最繁忙的机场，仅次于亚特兰大的北京首都国际机场将扩大面积，提高其接纳飞行旅客的能力。5 月 20 日，《海峡时报》报道《北京，在垃圾中生活下去》（“Life Down in the Dumps in Beijing”）称，在北京东部的大兴东小口村，3 万人在垃圾堆中生活着，在那里他们有学校和便利店。据估计，这个“垃圾村”只是环绕着首都北京的 30 个垃圾填埋场之一，那里存在着严重的垃圾问题。东小口村已列入北京城区改造计划，它的命运是不确定的，按照政府计划将启用北京北部昌平的阿苏卫垃圾焚烧厂。5 月 21 日，北京市政市容委发布《北京市主要行业公厕管理服务工作标准》。其中规定，公厕内的苍蝇不能超过两个。该标准适用于公园、旅游区、机场车站、医院和商场超市等人员集散场所。5 月 24 日，《泰晤士报》报道《呼唤特警部队：这儿有三个苍蝇在厕所里》（“Call in the Swat Team：There's a Gang of Three Flies in the Loo”）援引北京城市和环境管理委员会官员的话说，他们计划“让公厕走向一个更好的方向”，如此严格地重视公厕卫生问题可能让人生畏。

6 月 7 日，上海合作组织成员国元首理事会第 12 次会议在北京举行。5 月 16 日，俄塔社报道《北京将于 6 月 6 日至 7 日承办上合组织元首理事会第 12 次会议》（“Beijing to Host SCO Heads of State Council Meeting on June 6–7”）称，外交部新闻发言人洪磊向媒体通报了这一信息。

北京市政府的人事变动，也引发外媒关注。7 月 25 日，《华尔街日报》报道《北京市市长辞职》（“Beijing's Mayor Resigns”）援引新华社消息称，北京市市长郭金龙辞去市长职务，王安顺任副书记、常委副市长。

6. 互联网管理

自 2011 年 11 月 14 日至 2012 年 2 月底，公安部部署全国公安机关开展清理整治“网络黑市”专项行动，以严密防范、严厉打击涉网违法犯罪活动，净化互联网环境。3 月 31 日，法新社报道《政府媒体：北京在打击互联网犯罪活动中逮捕 1 065 人》（“Beijing Arrests 1,065 in Internet Crackdown：State

Media"）称，据新华社消息，在2011年11月中旬以来开展的打击互联网犯罪活动中，北京警方已逮捕了1 065名嫌疑人、删除了20.8万条网上有害信息，3 117个网站收到了警方关于走私枪支、毒品、有害化学品和买卖人体器官、个人信息的警告。北京的网络安全部门表示自从11月14日的专项行动开始后，网络犯罪降低了50%，70%的公司没再受到行政处罚了。《华尔街日报》、路透社、共同社报道《新浪、腾讯关闭了微博评论》（"Sina，Tencent Shut Down Commenting on Microblogs"），自30日中国开始互联网整治行动，对提供微博服务的新浪和腾讯公司进行临时管制，拘留了发布网络谣言的人。

5月30日，印报托报道《中国的微博网站引入新规则》（"China's Twitter-like Microblogging Site Introduces New Rules"）称，中国最著名的微博网站新浪引入新的规则——如果发布"敏感内容"，微博账号将可能被暂停使用或被删除，以配合政府对社交媒体的管理。新浪在其新规中对"敏感信息"的定义是"妨碍国家和社会安全的信息"，包括涉及相关法律和行政规定的内容。新浪组建了一个由5 484人组成的微博社区志愿委员会，他们将对微博内容进行裁度，对不遵守新规的微博用户进行处理。新浪微博运营总经理胡亚东说，"完全的自由实质上是不自由"，限制某些人的表达权是为了保证其他人的自由权。

7. "7・21"北京暴雨事件

7月21日，北京暴雨肆虐，雨量历史罕见。暴雨引发房山区山洪，拒马河上游洪峰下泄。全市受灾人口达190万人，其中79人遇难，经济损失近百亿元。暴雨之后的一周里，每天都有多家外媒对事件进展进行报道。7月21日，《华尔街日报》最早对暴雨事件进行报道《政府媒体：暴雨严重打击中国，12人死亡》（"Twelve Die as Storms Thrash China：State Media"），称周五晚上直到周六的大暴雨，使中国12人死亡。根据北京急救中心给公安局的报告，狂风掀翻了屋顶，致使2人死亡、6人受伤。报告说北京降水已达95毫米，而往年平均是70毫米，降雨将持续到周六早上。

7月23日，《纽约时报》网站报道《北京暴雨导致至少37人死亡》（"Heavy Rains Blamed for at Least 37 Deaths in Beijing"）称，在21日的暴雨中，至少37人死亡、5万人转移。北京，一个戈壁滩边上的城市，其下水道系统无力排泄强降水，住在低洼地区的市民已经习惯于在降雨之后处理暴雨后的轻微浸水。虽然周日迎来太阳天，但是气象学家警告未来还有暴雨出现。半岛电视台报道《中国在北京暴雨后愤怒了》（"China Fury after Beijing Deluge"）称，在最严重的大雨后，北京市民对于60多年来因大雨导致多人死亡、失踪感到非常愤怒。

7月27日，印报托报道《暴雨死亡率居高损害北京形象》（"Heavy Death Toll in Rains Dents Beijing's Image"）称，北京一直是作为中国城市中的完美榜样而存在的，这次暴雨却暴露了城市基础设施的严重不足。一位高级官员承认，北京在城市设计上存在很多漏洞。

7月28日，美联社报道《北京幸存者牢记，暴雨中77人丧生；要求坚持透明度》（"A Week after Storm Killed 77, Beijing Victims Remembered; Demands for Transparency Persist"）称，在暴雨发生的几天后，政府多次更正死亡人数，从37人上升到77人。周六，一群人手持白菊花、点燃蜡烛，追悼那些大雨中的逝世者。菲律宾新闻社报道《北京发布暴雨警报》（"Thunder Storm Alert Issued in Beijing"）称，周五晚上北京市政府发布黄色雷暴警报和蓝色暴雨警报。

8. 奥运相关报道

7月28日，随着伦敦奥运开幕，外媒聚焦奥运主题报道。4年前的北京奥运又在外媒报道中屡被提及。其一，对北京奥运开幕式与伦敦奥运开幕式进行比较。7月27日，《华盛顿邮报》报道《有点儿异想天开的奥运会》（"A Bit of Whimsy for the Games"）称，在2008年奥运会开幕式上，那精美绝伦的鼓声给人们留下深刻印象；在伦敦奥运开幕式上，只有1群羊、3头牛、2只山羊和10只鸭子。北京有善思的哲学家、精妙的印刷术；伦敦只有詹姆斯·邦德的直升机。北京有蛟龙潜伏于鸟巢之中；伦敦只有需要提防的伏地魔和玛丽阿姨藏身于新奥林匹克公园中。美联社报道《伦敦奥运会开幕式的挑战是与北京奥运一样令人难忘》（"London's Olympic Opening Ceremony Challenge Is to Be as Memorable as Beijing's"）称，作为全球城市的伦敦，在经济衰退中主办奥运会开幕式面临的挑战是：在没有北京那么大的投入下，做一个堪比北京的星球世界。北京在鸟巢动用了2008个鼓手和一个巨大的圣火火炬；伦敦将用奥斯卡最佳导演丹尼·博伊尔再加上1 000名演员，来呈现经典的古怪、幽默、充满活力的英国历史和未来——一个"奇妙岛"。在北京奥运，与体育竞技同样多的是中国崛起成为世界强国的地缘政治意义；在伦敦奥运，这一首个主办了三次奥运会的城市（1908年、1948年、2012年），纯粹的体育竞技更多。

其二，北京奥运场馆的使用情况。4月9日，路透社报道《四年后探访北京奥运遗址》（"Beijing Grapples with Games Legacy Four Years on"）称，四年前的北京呈现给世界一个壮观的奥运会，中国的心脏为此曾大举改善交通，兴建基础设施。但事实是四年过去了，许多场馆已经被人们遗忘，没能充分利用甚至还拖累着公共财政。现在，鸟巢与水立方更多时候只是旅游景点，而非体育场馆。据统计，2011年两座场馆共接待游客461万人次。其他场馆的境遇比鸟巢和水立方更糟糕，昔日的皮划艇赛场已经被遗忘了。路透社记者探访皮划艇赛场所在公园，它坐落于北京东北郊一个遥远且交通不便的地方，赛场水道里的水早已被抽干，赛艇场馆现在只能用于停放小船。7月19日，《华尔街日报》报道《四年后，北京的奥运场馆》（"Beijing's Olympic Venues: Four Years After"）称，北京获得2008年奥运主办权之后，修建了众多新的地标性建筑，比如鸟巢和水立方，这些建筑受到国际社会的广泛赞誉。不过四年后，大部分建筑都成了北京市的累赘。鸟巢需要花30年的时间才能付清4.71亿美元的建设成本，而水立方即使有公共财政援助并新建了水上公园，但是2011年依然亏损高达100万美元。这还是依然在使用的设施，而像皮划艇馆、沙滩排球场、自行车越野赛场地、棒球场等在2008年以后一直无人问津。自从北京奥运会闭幕后，这些场馆就一直没有得到维护，指示牌和绿化景观早已不复存在。北京官员们把2008年奥运会当成了举办世界最大型体育赛事的一个机会，而不是一个修建可以永久使用的基础设施的机会。"后奥运时代"的故事无论是对伦敦还是未来的申奥城市都是一个警告，它们不应该为了一场两周半的赛事而把大量的金钱投入到可能无法再利用的设施上。

9. 反日活动

9月3日，共同社报道称日本政府已经与钓鱼岛及其附属岛屿的"土地所有者"就"购岛"事宜达成协议，并将于近期签订"买卖"合同。9月7日，日本首相野田佳彦在接受美国媒体采访时表示，日本政府对钓鱼岛进行"国有化"是"为了继续平稳安定地维持管理"。先于政府和"土地所有者"展开谈判的东京都知事石原慎太郎也已基本同意把钓鱼岛"国有化"。9月10日下午，日本媒体称日本政府确定了钓鱼岛"国有化"方针。在这一背景下，北京、长沙等地爆发了抗议日本政府将钓鱼岛"国有化"的游行。9月13日，中国常驻联合国代表李保东大使约见联合国秘书长潘基文，提交了中国钓鱼岛及其附属岛屿领海基点基线坐标表和海图。至此，我国已履行了《联合国海洋法公约》所规定的义务，完成了公布钓鱼岛及其附属岛屿领海基点基线的所有法律手续。9月13日，法新社报道《反日示威者在北京集会》（"Anti-Japan Protesters Rally in Beijing"）称，数百名抗议者周四在日本驻华使馆外集会，他们高唱中国国歌、挥舞旗帜，谴责东京"购买"钓鱼岛。周三，中国总理温家宝说，中国“不会放弃一寸土地”。台湾也宣称拥有这些岛屿，因为它附近重要的航道和丰富的矿产资源。

9月15日，北京反日游行队伍在北京的日本驻华大使馆前和武警发生了冲突，9月17日，共同社报道《北京市政府建议日本企业在周二停业》（“Beijing Municipality Advises Japanese Businesses to Close Tues.”）称，日企于周一得到消息，由于反日抗议活动，朝阳区政府建议周二日企停业休息。

9月18日，在美国驻华使馆外，骆家辉在他的座驾内被将近50名中国抗议者包围，当时站在使馆前的中国安保人员将抗议者从现场驱散。美国驻华使馆新闻发言人说骆家辉的座驾轻微受损，但骆家辉没有受伤。9月20日，《华尔街日报》报道《中国抗议者包围美国大使》（“Beijing Protesters Mob U.S. Ambassador”）称，毗邻美国大使馆的日本驻华使馆，近几天里有数千名抗议者集结在那里，抗议日本政府“购买”钓鱼岛。本周靠近美国使馆的安全警卫已经加强，防暴警察和其他安保人员混杂于抗议者人群中。

9月20日，《读卖新闻》报道《北京禁止反日抗议活动》（“Beijing Bans Anti-Japan Protests”）称，北京市公安局通过手机短信告知市民停止反日抗议活动，抗议活动已经解决。短信表明此前北京市政府没有对抗议日本“购买”钓鱼岛的行动施加压力，政府已经改变了策略决定禁止在首都进行抗议活动。

9月21日，印报托报道《北京禁止发行与日本相关的书籍》（“Publishing of Japan-Related Books Banned in Beijing”）称，据双边关系源称，9月14日北京市政府要求一些出版商，不要与日本方面进行书籍发行的活动。这一禁令是在日本政府宣布“购买”钓鱼岛及其附属岛屿事件发生3天之后发布的。一个中国消息来源称，自我约束的情绪已经蔓延到那些没有收到这一禁令的出版社了。据日本财务省的统计显示，2011年中国从日本进口的书籍、杂志和其他出版物共约10亿日元。

三、2012年度国外主流媒体关于北京报道的特点与规律

2012年国外主流媒体关于北京的报道总量比2011年大幅增长，报道总体态势活跃，涉及主题广泛，倾向性鲜明。报道涉及最多的是奥运相关报道、北京政府管理、互联网管理等。

1. 苗头性事件值得注意

一些苗头性事件如外媒对“垃圾村”东小口村的治理问题、年初乌坎事件的报道，对官员腐败的关注等，实质上对国内的新闻报道有牵引作用。随着中国成长为世界强国，以及互联网的广泛使用，内宣即是外宣，外宣也是内宣。信息的及时公开很重要，对苗头性事件的及时追踪和报道，同样重要。

2. 对北京社会安全事故报道的引导不足

如何处理突发性社会安全事件，往往是对一个城市管理能力的重大考验。如何做到快报事实、慎报原因、权威发声、引导舆论，是北京市政府需要不断提升的地方。在 2012 年的社会安全事件和“7・21”暴雨事件中，政府主动引导外媒进行报道的能力略显薄弱，议题设置能力有待提高，突发性事件的报道角度尚需进一步找准。

3. 互联网管理能力及掌握网络传播主动权能力有待提升

西方媒体一贯认为，中国在互联网管控方面严重侵犯了人权。因此，北京互联网整治行动，总是被西方媒体过滤或变形。实质上，近年来中国互联网上存在的谣言、诈骗，严重伤害了网民的共同利益。国内媒体应加大对此类现象的报道力度，尤其要结合危害民众生活的互联网谣言和诈骗事件，辅之政府对互联网治理的行动和制度的报道，让外媒看到北京市互联网整治的必要性和针对性。官方媒体要善于使用权威数据，让数据说话，用数据说明政府工作实绩是政府一种重要的表达能力。

4. 警惕危机事件频发引起的雪崩效应

日本“购岛”风波引发的 9 月反日活动，暴露出鲜明的民粹主义倾向，如果政府把控不当，可能引发外媒报道的雪崩效应，进而影响外交关系。北京市政府对危机事件的有效引导、对外媒报道的有效引导，客观上发挥了稳定民众情绪、保证社会和谐的作用。

2013 年度国外主流媒体关于北京报道的分析报告

高金萍

本研究使用道琼斯公司旗下的全球新闻及商业数据库 Factiva，对国外主流媒体关于北京的报道进行分析研究。Factiva 数据库收录的资源包括全球性报纸、期刊、杂志、新闻通讯社、媒体网站等主流新闻采集和发布机构发布的新闻报道、博客及评论文章等，如《纽约时报》、《华盛顿邮报》、《泰晤士报》、《金融时报》、《经济学人》、世界著名通讯社等，此外还包括道琼斯公司和《华尔街日报》等独家收录的资源。本研究以 Factiva 数据库中的国外 50 家主流媒体（含世界四大通讯社）为信息来源，以国际通用语言英语为检索语言，以新闻标题和导语中至少出现 3 次“北京”为检索限制（目的在于尽量去除“以北京指代中国”的媒体报道)，进行全数据库检索。自 2013 年 1 月 1 日至 12 月 31 日，国外主流媒体共发布 6 793 条关于北京的报道，比 2012 年度略有减少。

一、国外媒体关于北京报道的概况

2013 年国外媒体关于北京报道的数量总体平稳。全年报道量最多的是 12 月，共 728 条；报道量最少的是 9 月，共 406 条（见图 1)。

1. 报道趋势分析

2013 年报道量的峰值分别是 12 月（728 条)、11 月（714 条)、10 月（678 条)。上述三个报道高峰涉及的主题主要是：

12 月：习近平走进北京庆丰包子铺；雾霾笼罩北京。

11 月：北京成为中国第三个碳排放交易的城市；“10·28”天安门暴恐袭击案。

10 月：北京市政府发布《北京市空气重污染应急预案》。

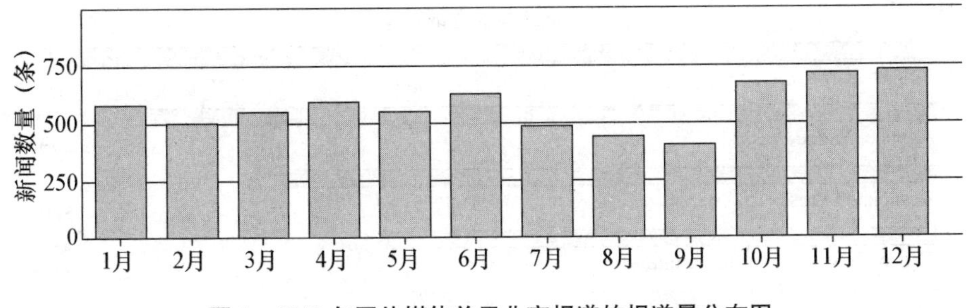

图 1　2013 年国外媒体关于北京报道的报道量分布图

2. 报道主体分析

以报道量居首的 20 家媒体来分析（如果既有网站又有报纸，取数量多的，不重复计算），关于北京报道最多的国家和媒体依次为（见图 2）：

美国（1 196 条）：美联社、《华尔街日报》、《纽约时报》。

英国（840 条）：路透社、《泰晤士报》。

法国（657 条）：法新社。

印度（543 条）：印报托、《印度斯坦时报》、《印度时报》。

日本（355 条）：共同社。

韩国（301 条）：韩联社。

菲律宾（297 条）：菲律宾新闻社。

新加坡（175 条）：《海峡时报》。

澳大利亚（119 条）：《澳大利亚人报》。

由于 Factiva 为道琼斯公司所有，媒体来源中《华尔街日报》涵盖了网络版、亚洲版、欧洲版、主报等，报道数量显然高于其他美国媒体。去除这个因素，2013 年度路透社是报道量最大的媒体，英国是报道量最大的国家。

二、国外主流媒体关于北京报道的报道主题分析

在 2013 年度报道量最大的 20 个新闻主题中，前三个主题——“国内政治”“外交关系/事务”“企业/工业新闻”，均以国家层面的报道居多，包括异见人士、中国与周边国家关系等事件。本年度关于北京空气污染、北京市社

提及最多的资讯来源

资讯来源	数量
Reuters News	702
Agence France Presse	657
Associated Press Newswires	509
The Wall Street Journal Online	438
The Wall Street Journal(Asia Edition)	405
Kyodo News	355
Yonhap English News(South Korea)	301
PNA(Philippines News Agency)	297
Press Trust of India	293
The New York Times	249
The Wall Street Journal	245
The Wall Street Journal(Europe Edition)	213
NYTimes.com Feed	205
The Straits Times(Sigapore)	175
Hindustan Times(India)	139
The Times(U.K.)	138
International New York Times	120
NYT Blogs	120
The Australian	119
The Times of India	111

图 2　2013 年国外媒体关于北京报道的媒体分布图

会安全等方面的报道数量较多，环境新闻数量最多，其中既有客观报道，也有一些负面倾向的报道（见图 3）。

提及最多的主题

主题	数量
国内政治	1 264
外交关系/事务	1 169
企业/工业新闻	432
专栏	394
通讯社稿件	337
空气/水/土地素质	332
罪行/法庭	327
经济状况	317
武装部队	315
主要电讯新闻	278
政治/综合新闻	253
评论、观点	245
环境新闻	205
实物贸易	181
头版新闻	170
空气污染	168
武器防御计划	158
社论	148
关税/贸易壁垒	142
股权资产类别新闻	142

图3　2013年国外主流媒体关于北京报道的报道主题分布图

1. 北京环境

9月10日，国务院印发《大气污染防治行动计划》，具体目标为到2017

年，全国地级及以上城市可吸入颗粒物浓度比2012年下降10%以上，优良天数逐年提高；京津冀、长三角、珠三角等区域细颗粒物浓度分别下降25%、20%、15%左右，其中北京市细颗粒物年均浓度控制在60微克/立方米左右。9月17日，环保部印发《京津冀及周边地区落实大气污染防治行动计划实施细则》，要求京津冀及周边六省市（北京、天津、河北、山西、内蒙古、山东）加大大气污染防治工作力度，切实改善环境空气质量。11月20日，北京市政府发布《北京市2013—2017年清洁空气行动计划》，要求各区县经过五年努力，明显改善全市空气质量，重污染天数较大幅度减少。到2017年，全市空气中的细颗粒物年均浓度比2012年下降25%以上，控制在60微克/立方米左右。在这些政策指导下，北京市加大了环境整治力度，采取了一系列措施以治理空气污染。

环境方面的报道，是本年度报道量最多的，达到424条，其中以路透社、菲律宾新闻社和美联社的报道数量最多，报道几乎贯穿全年每个月。2013年以来，雾霾频袭北京，环境报道分为三类：其一，雾霾天气的危害。2013年第一次严重污染引发多家外媒报道，1月12日，法新社报道《北京的空气污染达到危险级别，令人窒息》（"Beijing Choked by Pollution at Dangerous Levels"）称，在连续三天的重度空气污染下，12日北京市环境保护监测中心发出警报，建议北京的老人、儿童和患有呼吸系统或心血管疾病者，避免外出或做剧烈运动；那些冒险外出的人，要戴口罩防护。天际和太阳都隐藏在雾霾之中，能见度很低。

6月21日，《洛杉矶时报》报道《移居北京的美国人正逃离北京雾霾：尽管有好工作，更多美国高管因为担心家人健康已踏上回家之路》（"U.S. Expats Fleeing Beijing Smog: Despite Good Jobs, More American Executives Are Heading Home, Fearing for Their Family's Health"）称，度过了严酷的春天，尽管北京和其他几个城市最恶劣的空气污染记录有所好转，但是春天不健康的空气仍然让人难以接受，很多人开始逃离这座城市。

7月31日，印报托报道《中国主要城市的空气污染恶化了》（"Air Pollution in Major Chinese Cities Worsening"）称，据新华社报道，根据环境保护部发布的中国74个城市空气质量状况，上个月北京及周边地区遭受了严重的空气污染，细颗粒物指数高于城市正常水平的两倍。官方建议的细颗粒物标准是每立方米35微克，但是6月北京的细颗粒物标准是每立方米115微克。

8月3日，美联社报道《北京游客数量下降归咎于污染》（"Pollution Blamed for Drop in Beijing Tourism"）称，根据中国国家媒体报道，上半年北京游客数量与2012年同期相比下降了14%，总计为214万人次。这是2008

年以来，北京首次出现上半年游客数量下降。尽管2013年1月北京发布新的签证政策，允许45个国家的旅行者在北京享受72小时免签。但是，入境游客数量的同比下降，应归咎于城市严重的空气污染。

其二，政府多措并举，加大环保力度，以改善空气质量。2月1日，菲律宾新闻社报道《空气污染提示北京限制烟花燃放》（“Air Pollution Prompts Beijing to Limit Fireworks”）称，北京烟花办官员通过媒体传递信息，“为了提高空气质量，为了您和您的家庭创造一个有利的环境，请减少烟花和爆竹燃放，以减少污染物的排放”。9月10日，菲律宾新闻社、共同社等媒体报道《北京看上了芬兰控制污染的技术》（“Beijing Eyes Finnish Technology for Pollution Control”）称，北京市政府将从芬兰引入清洁技术和经验以帮助城市对抗空气污染。芬兰环境部部长在参加“美丽北京”清洁技术合作研讨会时说，上世纪70年代芬兰也经历了严重的工业污染，但是芬兰迅速转向清洁增长路径。根据新公布的五年清洁空气行动计划，经常被烟雾笼罩的北京承诺从2012年至2017年，将把细颗粒物浓度降低25%或更多。

9月2日，路透社报道《北京实施新措施以遏止空气污染》（“Beijing Issues New Measures Aimed at Curbing Air Pollution”）称，北京采取了多种措施以遏止空气污染，然而措施没有显露出明显效果。最近又出台新政，包括限制新车上路，关闭或升级1 200家公司的设施。9月3日，菲律宾新闻社报道《中国首都致力于在空气污染治理中发挥引领作用》（“Chinese Capital Urged to Take Lead in Air Pollution Treatment”）称，中国副总理张高丽表示，北京要在保护环境以预防和解决空气污染中发挥带头作用方面，做出突破。冬季供暖、车辆控制和粉尘治理是改善城市环境的三个主要任务，首都应通过选择优质煤、电和天然气为冬季供暖，以削减碳排放。

9月10日，国务院发布《大气污染防治行动计划》后，多家媒体进行了相关报道。美联社报道《中国将在三个关键的工业区禁止新的燃煤电厂，以对抗空气污染》（“China Will Ban New Coal-fired Power Plants in 3 Key Industrial Regions to Fight Air Pollution”）称，在未来十年中，中国将降低煤耗、关闭工厂和控制道路上汽车的数量，努力“逐步消除”严重污染天数。

10月5日，路透社报道《北京大幅削减汽车销售配额以反击污染来源》（“Beijing Slashes Car Sales Quota in Anti-Pollution Drive”）称，根据官方网站信息，雾霾和交通阻塞严重的北京，明年将削减40%新车销售配额，以减少车辆尾气排放和污染。政策变为加强清洁能源汽车发展，以及国外车企在经济欠发达的二、三线城市的发展。10月17日，法新社等多家媒体报道了北京市政府发布的《北京市空气重污染应急预案》，在《北京通过实施机动车单双号限行以控制严重污染》（“Beijing to Impose Odd-Even Car Ban in Heavy Pollution”）中称，中国首都经常充斥着刺鼻的烟雾，让人感到一阵阵窒息，重工业和汽车使用是这一现象的元凶。目前，北京的 2 000 万人口中约四分之一的人拥有汽车。《北京市空气重污染应急预案》将空气重污染分为四个预警响应级别，分别用蓝、黄、橙、红标示，蓝色预警即预测未来一天出现重度污染，黄色预警即预测未来一天出现严重污染或预测持续三天出现重度污染，橙色预警即预测未来持续三天交替出现重度污染或严重污染，红色预警即预测未来持续三天出现严重污染。10 月 22 日，美联社报道《北京采取新的应对雾霾紧急措施：机动车限行、工厂停工》（“Beijing Adopts New Plan to Fight Smog Emergencies with Vehicle Restrictions，Factory Shutdowns”）称，北京市政府宣布，如果连续三天每立方米空气中细颗粒物浓度超过 300 微克，本市将采取最严格的改善空气质量的措施，即机动车限行和工厂停工。私家车将按照牌照尾数实行单双号行驶；工厂通过暂停生产或限制生产将废气排放削减 30%；建筑工地必须停止开挖和拆除工作；学校将停课，那些双方都是上班族的父母可能感到不便。在新闻发布会上，中国记者对于这一政策实施需要同时具备精确的污染预报和及时告知公众，心存疑虑。北京雾霾的元凶并非城市机动车，而是其南部河北的工厂排污。多家媒体对北京市实施这一政策的评价是积极的。

12 月 12 日，路透社报道《北京购买新公交车以清除城市雾霾》（“Beijing to Buy New Buses to Clear City Smog”）称，据新华社消息，由于北京经常笼罩在有毒的空气污染之中，计划到 2017 年，将以绿色环保巴士取代现在的燃油巴士。近 1.4 万辆以电力和天然气为能源的新巴士将替换三分之二的旧巴士，实现碳排放减半。11 月 16 日，《纽约时报》（国际版）报道《北京的汽车问题》（“Beijing's Car Problem”）称，北京出台新方案以应对空气污染：减少传统汽车数量，增加混合动力和电动汽车数量。路透社认为，对于北京来说，着手解决城市面临的这个重要问题是值得赞赏的，但是如果没有更重要的干预措施，这样的做法并不会产生很大效果。

其三，围绕雾霾衍生的其他报道。1 月 15 日，美联社、半岛电视台、加拿大《国家邮报》等报道《严重的北京雾霾导致官员罕见的透明度，尽管媒体承受着公众压力》（“Severe Beijing Smog Prompts Unusual Transparency from Officials，Media Amid Public Pressure”）称，尽管因为雾霾，孩子们不得不待在家里，大量罹患咳嗽的人被送进医院，但是在 1 月 12 日以来的雾霾中，出现了一个显著不同，这就是官员们表现出了前所未有的透明，因为要追究雾霾的成因，以及因此而采取的机动车限行政策。11 月 28 日，美联社、

《多伦多星报》、路透社等报道《北京取缔数百个烧烤摊以减少有害空气污染》（“Beijing Destroys Hundreds of Barbecue Grills in Campaign to Cut Hazardous Air Pollution”）称，北京发动针对空气污染的战争，一个烧烤摊也不放过。11月28日，路透社等多家媒体报道《中国关于气候行动从北京碳排放权交易起步》（“Beijing Carbon Trading Starts as China Acts on Climate”）称，继深圳与上海之后，北京成为中国第三个在重要能源制造商和供应商中开始碳排放权交易的城市，第一次交易从50元起步。此举目的在于控制飞速增长的二氧化碳排放。

2. 社会安全问题

2013年，世界多国遭受恐怖袭击，外媒对各种爆炸事件、袭击案件极为重视。其一，多家媒体持续关注“7·20”首都机场爆炸案，报道主观色彩浓厚。7月21日，《纽约时报》、《洛杉矶时报》、《华盛顿邮报》、法新社等报道《瘫痪的前摩托车司机，在首都国际机场引爆炸弹》（“Former Motorcycle Driver, Paralyzed in Beating, Sets Off Bomb at Beijing Airport”），援引新华社消息，称34岁的山东男子冀中星在首都国际机场3号航站楼引爆了自制的炸弹，造成本人受伤，引发一阵混乱。报道援引网民的帖子称，冀中星原来是一名驾驶摩托车运送客人的司机，2005年在东莞因无证驾驶，被安保人员殴打致残，但他只得到了16 000元补偿，这对一个瘫痪者来说是杯水车薪，于是他踏上了漫漫请愿路，人生几无希望。目击者称，冀中星来到中国的地标性地点——首都国际机场3号航站楼并抛撒传单，安保人员来阻止他时，他引爆了用黑火药自制的炸弹。

7月22日，《华尔街日报》报道《北京机场爆炸者点燃了愤怒》（“Beijing Airport Bomber Had Aired Grievances”）称，冀中星长期瘫痪，却得不到政府的帮助，因此到首都国际机场引爆自制炸弹。微博上传播的信息称他自2005年瘫痪，没有得到公平的对待。

7月24日，《华尔街日报》、美联社等报道《首都国际机场事件，官员目无法纪导致中国的动荡和愤怒》（“Incident at Beijing International: Official Lawlessness Breeds Anger and Unrest in China”）称，7月20日，34岁的山东男子冀中星携带并引爆自制爆炸装置。近年来中国经济获得巨大增长，但是一些官员目无法纪导致了许多苦难和犯罪，冀中星便是其中一例。7月30日，印报托报道《瘫痪男子试图爆炸北京机场》（“Paralysed Man Held for Attempting to Bomb Beijing Airport”）称，根据新华社消息，朝阳区警方29日已同意逮捕冀中星。10月15日，北京市朝阳区人民法院做出一审判决，以爆炸罪判处冀中星有期徒刑六年。11 月 29 日，印报托报道《中国法院维持北京机场爆炸案一审判决》（“Chinese Court Upholds Beijing Airport Bomber's Sentence”）称，据新华社报道，北京市第三中级人民法院对首都机场“7·20”爆炸案二审宣判，该院终审裁定，驳回冀中星的上诉，维持原判。

其二，“10·28”天安门暴恐袭击案受到媒体的关注，报道倾向负面。10 月 28 日，印报托、《纽约时报》、法新社等媒体报道《在中国天安门广场，吉普车撞向人群，3 人死亡》（“3 Dead as Jeep Crashes into Crowd at Tiananmen Square in China”）称，当天下午一辆吉普车撞向紫禁城护城河金水桥的防撞护栏并起火，司机和两名乘客死亡。当吉普车冲向人群时，11 名路边行人和警察受伤。11 月 1 日，《印度斯坦时报》报道《天安门事件的目的仍然不清楚》（“Motive of Tiananmen Attack Still Unclear”）称，虽然中国媒体要求严格惩罚袭击者，但是人权组织提出告诫，事件缺乏背后动机的明确证据。

此外，多家媒体报道 7 月 17 日朝阳大悦城外国人被刺案。27 岁的山东男子在朝阳大悦城广场东侧持刀行凶，刺死两名行人，其中包括一名外籍女子，警方称此人有精神病。7 月 17 日，印报托报道《外国人在北京被刺死亡》（“Foreigner Stabbed to Death in Beijing”）称，所有消息来源是北京市公安局。“7·24”东城区蛋糕店爆炸案等也引起外媒的关注，7 月 24 日，印报托报道《北京蛋糕店爆炸中 2 人死亡》（“Two Killed in Explosion at Beijing Bakery”）称，金凤呈祥蛋糕店爆炸事件由液化气泄漏引起，导致 2 人死亡、19 人受伤。7 月 24 日，菲律宾新闻社发布《北京超市大火熊熊》（“Fire Raging in Beijing Supermarket”），根据新华社消息报道了当天下午 3 点朝阳区双井家乐福超市楼顶发生火灾。

3. 申办 2022 年冬季奥运会

11 月 5 日，共同社报道《中国瞩目主办 2022 年冬季奥运会》（“China Eyeing to Host 2022 Winter Olympic Games”）称，中国奥组委公布，将申办 2022 年冬季奥运会。据官员称，从北京到张家口的城际铁路将于年底开工，完工后从北京到张家口仅需 40 分钟。11 月 6 日，《纽约时报》博客文章《中国投标主办 2022 年冬季奥运会》（“China Bids for 2022 Winter Olympic Games”）称，中国奥委会宣布，北京和张家口（中国首都西北部的一座城市）相距 110 英里或 180 公里，将投标联合主办 2022 年冬季奥运会。新华社称，此举将“表明我国综合国力的发展，提高我们的国际影响力”。

4. 城市管理

5 月 10 日，《澳大利亚人报》、法新社、《华尔街日报》等报道《北京人抗议对"强奸致死"视而不见》("Beijingers Protest Blind Eye to 'Rape Death'")称，数百人在京温服装城外示威，对22岁的袁利亚死于停车场表示抗议。报道认为袁利亚的死因是，她被一群服装城的男人袭击，在逃跑时死亡。警方最初认为她是自杀，拒绝向她的母亲和男友提供监控录像。北京市公安局的新闻发言人说，没有证据显示袁利亚被袭击。

7月9日，《洛杉矶时报》报道《北京禁养大型犬，养犬者担心，警方称不过是执行十年旧规》("Beijing Ban on Large Dogs Leaves Pet Owners Worried; Chinese Police Say They Are Merely Enforcing a Decade-Old Rule")称，6月，北京市发布公告，禁止在重点管理区内饲养大型犬、烈性犬。早在1994年政府就发布了《北京市公安局关于重点管理区禁止饲养大型犬烈性犬的通告》，这次警方重申这一通告，引发了很多养犬者的担忧。

12月5日，《华尔街日报》报道《中国最热门的驱动器内部试图模仿硅谷——中关村大街摩肩接踵的企业家、投资者们》("Inside China's Hottest Startup Hub—Entrepreneurs, Investors Rub Elbows in Beijing's Zhongguancun District, Trying to Mimic Silicon Valley")认为，从外在来看，中关村与美国硅谷根本不是一回事：中关村位于北京市区西北部，被拥挤的公路分割成很多块，每一块都聚集了很多电子商场、快餐店和办公楼；但是从内在来看，中关村正在依赖一种新的模仿——硅谷文化，中国新一代企业家"不再抄袭美国产品"，"他们开始学习硅谷的风格、个性化、管理经验和融资手段"，他们拒绝中国传统的自上而下、服从管理和强调规模的企业模式，年轻的技术人员可接触到数量日益增长的富有投资者。很多投资者都是中国第一批互联网成功人士，他们通过模仿谷歌、Facebook和Twitter等公司发展壮大起来。

12月18日，菲律宾新闻社报道《北京酝酿地铁涨价引争议》("Beijing's Mooted Subway Fare Hike Sparks Controversy")称，根据周五公布的北京市政府工作草案，地方当局正在考虑提高地铁票价来帮助缓解高峰时段的客流压力。早在2007年，政府曾经将地铁票价由3元降为2元，以通过减少汽车使用来缓解交通拥堵、降低空气污染。

12月23日，菲律宾新闻社报道《北京将"坚决控制"人口增长》("Beijing to 'Resolutely Control' Population Growth")，援引北京市市长王安顺在中共北京市委十一届三次全会上的讲话说，北京市最重要的问题是人口控制，"坚决控制人口的过快增长是解决多个问题，如交通和环境问题的关键"。2000年以来，北京常住人口年均增加近60万，至2012年底已达到2 069万，远远超出了原定目标——到2020年人口达到1 800万。北京人口是伦敦的2.6

倍、纽约的 2.5 倍，超大型城市面临着交通拥堵、资源供应紧张、环境污染等诸多问题。

5. 第九届中国（北京）国际园博会

9 月 6 日，《南华早报》《爱尔兰独立报》发布《大黄鸭归来》（“That Giant Rubber Duck Is Back”），报道了大黄鸭正式亮相北京园博会。这只鸭子由荷兰艺术家弗洛伦泰因·霍夫曼以经典浴盆黄鸭仔为造型创作，内地网友称之为香港小黄鸭，香港媒体称之为巨鸭。5 月它在香港展出，9 月在北京展出。11 月 18 日园博会闭幕，菲律宾新闻社等媒体对此进行报道，园博会展示了 69 个中国城市和全球 29 个国家的 37 个城市的景观，共接待了 610 万名参观者，约每天接待 3.3 万人。

6. 习近平走进庆丰包子铺

12 月 29 日，美联社报道《出乎意外的活动，中国国家主席习近平北京包子铺吃午餐》（“In Unexpected Move, Chinese President Xi Drops in at Beijing Bun Shop for Lunch”）称，28 日中国国家主席习近平出乎意料地走进北京一家传统的包子铺，他排队等候，点餐，付款，购买了一份有猪肉大葱包子、蔬菜和炒肝的午餐。这种访问形式在中国非常罕见。路透社报道《中国国家领导人在北京餐馆排队购买猪肉包子》（“Chinese President Queues for Pork Buns at Beijing Eatery”）称，中国国家领导人习近平周六在北京餐馆排队购买包子，引起了一阵小骚动。习近平走进庆丰包子铺的照片和视频迅速在中国互联网上传播，一些网民对国家领导人现身公众场合表示惊喜和赞许。

7. 北京出现禽流感感染病例

1 月 6 日，路透社发布《两名中国妇女因 H1N1 流感死于北京》（“Two Chinese Women Die from H1N1 Flu in Beijing”），报道援引中国官方媒体消息称，过去 10 天里，两名妇女因禽流感在北京死亡。这是自 2010 年以来中国出现禽流感后，首次报告死亡病例。北京疾控中心主任邓颖说，在过去 5 年中，流感爆发已达到历史最高水平，且以禽流感为主。禽流感最早于 2009 年在美国和墨西哥出现并肆虐达 6 周。

5 月 29 日，印报托报道《新的致命的禽流感病毒在北京复出》（“Deadly New Bird Flu Strain Resurfaces in China”）称，海淀区一位 6 岁男孩被确诊为北京市第二例人感染禽流感病例。根据最新数据，中国内地报告 131 例禽流感病例，37 例死亡。5 月 31 日，菲律宾新闻社报道《北京第二个 H7N9 病人出院》（“Beijing's 2nd H7N9 Patient Discharged”）称，据北京卫生官员称，北京第二例禽流感病人检查呈阴性结果，已出院。7 月 21 日，菲律宾新闻社报道《北京新 H7N9 病人情况危急》（“New H7N9 Patient in Critical Condition in Beijing”）称，河北廊坊赴京就医的一名 61 岁妇女，被确诊为禽流感。根据官方统计，截至此时，中国已有 132 人被确诊为禽流感，其中 43 例死亡。

8. 薛蛮子事件

薛蛮子是著名网络大 V，UT 斯达康创始人之一，曾担任中国电子商务网 8848 董事长、中华学习网董事长等职务，人称“中国天使投资第一人”。8 月 25 日，北京市公安局官方微博“平安北京”发布消息称：8 月 23 日，根据群众举报，朝阳警方在安慧北里一小区将进行卖淫嫖娼的薛某（男，60 岁）、张某（女，22 岁）查获。经审查，二人对卖淫嫖娼事实供认不讳。警方已依法对二人行政拘留。

法新社最早报道薛蛮子被拘留，8 月 25 日报道《美籍华人、亿万富翁、微博红人因“性指控”被拘》（“Chinese-American Billionaire Blogger Held on ‘Sex Charges’”）称，中国逮捕了美籍华人、亿万富翁薛蛮子（Charles Xue），周五晚上他被拘留。风险投资家薛蛮子，也是网络名人，他锐意改革的微博评论吸引了 1 200 万粉丝，警察说他涉嫌卖淫嫖娼。薛蛮子被捕之际，正是近几周北京加大对互联网管控之时。薛蛮子被逮捕之后，政府告诉数以百万计的粉丝，在互联网上要“促进美德”“维护法治”。8 月 26 日，美联社、《纽约时报》、《泰晤士报》、《华尔街日报》等多家媒体对薛蛮子因嫖娼被捕事件进行了报道。

8 月 29 日，中央电视台新闻联播节目对薛蛮子事件进行了报道。9 月 2 日，路透社报道《中国的电视自白给了高管们一个不安的新趋势》（“TV Confessions in China an Unsettling New Trend for Executives”）称，外籍人士和中国高官在中国国家电视台（中央电视台）上的长篇忏悔，促使商界人士产生了焦虑倾向，一些律师说这种做法嘲弄了正当程序。忏悔一直是中国法律景观的一部分，经常有罪犯在电视上悔罪，但是很少有高级官员或商界高管身着橙色囚衣在电视上悔罪。更重要的是，这些信息都发送给外企高管们，“有迹象表明北京政府的这些做法是在鞭打外国企业”。

9. 文化

北京既是一个国际化的大都市，也是一个承载着悠久文化的古老城市，特色化的建筑代表着北京的城市底蕴和内涵。在许多外国游客眼中，胡同才是真实的老北京。3 月 24 日，《纽约时报》发布《在老北京出售》（“Sellingout in Old Beijing”），文章称 2010 年当地媒体曾经报道说，除了钟楼和鼓楼，其附近地区的胡同和四合院将被拆除，以为“北京时代文化城”和地下商场让路。这种情况并没有发生。但是 2012 年末，政府发布通知命令当地商户和居民搬走，许多胡同将被拆除。一些居民离开了，留下来的居民要求政府给予更多的补偿金。退休的武术家卢先生认为，对胡同的破坏意味着老北京生命机体的损害。在过去的几周里，推土机在鼓楼一带积极地工作着。7 月 30 日，《纽约时报》发布《13 世纪的胡同和非法修复的现代瘟疫》（“13th-Century Alleyways and a Modern Plague of Illegal Renovations”），文章称 20 世纪 80 年代，北京的四合院和胡同正在迅速地消失——使这个首都失去某些独特之处。近来，胡同日益遭到破坏已经引起历史学家和当地居民的忧虑，胡同正被大规模的商业项目所替代。但是有迹象表明，北京政府正在尽力阻止此类建设。

三、2013 年度国外主流媒体关于北京报道的特点与规律

2013 年国外主流媒体关于北京的报道总体态势活跃，涉及主题广泛，覆盖多项重大事件，报道倾向性鲜明。报道涉及最多的是北京政府管理、社会安全方面。

1. 外媒高度关注北京空气污染与治理

本年度是北京市执行环境空气质量新国标的第一年，也是实施《北京市 2013—2017 年清洁空气行动计划》的第一年。治霾减污，全民关注，外媒也极为关注，对于雾霾的成因外媒也依据中国官方观点进行了相关报道。2013 年，北京市建立了覆盖全市的空气质量监测网络，正式开展细颗粒物监测，向细颗粒物宣战，全市上下联动，治污减排。10 月 16 日，中国气象局京津冀环境气象预报预警中心揭牌仪式在北京市气象局举行，这是我国第一个区域性环境气象中心。对于这一系列重大举措，外媒不仅进行了相关报道，同时也表现出对北京空气污染治理效果的担忧。

2. 外媒对部分空气污染治理政策持疑虑态度

外媒对于北京治理空气污染的政策并非完全认同，如关闭 500 个烧烤摊

以控制环境污染，禁止燃烧麦秸以保持空气清洁，等等。类似政策的实施，中国公众认为是政府与民争利，外国媒体认为是杯水车薪。出台政策如何具有实效性，是未来工作应当思考的重点。外媒从另外一个角度对这类政策的报道，客观上提醒政府应重视政策发布和实施的实效。

3. 北京市社会安全问题频发

2013年，世界多国发生了恐怖袭击，世界和平受到了威胁，世界人民为之震惊。这种国际现象也影响国内，7月中下旬北京发生多起事故，特别是“10·28”天安门暴恐袭击案等，引发多家媒体追踪报道，甚至有多家外媒记者赶赴新疆采访，试图挖掘3名疑犯实施恐怖袭击的细节。而一些一贯喜欢对中国民族宗教政策横加指责的媒体开始为“疆独”势力传话，渲染新疆“民族对立”，鼓动国际社会关注该事件。也有一些外媒则毫不掩饰对制造恐怖袭击的暴力分子的同情。北京市政府及时披露这一恐怖事件详情，使民众清醒地认识恐怖分子的邪恶本质。国内媒体在这类突发事件中，要及时、准确地进行报道，以正视听，不给敌对势力任何搞乱中国的机会。

4. 外媒对北京政府的声音表示认可

无论是在7月和10月爆发的多起社会安全事故中，还是在关于雾霾的相关报道中，外媒大量使用北京市政府发布的信息，同时也在1月的报道中强调北京政府的透明和公开，客观上塑造了良好的北京政府形象。

5. 北京市社会治理的相关政策得到外媒肯定

与前三年比较，北京市政府出台的各项社会治理政策中，得到外媒肯定的政策数量呈上升趋势，虽然尚有一些决策被外媒报道为“拍脑瓜决策”，但是在外媒报道中可以看到，群众强烈反对的情况越来越少。

2014年度国外主流媒体关于北京报道的分析报告

高金萍

本研究使用道琼斯公司旗下的全球新闻及商业数据库Factiva，对国外主流媒体关于北京的报道进行分析研究。Factiva数据库收录的资源包括全球性报纸、期刊、杂志、新闻通讯社、网站等主流新闻采集和发布机构发布的新闻报道、评论文章及博客，如《纽约时报》、《华盛顿邮报》、《泰晤士报》、《金融时报》、《经济学人》、世界著名通讯社等，此外还包括道琼斯公司和《华尔街日报》等独家收录的资源。本研究以Factiva数据库中的国外50家主流媒体（含世界四大通讯社）为信息来源，以国际通用语言英语为检索语言，以新闻标题和导语中至少出现3次"北京"为检索限制（目的在于尽量去除"以北京指代中国"的媒体报道），进行全数据库检索。自2014年1月1日至12月31日，国外主流媒体共发布8 884条关于北京的报道。

一、国外媒体关于北京报道的概况

2014年国外媒体关于北京报道的数量总体平稳。全年报道量最多的是11月，共1 136条；报道量最少的是1月，共473条（见图1）。

1. 报道趋势分析

2014年报道量的峰值分别是11月（1 136条）、10月（998条）、3月（880条）。上述三个报道高峰涉及的主题主要是：

11月：北京雾霾；APEC会议在北京召开；北京地铁、公交票价将上涨。

10月：北京国际马拉松邀请赛在雾霾中开跑；北京积极筹办APEC会议；环球影城主题公园将落户北京。

3月：京津冀一体化；“3·8”马来西亚航班MH370失踪事件；朝鲜核谈判特使访问北京；美国总统夫人马歇尔·奥巴马访问北京。

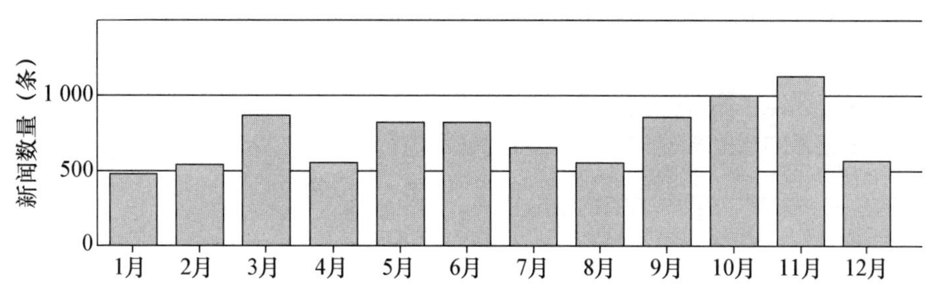

图1　2014年国外媒体关于北京报道的报道量分布图

2. 报道主体分析

以报道量居首的20家媒体来分析（如果既有网站又有报纸，取数量多的，不重复计算），关于北京报道最多的国家和媒体依次为（见图2）：

美国（1 441条）：华尔街日报网、美联社、纽约时报网等。

英国（1 308条）：路透社、《泰晤士报》等。

法国（910条）：法新社。

日本（465条）：共同社。

韩国（345条）：韩联社。

菲律宾（448条）：菲律宾新闻社、《马尼拉公报》。

印度（406条）：印报托、《印度斯坦时报》。

新加坡（257条）：《海峡时报》。

澳大利亚（121条）：《澳大利亚人报》。

由于Factiva为美国道琼斯公司所有，媒体来源中《华尔街日报》涵盖了网络版、亚洲版、欧洲版、主报等；《纽约时报》报道涵盖了网络版、亚洲版、欧洲版、本地版等。上述两大媒体的报道量统计中，只取其发布量最高者，以与其他媒体进行横向比较。在通讯社报道中，路透社、法新社和美联社是报道量最多的通讯社。

二、国外主流媒体关于北京报道的报道主题分析

2014年度报道量最多的20个新闻主题中，前两个政治相关主题——“国

提及最多的资讯来源

资讯来源	数量
Reuters News	1 153
Agence France Presse	910
The Wall Street Journal Online	615
Associated Press Newswires	548
The Wall Street Journal(Asia Edition)	526
Kyodo News	465
Yonhap English News(South Korea)	345
PNA(Philippines News Agency)	325
The Wall Street Journal	279
NYTimes.com Feed	278
The New York Times	275
Press Trust of India	274
The Wall Street Journal(Europe Edition)	268
The Straits Times (Sigapore)	257
International New York Times	184
NYT Blogs	169
The Times(U.K.)	155
Hindustan Times(India)	132
Manila Bulletin(Philippines)	123
The Australian	121

图 2　2014 年国外媒体关于北京报道的媒体分布图

内政治”“外交关系/事务”，均以国家层面的报道居多，包括朝韩六方会谈等事件。第三个主题“民间破坏行为”主要指香港“占中”事件。本年度，北京主办了多项国际活动，包括 APEC 峰会、北京国际马拉松邀请赛等，这些大型活动是本年度报道量大涨的主要原因。此外，本年度关于北京雾霾的报道数量较多，客观报道占一定比例，同时也有负面倾向的报道（见图 3）。

提及最多的主题

主题	数量
国内政治	2 666
外交关系/事务	1 669
民间破坏行为	961
罪行/法庭	845
企业/工业新闻	546
专栏	499
通讯社稿件	423
飞机事故	336
评论/观点	335
人权/公民自由	318
武装部队	306
头版新闻	255
空气/水/土地素质	249
选举	248
股权资产类别新闻	246
经济新闻	223
环境新闻	219
实物贸易	216
经济增长/衰退	207
社论	183

图 3　2014 年国外主流媒体关于北京报道的报道主题分布图

1. 重大事件或活动

2014年度，国外主流媒体关于北京报道的主题相对集中，一些重大事件涉及文化、政治、经济、体育等多个主题。

其一，唐代幽州节度使刘济墓全面完成发掘。1月5日，菲律宾新闻社报道《古代官员墓在北京出土》（“Ancient Official’s Tomb Unearthed in Beijing”）称，历经一年半的抢救性考古发掘，位于北京市房山区的唐代幽州节度使刘济墓已全面完成发掘工作，墓葬中出土的通体彩绘汉白玉石俑，在全国同类型考古发掘中属首次发现。

其二，马航MH370失联。3月8日，《纽约时报》等多家媒体报道《马来西亚航空公司称，带着200多名乘客飞往北京的飞机失去联系》（“Malaysia Airlines Says It Lost Contact with Jet Taking Over 200 to Beijing”）称，周六上午马来西亚航空公司宣布，从吉隆坡飞往北京的MH370航班、载有239人的波音777飞机，已于5小时前失联，搜索和救援已启动。3月关于这一主题的报道量高达696条。

其三，美国总统夫人访问北京。3月21日，美联社报道《美国总统夫人访问北京学校》（“US First Lady Visits Beijing School”）称，美国总统夫人米歇尔·奥巴马以访问北京一所高中作为她为期一周的中国之行的开启，在这所中学，她还尝试了中国书法。中国国家主席习近平夫人彭丽媛书写了“厚德载物”四个字，并将其赠送给美国客人。米歇尔练习书写了汉字“永”。法新社报道《美国总统夫人在紫禁城》（“US, China First Ladies in Beijing’s Forbidden City”）称，米歇尔一行在彭丽媛的陪同下沿中轴线参观紫禁城。参观结束后，她还获得故宫馈赠的礼品。

其四，2014年中国网球公开赛。自9月27日至10月8日，法新社、美联社等多家媒体报道了中国网球公开赛，及时发布最新比赛结果。9月27日，法新社报道《北京中国网球公开赛女单，拉德万斯卡如何通过第一轮》（“Tennis: Radwanska, Keys through First Round in Beijing”）称，第11届中国网球公开赛9月27日在北京开幕，在为期9天的比赛里，世界网球名将云集国家网球中心。作为世界顶级网球场馆之一的国家网球中心是2008年为奥运会兴建的专业网球场馆，位于北京奥林匹克森林公园，北临五环路，东临奥林西路，西临林萃路，占地面积达16.68公顷，拥有30片国际标准比赛场地。

其五，2014年环北京职业公路自行车赛。10月10日，美联社、法新社等报道《梅杰克赢得环京赛第一赛段》（“Mezgec Wins First Stage of Tour of

Beijing”）称，在河北省崇礼县的北面，有一条让四方“驴友”向往的草原天路。环京赛第一赛段就在草原天路开赛。捷安特-禧玛诺车队的斯洛伐克运动员卢卡·梅杰克在第一赛段比赛中拔得头筹。10 月 11 日，法新社报道《环北京职业公路自行车赛：因为空气污染北京段遭到削减》（“Cycling：Beijing Stage Slashed over Air Pollution”）称，2014 年环京赛是 UCI 世巡赛在亚洲的唯一一站，也是中国国内顶级的公路自行车赛事。2014 年是环京赛的第四年，全球 17 支顶级职业车队齐聚北京。

其六，“和平行动挑战论坛”。10 月 14 日，菲律宾新闻社报道《和平行动论坛在京开幕》（“Peacekeeping Forum Opens in Beijing”）称，当天上午“和平行动挑战论坛”国际维和年会在京开幕，年会主题为“应对多样化威胁，加强维和能力建设”，来自联合国和 30 个国家的 120 名代表与会，讨论话题涉及如何提高维和人员应对非传统安全威胁能力，保护维和人员安全能力及后勤保障能力，加强维和能力建设等。

其七，环球影城主题公园将落户北京。10 月 14 日，《洛杉矶时报》、《华尔街日报》、美联社、路透社等报道《2019 年北京将建成占地 300 亩的环球影城项目：投入 33 亿人民币的主题公园项目包括电影和中国文化元素》（“Universal to Open 300-Acre Beijing Theme Park in 2019：The ＄3.3-Billion Resort Will Include Film-Based Attractions and Ones Specifically for China”）称，经过 13 年的谈判和规划，北京环球影城主题公园项目正式获国家发改委批准，建设地点在通州文化旅游区，预计 2019 年建成营业。北京环球影城将是环球影城在全球的第 6 个、亚洲的第 3 个主题公园，也是世界上占地面积最大的环球影城主题公园。

其八，北京国际马拉松邀请赛。10 月 20 日，半岛电视台发布《戴上面具参加雾霾中的北京马拉松赛》（“Masks Donned at Smog-Hit Beijing Marathon”），报道称 10 月 19 日清晨，2014 北京马拉松比赛在白色雾霾中开赛，许多选手戴上了口罩和防护面具。主办单位拒绝了推迟比赛的呼吁，但称将安排额外的医疗人员为 25 000 多名注册参赛者提供医疗救助服务。

其九，中央电视台迁至新址。10 月 22 日，《华尔街日报》发布《中央电视台很快将迁往新址》（“CCTV Set to Move to New Tower Soon”），报道称中央电视台已成为北京的标志性建筑，是 2008 年前北京转变为一个现代大都市的标志。它的新址设计得宛如裤衩，因此被称为“大裤衩”，目前它基本上是空的，尚未开始传送直播新闻节目。11 月央视国际的英语频道将迁入新址大楼。

其十，Facebook 网站首席执行官扎克伯格再访北京。10 月 23 日，法新社、《基督教科学箴言报》网站报道《Facebook 网站首席执行官扎克伯格用汉语向中国发动魅力攻势》（“Facebook’s Zuckerberg Wages China Charm Offensive in Mandarin”）称，扎克伯格来到清华大学，用汉语向听众问好。Facebook 创始人马克·扎克伯格似乎征服了北京大学生，30 分钟的中文互动环节中演讲大厅里挤满了学生。

2. 北京水资源和南水北调

历史上，北京曾是一座因水而建、因水而生的古都。如今，北京已成为一座典型的资源缺水型特大城市。近年来，北京急速增长的人口给城市运行带来了诸多压力，北京人多水少的矛盾日益突出，2014 年，北京的人均水资源连 200 立方米都不到，最少的时候只有 100 立方米多一点。而全国人均水资源可达 2 000 立方米，也就是说，北京人均水资源量还不到全国的十分之一。这个数字是全世界人均的三十五分之一。根据国际惯例，人均 1 000 立方米即达到国际水紧缺警戒线，而北京仅为警戒线的五分之一。在这一背景下，12 年前开始建设的南水北调中线一期工程于 12 月 12 日正式通水运行。外媒关于北京水资源紧缺及南水北调工程进展的报道包括三个方面：一是介绍中国北方水资源匮乏，政府多措并举谋求解决水危机。如 1 月 24 日，印报托报道《2014 年北京将开建 16 个用水回收厂》（“Beijing to Start Building 16 Water Reclamation Plants in 2014”）称，据官方消息，2014 年北京将开建 16 个用水回收厂，以为缺水的首都提供第二水源。4 月 16 日，《纽约时报》（国际版）报道《北京的一个新水源：从 2019 年起为城市解决三分之一的供水需求》（“A New Source of Water for Beijing: Desalination Plant Aims to Supply a Third of City’s Requirements from 2019”）称，根据官方媒体报道，政府和国企投入大量资金在位于北京东部的河北唐山建设海水淡化厂，到 2019 年海水淡化厂可以为首都提供很大一部分水，以缓解中国北方严重的水资源紧缺。7 月 29 日，路透社发布《首都北京出售自来水公司股份，投资中水处理工程》（“Beijing Capital to Sell Stake in Water Firm, Invest in Water Treatment Projects”），报道称政府计划出售北京自来水公司 51%的股份，大约 22.7 亿元人民币；并在山东投资 1.225 亿人民币建设中水处理工程。11 月 22 日，印报托、菲律宾新闻社报道《中国封停 6 900 口水井》（“China to Shut Down 6,900 Wells”）称，北京计划在未来 5 年内关闭 6 900 口水井，以挽救日渐降低的地下水位。这些水井每年能够提供 2.4 亿立方米水，占北京城市用水的四分之一。

二是客观报道南水北调中线一期工程的通水运行及这一工程的重大意义，如 9 月 27 日，英国《经济学家》杂志文章《中国的水危机：宏伟的新运河》

(“China's Water Crisis: Grand New Canals”）称，中国最宏伟工程之一的主要部分即将完成，届时长江的江水将流经 1 200 公里抵达北京。这条水道仅仅是这个宏伟项目的一部分。这条水道的挖掘以及其水源地——中国中部一个水库的扩张导致 30 万人搬迁。但是政府很着急，因此对人们的抱怨不管不顾。北京周边地区粮食产地的人均水资源占有量相当于干旱国家尼日尔和厄立特里亚国的水平。水资源的过度使用使得大量河流干涸。随着地下水位的下降和河流的干涸，可用的水资源在不断减少；而那些没干涸的河流，由于污染严重，连用来进行工业生产都不合格。2013 年，中共承诺让市场力量在资源的分配中扮演决定性的角色，比如水、土地和电力。如果真的在水资源方面履行这一承诺的话，那将有很多好处。

10 月 13 日，路透社发布《来自数千公里外的北京自来水》(“Beijing to Tap Water from Thousands of Kilometres Away”)，报道称这项耗资 620 亿美元的项目旨在向干旱且污染严重的北方供水。中国北方有大约 3 亿居民和无数的耗水型企业。对于依靠中国提供服装、食物、电子产品和诸多其他产品的全球企业而言，该政策的正确性至关重要。报道说，中国北方部分省份的人均淡水拥有量甚至比中东干旱的沙漠国家还少。中国所有产业中，制衣和电子产品制造等高耗水型行业占水资源消耗的四分之一，而智库 2030 水资源组织（2030 Water Resources Group）预计这一比例会在 2030 年之前上升至三分之一。

12 月 12 日，路透社报道《中国公布南水北调项目的关键内容》(“China Opens Key Section of Massive Water Project”）称，据新华社报道，南水北调中线工程“今天正式通水”。通水后，湖北省的丹江口水库平均每年将向北方输送 95 亿立方米水。12 月 12 日，《联合早报》报道，备受关注的中国南水北调中线工程于 12 月 12 日正式通水。北京、天津、河北、河南 4 省市沿线约 6 000万人将能够直接喝上水质优良的汉江水，间接惠及人口近 1 亿。

三是从批评中国的角度出发，片面强调南水北调工程对南方农村居民生活带来的巨大改变。如，12 月 8 日，法新社报道《当北京的水龙头里流出从南方而来的水时，中国农民被冲垮》(“China Farmers Washed Away as Beijing Taps Water from South”）称，本月南水北调工程开始送水，这一项目旨在缓解北京及周边地区的水荒。为此，30 多万农民流离失所，离开了他们祖辈生活的地方，生活在粗制滥造的房子，很少有人提及这一项目曾向他们承诺过的补偿。在他们的村庄被南水北调工程向北流淌的江水淹没之前，政府向农民们承诺，在他们搬离自己的祖屋之后，将拥有更好的生活。

12 月 15 日，《泰晤士报》发布《中国农村付出高昂代价以使北京有水》(“China's Countryside Pays High Price to Keep Beijing Watered”)，报道称，

这些水是从水资源丰富的南方省份长途“跋涉”到干旱且被污染的北方的，尽管备受争议，却是一项涉及运河、管道和沟渠的水资源调控计划的胜利。这项工程历时11年，耗资数百亿美元，并安置了沿途数十万移民。而且即使在使用初期，许多人仍预见到困难：许多被要求服从工程安排的省份不情不愿，担心自身的水供应将因为解北京之渴而变得紧张。南水北调工程最终将把水输送到其他北方城市，这是一个知道自己面临水资源紧张问题的国家所想出的不得已的办法。官方已提醒，如果继续以目前的速度来抽取地下水，那么到2030年中国北方将无水可抽。工业增长使得中国五分之一的河流遭到严重污染，用手触碰水都变得危险，更别谈饮用了。而中国大约四分之一的人口在饮用受污染的水。中国国内生产总值的近一半都来自那些水资源严重匮乏的省份。向北京输水工程投入的努力是无可匹敌的。极度缺水的中国首都拥有2 000多万人口，周边环境已无法支撑。报道称，这个夏天，北京人口最密集地区之一的居民们如此缺水，以至于开始私自乱打井。在相邻的河北省，地下水位低至楼房开始下陷的程度。日前开通的这部分输水工程将缓解上述问题。该工程的工程师说，一旦工程的剩余部分全部完成，每年它将输送相当于整条泰晤士河的水量。

12月27日，法新社报道《关于伟大的中国调水进京项目的疑虑》（“Doubts as Giant China Project's Water Reaches Capital”）称，中国中部的一座巍巍大坝聚拢一片汪洋之水，经过数十年的规划和巨额的投资，每年有10亿多立方米的水奔袭1 000多公里通过渠道和水管北上到达首都。批评人士称，这只能帮助北京解暂时之渴，这个项目的成功实质上已导致南方降雨减少，北方对水的无厌渴求使之只是权宜之计。

3. APEC会议

11月5日至11日，APEC峰会在北京召开，其中10日至11日是APEC元首峰会。外媒从各个角度报道了会议的筹备、召开，既有客观报道，也有讥讽、嘲笑式的报道。一是中国从上到下为APEC会议的顺利举办所付出的巨大努力，报道倾向正面。如，10月10日，俄塔社报道《北京宣布APEC会议期间北京将关闭所有在京企业》（“Beijing Declares Days Off for All Beijing Enterprises for Period of APEC Summit”）称，从11月7日至12日，政府和公共组织将放假休息；从11月3日至12日，北京将在市区实行交通限行措施，70%的公车将禁止开行，同时将增加400辆公交车以运送乘客。11月3日，《海峡时报》报道《北京铺开欢迎的红地毯》（“Beijing Rolls Out Welcome Carpet”）称，北京使出浑身解数确保亚太经合组织领导人能够从触觉到嗅觉全方位感受中国丰富的文化，从服务到服装，包括著名的北京烤鸭。报道称，中国媒体报道了APEC会议的诸多细节，《人民日报》还报道了亚太经合领导人的晚宴菜谱。《海峡时报》报道《北京宁静后花园的改造》（“Makeover for Beijing’s Tranquil Back Garden”）称，从建造炫目大厦到关停污染企业，为确保湛蓝晴朗的天空，北京不惜代价确保APEC会议的成功举办。曾经被称为北京宁静后花园的怀柔山区东部，将作为下周APEC首脑会议的会址。在过去一年里，这里变成了疯狂的建设工地，风景如画的雁栖湖被选做会址后，这个安静的地方拥有了中国传统建筑风格的、令人惊叹的会展中心，以及21层的扇贝形酒店。

11月5日，《卫报》《洛杉矶时报》等报道《北京采取清洁空气行动，准备迎接APEC》（“Beijing Cleans Up Its Act as It Prepares to Host Trade Summit”）称，政府采取了很多措施来保证APEC期间的空气清洁，包括八宝山禁止在会议期间焚烧逝者的衣物，北京周边200公里内的工厂停工，雁栖湖周边的居民不得焚烧东西，等等。7月，北京市公安局局长傅正华说，APEC期间的安保将与2008年奥运会期间的安保媲美。尽管北京人的日常生活颇受影响，但是北京居民正被政府鼓励着为APEC而兴奋，十字路口和地铁站的横幅上写着“迎接APEC，精彩北京人”，公交车上的移动电视正在播出APEC纪念封的发行。

11月5日，《印度斯坦时报》报道《北京做好准备迎接APEC峰会》（Beijing Gears Up for APEC Summit）称，中国已经把APEC视为“2008年北京奥运之后最大的事件”，政府已经拿出大笔经费加强整个城市的安保，设立新的检查点、路障，加强巡逻。一架新买的直升机用于监控会议期间的任何可疑行为。警察配备了X射线工具、安全门、探测仪等设备。11月8日，《华尔街日报》刊发《与客人同行，中国人致力于举止得体——在公交、地铁上的文明行为将得到10元车费》（“With Guests on the Way, China Aims for Its Manners to ‘Be Splendid’ —Act ‘Civilized and Polite’ on Beijing Buses, Subways and You Might Win a $10 Pass”），报道称这个夏天，北京启动“迎接APEC　精彩北京人——文明有礼好乘客”活动，全市将推举选拔100名“文明有礼乘客之星”，推出一批在公交地铁站台上自觉排队乘车、主动维护站台秩序、讲求礼让互助的文明乘客，在社会上形成榜样示范。

11月13日，菲律宾新闻社报道《北京政府发布APEC一周天气污染数据》（“Beijing Authorities Release Pollution Data for APEC Week”）称，北京环保局发布APEC一周的空气质量数据，在11月1日至12日期间，细颗粒物空气污染指数急剧下降，平均为每立方米43微克。

二是从挖苦讽刺的角度出发，再现中国政府为APEC会议举办而采取的管制措施，报道倾向以批评为主。如APEC会议之前，10月31日，《纽约时报》、路透社等多家媒体报道《北京警察取缔地铁里的万圣节服装》（“Beijing Police Clamp Down on Halloween Costumes in the Subway”）称，鬼是中国文化的组成部分之一，中国孩子越来越喜欢庆祝西方的万圣节，他们在公立学校里参加有糖果和恐怖服饰的聚会。但是2014年，由于APEC峰会将在北京举办，所以北京警察希望减少公众场合的万圣节活动，特别是地铁里。10月31日晚，《新京报》援引周五中午在地铁里张贴告示的警察的话说：“地铁工作人员将指导和制止穿着奇装异服、化着可怕妆容的人进入地铁站。”报道说，“地铁工作人员有权把这些人交给地铁站内的警察。警察可以扣留不听劝阻的人，如果严重扰乱秩序，造成安全事故，警方会依法处理”。记者通过电话联系北京警方，警方拒绝证实这则通告，称有关工作人员不在。

11月5日，《华尔街日报》（中文版）刊登署名文章《外媒讽北京大动干戈筹备APEC峰会》，称北京的APEC峰会筹备工作正在做最后冲刺，动静之大令国际社会错愕。11月4日，美国《华盛顿邮报》报道说，对中国政府而言，在事关国际声望的问题上，没有什么代价是因为太高而不能付出的，没有什么措施是因为太过细小而不值得采取的。由于美国总统奥巴马和其他一些国家的领导人周末将前来北京出席APEC峰会，北京的学校和政府机构已经关门，一半数量的轿车被禁止上路行驶，北京许多地区的出行都受到限制。那些希望结婚的恋人（或寻求离婚的夫妇）将不得不耐下性子等待，即使死人也需要等待，在11月14日出席APEC峰会的大多数外宾离开北京之前，这座城市的一些停尸房外将禁止举行焚烧死者衣服的丧葬仪式。报道说，中国领导人在维护国家形象方面一向有走极端的传统，他们最近几个月为准备APEC峰会所采取的措施让人回想起北京奥运会召开前夕这座城市进行的各种声势浩大行动。报道还援引专家的话说，中国政府之所以花这么大力气准备这次APEC峰会，除了国际声望方面的考虑，也是因为中国的国际地位正处在一个敏感而不确定的位置，中国想在这次峰会上与敌对邻国缓和关系。中国正在积极推进亚洲基础设施投资银行与亚太自由贸易区的筹建，而这两项工作都遭到美国的反对。面对这些需要在峰会上解决的棘手问题，北京自然不希望峰会在细节小事上再给各国来宾增添烦扰。11月28日，美国彭博新闻社报道说，北京市政府宣布，在11月7日至12日举行APEC峰会期间，全市将放假一周，政府还鼓励旅行社为在此期间出京旅游的本市居民提供打折价。报道说，中国为这次APEC峰会所做的准备工作不仅仅限于以打折价格鼓励市民出京旅游，还包括会议期间让大量工厂停工，此举可能导致中国

10 月和 11 月的工业增速下降 0.5 个百分点，而河北省 11 月的钢产量有可能下降 10 个百分点。报道援引交通银行首席经济学家连平的话说，当中国举办重大国际性会议或活动时，为了不使活动受到干扰从而损及自身形象，中国总是会采取比其他国家举办这类活动时更为极端的措施。报道说，中国专门为此次 APEC 峰会修建了一座酒店、多幢别墅以及一个国际会议中心，还专门修了一条高速公路通往位于市郊的会议举办地。

11 月 7 日，美联社的报道《放风筝：APEC 对北京人生活的影响》（“Put That Kite Away：APEC's Effects on Beijing Life”），以略显挖苦的口吻从六个方面梳理了 APEC 会议期间北京人的生活变化：第一，政府为了保障城市整洁，将几十个报摊和早餐厅从中心马路搬离，使一些北京人买不到早报，也买不到煮鸡蛋和馅饼了。第二，公务员放六天假。因为政府希望人们离开城市以缓解交通拥堵，于是大家充分利用这个假期享受旅行套餐，而货车恰好利用城市道路的空闲开进北京。第三，根据城市和航空公司的通告，为了保证飞行安全，首都国际机场周边的人们被迫按照顺义区政府的规定，在机场跑道周边 15 公里禁止放鸽子或风筝。第四，由于一些地区的燃煤企业停产，所以市民们能够呼吸清洁的空气。第五，按照机动车单双号限行的规定，不是你的日子不许开车。第六，警察耐心劝阻一些异见人士离开北京，以免他们成为媒体关注的焦点。

11 月 8 日，《纽约时报》报道《更清晰地透视隐蔽下的北京真实生活》（“In Beijing，Clearer Views Hide Real Life”）称，每年同一天，朱女士会带着一捧纸做的花束来到八宝山祭奠她的丈夫和父母。然而，今年这一天她来到八宝山想要焚烧纸钱时，却被阻止了。原因是 APEC 会议在京召开的两周里，八宝山禁止在白天焚烧花圈等。同时，在北京周边几乎相当于加州大小的区域里，数千工厂停工以按照要求减少排放量 30%。17 个主要城市中的数千万人只能按照他们车牌的单双号，隔日开行汽车。运送货物的卡车只能够从午夜到凌晨 3 点进入北京，这影响了家具和牛奶等生活用品的及时送达。加油站禁止出售油罐，有些加油站甚至歇业了。实行这些措施的目的是防止有人使用汽油制作空气燃烧弹。政府还试图疏散 2 100 万名城市居民，宣布：APEC 会议期间公务员享受如国庆一般的六天假期。公立学校已关闭，建筑工地已停工，一些公共服务如签发结婚证和护照已经暂停。

11 月 11 日，美联社、法新社报道《美国关于北京的空气污染数据手机 App 被禁用》（“US Pollution Data on Beijing Blocked on Mobile App”），称所有的天气干预措施再加上天公作美，使得 APEC 会议期间北京摆脱了空气污染。然而，在 APEC 最高领导人会晤的尾声，雾霾又卷土重来。于是中国人选择了第二方案，核查空气污染指数。本来很多北京人的手机App中，既有北京市环保局的细颗粒物指数，也有美国驻华大使馆的细颗粒物指数，结果最近北京人看不到美国驻华大使馆的细颗粒物指数了。

三是对APEC会议将对中国产生的影响进行评价。11月12日，《华尔街日报》（中文版）刊登文章《中国为“APEC蓝”付出多大代价?》称，为了迎接APEC峰会，北京使尽浑身解数来净化空气、夺回蓝天。会议前和会议中（11月5—11日），北京及邻近五省的工厂都被勒令停工待产，目的是让碳排放量至少降低30%，以迎接21个国家领导人的大驾光临。经济学家们指出，在中国这个全球第二大经济体正艰难重拾增长动能之际，此举有可能抑制中国的工业生产、投资和贸易增速。除了工厂停工外，中国政府还给学生、公务员、国有企业员工放了一个小长假。而且，汽车也被限行，许多建筑项目推迟施工。根据瑞士信贷（Credit Suisse）估计，这种措施已经影响中国钢产量的1/4、水泥产量的13%、工业产出的3%，进而可能对中国11月份工业增加值增速产生0.2～0.4个百分点的拖累，使得总体工业增加值同比增速从9月份的8%降至7%～7.4%。高盛（Goldman Sachs）经济学家宋宇称，APEC措施已经对短期增长产生重大的负面影响。

4. 北京申办冬奥会

从2013年下半年开始，北京就着手筹备2022年冬奥会申办，外媒关于这一主题的报道，以2014年11月为界分为两个阶段：第一阶段是2014年11月以前的多方面准备，如3月7日，菲律宾新闻社报道《雾霾不能阻挠北京的冬奥会申办》（“Smog Won’t Hurt Beijing’s Winter Olympics Bid”）称，在正在进行的全国人大会议上，北京市常务副市长李士祥说，北京制定了84项政策措施以应对环境问题和空气污染。北京将努力解决环境问题，并坚信环境问题不会干扰2022年冬季奥运会的申办。他说，到2017年，北京将削减其当前的煤炭消费量到1 000万吨，将严格控制工业污染和工地扬尘，同时减少新增车辆数目至每年1.5万辆。

第二阶段是2014年11月，临近奥委会投票，这一阶段报道数量多而且密集。11月4日，美联社发布《北京作为2022年冬季奥运会投标者出现》（“Beijing Emerges as 2022 Winter Olympics Favorite”），报道称新近出现的2022年冬奥会申办的领头者北京，没有冬季运动的传统，此外它还缺少降雪。北京打算举行滑雪比赛的地方，其附近山脉每年冬天的积雪不到1米深。但是北京奥申委在其网站上说“这些对我们不是问题”。法新社报道《奥林匹克运动会：北京对2022年冬奥会申办颇为自信》（“Olympics: Beijing ‘Confident' on 2022 Winter Games Bid")称，中国申办者看上去雄心勃勃，虽然北京有空气污染、交通堵塞，而且缺乏冬季运动传统以及相关设备。

11 月 7 日，路透社、菲律宾新闻社等报道《北京和阿拉木图提交了 2022 年冬季奥运会申请》(Beijing and Almaty Press Their Cases for 2022 Winter Games) 称，继韩国平昌获得 2018 年冬季奥运会主办权、日本东京获得 2020 年夏季奥运会主办权之后，与历届奥运会主办情况相比较，亚洲国家连续三届主办奥运会的概率看上去确实比较小。如果北京获得主办权，它将是在 14 年中首个既主办夏奥会又主办冬奥会的城市。虽然北京正在筹备 APEC 会议，但是北京市市长王安顺亲率团队飞抵曼谷演示北京申办情况。11 月 13 日，菲律宾马尼拉公报刊登报道《北京对 2022 年冬季奥运会申办充满信心》("Beijing 'Confident' on 2022 Winter Olympic Games Bid")称，最初的几个竞争者——挪威奥斯陆、瑞典斯德哥尔摩、波兰克拉科夫、乌克兰利沃夫——在看到未来的可能性不大后，上个月纷纷退出。北京冬奥申委的新闻发言人王惠称，北京尊重有些国家选择退出，然而我们更关注我们自己的工作，北京有信心主办 2022 年冬季奥运会。王惠曾经效力 2008 年北京奥运会，是一位资深的宣传官员。北京参与申办被视为野心勃勃，因为它有严重的空气污染和交通阻塞，并且缺乏广泛的冬季运动顶级设施和传统。

5. 京津冀一体化

京津冀一体化由京津唐工业基地的概念发展而来，包括北京、天津以及河北省，涉及京津和河北省 11 个地级市的 80 多个县（市），面积约为 12 万平方公里，人口总数约为 9 000 万人。2 月 26 日，习近平总书记在听取京津冀协同发展工作汇报时强调，实现京津冀协同发展是一个重大国家战略，要坚持优势互补、互利共赢、扎实推进，加快走出一条科学持续的协同发展路子。3 月 5 日，李克强总理在做政府工作报告时指出，要加强环渤海及京津冀地区经济协作。

《多伦多星报》报道《中国新的首都?》("A New Capital for China?")称，从北京向西南沿高速公路走 2.5 小时，就是保定，一个不到 200 万人口的中等城市。它看上去就像北京新首都的候选者。3 月 19 日，中国颇有信誉的金融杂志《财经》称保定将成为"第二政治中心"，这一观点立刻在中国互联网上广泛流传。据说，未来一些政府机关和教育机构将从北京搬迁至保定，具体日期不详。这一消息在中国社交媒体上很快变成了最热门的话题之一。保定市政府、国家发改委迅速否定了这一传闻。但是中国网民一直在讨论如何疏解北京作为首都的功能。

7月23日，路透社报道《中国对付“山寨经济”的超级区域计划》（“China to Tackle ‘Fortress Economies’ in New Super-Region Plan”）称，将臃肿的北京、雾霾多发的河北和港口城市天津整合起来，将形成一个经济规模与印度尼西亚相当的地区。参与讨论的学者说，政府想要通过将汽车制造、化工等产业迁出首都来改善该地区的“布局”，为污染严重的河北提供治污动力，让拥挤的北京拥有它所需要的空间。参与起草规划的研究人员和官员说，三地社会服务、产业标准和环保规定的统一以及跨区域的劳动力、资源和投资市场的建立，将推动一体化进程。他们说，中国“一亩三分地”的经济发展手段是造成过度投资、污染和腐败等问题的一个原因。报道称，最终目标可能是将北京所有“非首都职能”迁到河北。北京市环保局的一位官员说：“北京市的空间和资源有限，但是在高科技产业和科学研发上有优势。如果我们能将这些产业的规划职能留在北京，将行业的具体部门分散至天津和河北的广阔地区，这样的整合手段将有助于优化我们的经济结构，改善空气质量。”

6. 环境污染问题

2014年，北京严重的空气污染影响了北京的全球城市现象。一系列重大活动在秋季举办，各国元首和民众来到北京，对北京的雾霾感到震惊。外媒对雾霾的报道不仅数量多，而且报道角度多。其一，雾霾达到致命程度。从春到冬，每次政府发布的雾霾预警，从黄色到橙色，多家外媒都予以报道。如，1月26日，《纽约时报》报道《北京糟糕的空气将赶上雾都新德里》（“Beijing's Bad Air Would Be Step Up for Smoggy Delhi”）称，1月中旬北京的空气污染程度加剧，政府发布警报关闭了四条高速路，人们出于恐慌心理购买口罩和空气净化器。印度新德里弥漫着危险程度更高的黄色雾霾，印度媒体和Twitter却极少发布警报。最近几天在北京看来非常糟糕的天气，在新德里几乎天天都可以遇到。3月7日，《爱尔兰时报》报道《在北京无法呼吸》（“Breathless in Beijing”）称，全国人大本周开幕，但是几天前首都再次被肮脏的雾霾包围，人们戴上了口罩，学生们停课回家，住院人数飙升，政府第一次提出第二高危险级别橙色预警。10月11日，菲律宾新闻社、美联社等媒体报道《气象局说：中国城市的雾霾达到致命程度》（“Smog in Chinese Cities Reaches Hazardous Levels: Meteorological Agency”）称，连续三天以来，华东地区的北京、天津和河北出现严重雾霾，中国气象局发布第二个橙色预警。北京的能见度低于500米。10月10日《中国日报》报道称，北京市市长郭金龙说，下个月我们将主办APEC会议，我们需要控制水和空气污染。10月11

日《泰晤士报》报道《在雾霾之中北京面临羞辱》（“Beijing Faces Humiliation in the Smog”）称，当天晚上，巴西与阿根廷国家足球队将在北京鸟巢进行南美超级杯的比赛。而巴西国家足球队在训练结束回到宾馆时，只听到姑娘的尖叫声和看见厚厚的雾霾漂浮。11月29日，印报托、菲律宾新闻社等报道《浓浓毒雾笼罩北京》（“Thick Hazardous Smog Blankets Beijing”）称，北京当天发布空气重度污染蓝色预警，呼吁市民待在家中。

其二，重度雾霾出现的原因。如，4月16日，路透社发布《北京说三分之一的空气污染来自城市周边》（“Beijing Says One Third of Its Pollution Comes from Outside the City”），报道援引北京市环境保护局局长陈添的话说，北京的细颗粒物来源中，约28%～36%来自周边省份，如河北。根据官方数据，2013年中国10个污染最严重城市中，河北占7个。工业密集的京津冀地区是抗击污染的主要前线，政府面临削减煤炭消费和产能的压力。陈添表示，北京自己产生的雾霾中，31%来自机动车，22.4%来自燃煤，18.1%来自工业。10月9日，菲律宾新闻社发布《北京的重度雾霾来源于麦秸焚烧?》（“Beijing's Heavy Smog Derived from Straw-Burning?”），报道称正当北京人困惑于到底是什么引发了重度雾霾时，河北省一位天气观察者说是麦秸焚烧。中国北方农民有焚烧麦秸的传统，他们把麦秸灰埋于土壤中，认为这样能够使土地肥沃。但是北京人对麦秸燃烧导致雾霾的说法心存疑惑。10月22日，法新社报道《专家：北京聚焦于煤炭燃烧导致雾霾》（“Beijing's Focus on Coal Lost in Haze of Smog: Experts”）称，官方认为是随着燃煤电厂的增多，烟囱不断冒出肮脏浓烟，最后导致北京大气的污染。但是专家质疑减少燃煤电厂这一计划能否缓解北京空气污染。中国已经尝试大量停止煤炭石油和天然气项目，这被认为是向清洁能源的突破性转型。

其三，北京抗击雾霾的举措。1月22日，路透社、印报托等报道《北京禁止新建炼油、炼钢、煤电厂以遏止污染》（“Beijing Bans New Refining, Steel, Coal Power to Curb Pollution”）称，北京政府网站上发布新规，禁止新建炼油、炼钢、煤电厂以遏止污染。

3月14日，路透社报道《北京清洁空气计划将提升天然气需求》（“Beijing's Clean Air Plan to Boost Gas Demand”）称，根据汤森路透碳点公司的报告，按照北京市计划，到2017年将减少燃煤电厂、工厂和汽车排放量的四分之一，以保护公众健康、平息公众愤怒。为此，北京市需要进行煤改气的重大转型，这种需求刺激了对清洁燃料天然气的进口需求，估计需求量将增加10%。报告称，到2015年底，北京将关闭三分之一的燃煤电厂。碳点公司分析师柴洪亮说，估计到2018年，“向空气污染宣战”将对气候产生积极影响，北京的碳排放将每年削减 2 000 万吨，大致相当于波斯尼亚和黑塞哥维那的排放量。4 月 7 日，路透社、菲律宾新闻社等报道《北京建筑工地安装摄像头以监控空气污染》（“Beijing Construction Site Cameras to Monitor Pollution”）称，北京市要求所有公司在 7 月前安装工地摄像头，基于摄像头所拍摄的照片，住建部市政委员会将惩罚那些使用不合格卡车运送渣土或在重污染天仍然室外施工的公司。市政委员会还规定，7 月 1 日前所有公司必须使用合格的、全封闭的卡车运送渣土。7 月 23 日，法新社、路透社报道《北京关闭了大型燃煤发电厂以限制雾霾》（“Beijing Shuts Large Coal Power Plant to Curb Smog”）称，北京关闭了第一批四家大型燃煤发电厂，以掐断雾霾的排放源。四大电厂关停后将减少 920 万吨燃煤消费，占全市压减燃煤目标的 70%左右。

11 月 6 日，《海峡时报》报道《北京人再次面对僵化的抗雾霾政策》（“Beijingers Face Stiff Anti-Smog Rules Again”）称，对于北京人来说，是选择清新的空气还是每天 2 杯新鲜牛奶？海淀区的常瑛小姐选择前者。为了减少交通导致的雾霾，在 APEC 会议期间，北京采取了曾在 2008 年奥运期间执行的单双号限行政策，这一政策带来的货车限行导致很多人延长了邮包收讫的时间，没有新鲜的食品可供食用，但换来了 APEC 会议期间的蓝天。

11 月 25 日，《纽约时报》（国际版）报道《北京重视空气清洁计划：考虑创建城市通风走廊以利用大风吹散烟雾污染》（“Beijing Weighs Plan to Clear the Air：City Considers Creating Corridors to Harness the Wind to Blow Smog Away”）称，当北京遭受一波又一波的空气污染，天空笼罩在黑色之中，人们的肺部饱受折磨之时，市民们常常开玩笑说，中国首都需要兴建一个巨型风扇以清除有毒空气。北京北部和西部的山岭，阻碍了从内蒙古吹来的大风，某种程度上这些风是确保北京空气更加清洁的最可靠方法。北京官员正在考虑如何推进这一进程，虽然巨型风扇不在工作日程当中，但是城市规划者正在思量创建经过北京的通风走廊。这一灵感来自城市热岛效应研究，这类研究认为阻止大风的巨型建筑是城市平均温度高于农村的原因之一。

其四，碳排放交易市场。9 月 29 日，路透社报道《北京声称在碳排放交易的第一年排放量有所下降》（“Beijing Says Emissions Fell during First Year of Carbon Trading”）称，根据周一北京市政府发布的数据显示，北京作为中国试点的七个碳排放交易市场之一，2013 年碳排放量下降了 4.5%，这是企业遵守政府减排政策的效果。到 2016 年，中国将成为世界上最大的碳排放国。12 月 13 日，路透社、美联社等报道《北京碳排放交易市场第一年成交 210 万吨》（“Beijing's Carbon Market Trades 2.1 Mln Tonnes in First Year”）

称，北京碳排放交易市场第一年成交 210 万吨，交易平均价为每吨 59.74 元，只有 4.5%的交易支付完成。市场的低交易量是中国七个试点碳市场的城市共同面临的问题。

7. 交通

北京交通方面的报道涉及两个主题：其一，北京政府治理交通拥堵，10 月 4 日，《海峡时报》报道《北京将结束地铁车票平价时代》称，上周市发改委表示，北京地铁票价将结束自 2007 年以来的“2 元时代”，将依据乘车距离决定票价。发改委还将在近期召开价格听证会，论证票价的调整。听证会提出，要为通勤者提供优惠，此外老年人、学生、残疾人士及士兵也应享受票价优惠。这一举措将使北京地铁票价与其他大城市的票价更为接近，有助于减少北京公交系统的沉重负担，2013 年北京公交系统的补贴高达 180 亿元人民币。通过提高地铁票价，以引导乘客改乘公交巴士，也缓解了地铁的拥挤。毫不奇怪的是，很多北京市民对此表示愤怒。2013 年 12 月政府暗示这一消息时，他们就出现了暴跳如雷般的反应。11 月 27 日，路透社报道《北京地铁、公交票价将上涨》（“Beijing Subway，Bus Fares to Go Up”）称，根据官方媒体消息，北京将于 12 月提高地铁和公交票价，以减少公共交通系统价格补贴的方式刺激解决公交系统交通拥堵的情况。媒体对这一消息的报道引发了公众的愤怒，很多网民在微博上发表言论表示不满。

其二，中国在“一带一路”倡议中发挥对外辐射作用。10 月 21 日，《马尼拉公报》报道《中俄考虑建设莫斯科—北京高铁线路》（“China，Russia Mull High-Speed Moscow-Beijing Rail Line”）称，在最近的中俄总理会晤中，双方签署协议，将建设一条超过 7 000 公里的高铁连通北京、莫斯科，北京通过铁路前往莫斯科的时间也有望从现在的 6 天左右缩短至 2 天。这条线路将投入 2 300 亿美元，其长度是目前世界上最长的高铁线路北京—广州的三倍。

其三，北京新机场建设。3 月 5 日，菲律宾新闻社报道《北京新机场建设很快将启动》（“Construction on Beijing's New Airport to Start Soon”）称，政府称北京新机场将于 7 月前启动建设，计划于 2018 年投入使用。新机场将缓解北京首都国际机场的压力。

8. 社会安全问题

安全是人在生存中面临的重要问题，尊重人的生命权，首先表现为重视安全问题。社会安全问题是外媒报道中贯穿始终的主题之一。1 月 8 日，菲律宾新闻社刊发报道《五人在北京建筑工地死亡》（“Five Dead at Beijing Construction Site”），称通州区京杭广场建设工程施工现场发生事故，5 名工人死亡。1 月 12 日，菲律宾新闻社刊发报道《北京四名工人在地下施工中丧生》（“4 Workers Killed in Underground Accident in Beijing”），报道称，昌平区工人在进行地下供电管线铺设作业时，发生中毒窒息事故，4 人抢救无效死亡。

3 月 27 日，路透社、印报托、共同社、法新社等多家媒体报道《因家庭纠纷 6 人被刺死》（“Six Stabbed to Death in Family Dispute in Beijing”）称，北京怀柔区发生持刀伤人事件，一男子因家庭房产纠纷持刀杀死 6 人，砍伤多人，其家人称其有精神病史。这是当月几起持刀伤人案中最严重的一起。

3 月 28 日，菲律宾新闻社、印报托等报道《北京餐馆爆炸，11 人受伤》（“Restaurant Blast Injures 11 in Beijing”）称，据警察说，早晨 7 时 20 分，通州区梨园镇园景农贸市场内一家早餐店发生燃气爆炸，11 人受伤，其中包括 2 名行人，2 人伤势严重。爆炸导致农贸市场顶棚被掀翻，邻家店铺受到较大影响。

4 月 10 日，印报托、菲律宾新闻社等报道《私人飞机在北京近郊坠毁，飞行员死亡》（“Private Chopper Crashes Near Beijing, Pilot Killed”）称，10 日中午，一架民用飞机在密云水库潮河桥附近坠落，飞机上的两名飞行员，1 人死亡，1 人受伤。据新华社报道，这架飞机属于一家公司，当时正在训练中。

10 月 31 日，菲律宾新闻社报道《北京摔童者被执行死刑》（“Beijing Baby Killer Executed”）称，遵照最高人民法院院长签发的执行死刑命令，北京市第一中级人民法院对大兴摔童案重犯韩磊执行死刑。

12 月 29 日，美联社报道《北京学校脚手架倒塌致 10 人死亡》（“Scaffold Collapse at Top Beijing School Kills 10”）称，脚手架倒塌事故发生在北京西北部的清华大学附属中学，导致 10 名建筑工人死亡、4 人受伤，事故未影响任何教室或其他用于教学的建筑物。据北京市宣传部门称，受伤人员情况稳定。

9. 政府管理

外媒对于北京市政府社会治理的报道主要表现为五个领域：其一，禁止外来物种入境。1 月 14 日，印报托发布《数万条活鳗鱼在首都国际机场被截获》（“Thousands of Eels Seized in Beijing Airport”），报道称 13 日北京官方从来自德国的入境旅客携带物中截获 12 箱活鳗鱼苗，初步统计鱼苗数量达数万尾。据新华社报道，鱼苗已送实验室进行抽样检测，北京警方称，携带人准备将这些鳗鱼苗带至福建进行引种试养殖，但未办理任何审批手续。

其二，禁放烟花爆竹。1 月 23 日，菲律宾新闻社发布《北京人要求春节期间禁放烟花爆竹》（“Beijingers Urged to Shun Fireworks during Spring Festival”)，报道称北京消费者协会呼吁北京人春节期间用鲜花和电子爆竹替代烟花爆竹，以防止空气污染。

其三，禁烟令。4月11日，路透社、菲律宾新闻社等报道《北京试图禁止用公款购买香烟》(“Beijing Seeks to Ban Purchase of Cigarettes with Public Funds”)称，根据官方媒体报道，中国首都拟禁止公款购买香烟，无论是作为礼物或者官方招待之用，以配合近期的禁烟运动。中国有3亿吸烟者，是世界上最大的烟草消费国，吸烟是社会上一种常见行为，特别是对于男人。香烟常常被当作礼物或在官方招待场合使用。政策还禁止烟草促销活动、香烟广告以及在火车、医院、学校等公共场所吸烟，否则最高罚款200元。11月29日，美联社、印报托、菲律宾新闻社等报道《北京禁止在公共场所禁烟》(“Beijing Bans Smoking in Public Spaces”)称，根据新华社报道，2015年6月在拥有2 100万人口的中国首都北京将实行禁烟令，禁止在室内公共场所，包括在工作场所以及公共交通中吸烟。中国是世界上吸烟人口最多的国家，每年有3亿人吸烟，有7.4亿人暴露于二手烟之下。北京有400万烟民。

其四，加强交通安全检查。5月28日，法新社、《华盛顿邮报》、印报托等报道《北京加强地铁安检后，通勤者排队成长龙》(“Huge Queues for Commuters as Beijing Steps Up Subway Security”)称，北京加强了地铁安检，数以万计的乘客在早晚高峰时被迫排队一小时才能走进地铁站，排队者的队伍在站外绵延几十米。拥有2000万人口的中国首都以臭名昭著的拥挤闻名。

其五，国庆安保。10月1日，《印度斯坦时报》、半岛电视台等报道《国庆节1万只鸽子在北京经过爆炸物探测后被放飞》(“10,000 Pigeons Probed for Explosives before Flown for National Day in Beijing”)称，国庆节北京总是要在天安门广场举行升旗和放飞和平鸽仪式，市民们共同见证65周年国庆日的日出。在2013年10月天安门广场发生面包车撞飞游客的自杀式袭击后，2014年的国庆安保再度提高警戒力度。10月2日，菲律宾新闻社报道《国庆节北京旅游人数创新高》(“Beijing Receives Record Number of Tourists on National Day”)称，周三国庆日当天北京26个旅游景点云集了54万名游客，370个公园在国庆节免费开放，包括天坛和颐和园。

其六，加强法治。11月3日，菲律宾新闻社报道《北京知识产权法院本月正式挂牌》(“Beijing IPR Court to Open This Month”)称，按照最高人民法院此前发布的《关于北京、上海、广州知识产权法院案件管辖的规定》，北京知识产权法院管辖的一审案件的范围包括：专利、植物新品种、集成电路布图设计、技术秘密、计算机软件等技术类民事和行政案件；对国务院部门或者县级以上地方人民政府所作的涉及著作权、商标、不正当竞争等行政行为提起诉讼的行政案件；涉及驰名商标认定的民事案件。2014 年底，上海和广州也将设立知识产权法院。

10. 流行病报道

1 月 24 日，菲律宾新闻社发布《北京报告人感染 H7N9 禽流感病例》（"Beijing Reports Human H7N9 Bird Flu Case"），称在海淀区温泉路的北京老年医院病房内，一名五旬男子高烧、咳嗽两三天，后转诊至地坛医院后，被确诊为北京 2014 年第一例 H7N9 禽流感病例。

6 月 22 日，菲律宾新闻社报道《北京出现手足口病爆发》（"Surging Hand-Foot-Mouth Disease in Beijing"）称，根据首都疾控中心的报告，从 5 月 26 日至 6 月 22 日，北京每周超过 2 600 例手足口病例发病。发病率已高于上年同期，但是死亡率与上年持平。

11. 城市文化

外媒对于北京城市文化的报道，并不仅限于物质文化，它们也试图挖掘中外精神文化领域的异同。3 月 27 日，路透社报道《北京挤满游客，紫禁城限制人流》（"Beijing's Overwhelmed Forbidden City to Limit Visitors"）称，根据新华社消息，故宫拟采用限流计划，包括：取消年票持有者在旺季参观故宫；在高温潮湿的夏季 7—8 月，鼓励游客下午参观故宫以实现分流；在线出售国家法定节假日的门票。

10 月 30 日，《芝加哥论坛报》发布《黑暗、神秘的首演：北京舞蹈团的〈野草〉》（"Beijing Dance's 'Wild Grass' Proves a Dark, Cryptic Debut"）称，北京舞蹈团的现代舞剧《野草》在芝加哥首演，它改编自鲁迅同名散文作品，这次首演证明好的舞蹈并不意味着一定很好看。中国的舞蹈演员接受过名师训练，16 个演员的舞姿常常很漂亮。同时艺术导演和舞蹈编导也完成了惊人的个人影像塑造，作品令人惊异。但是作品缺乏连贯性和情节发展。

三、2014 年度国外主流媒体关于北京报道的特点与规律

2014 年国外主流媒体关于北京的报道总量比 2013 年同期有大幅增多，报

道总体态势活跃，涉及主题广泛，倾向鲜明。报道涉及最多的是北京重大活动、环境污染等。

1. 多个重大活动引发国外媒体高度关注

2014年，北京各类重大活动频仍，这些重大活动或事件在国际社会产生重大反响。这些重大活动既包括各种全球性事件，如APEC峰会、各类国际性体育赛事等，也包括中国经济建设的重大事件，如南水北调工程开始输水运行、京津冀一体化等。各类全球性活动在北京举行，这是北京作为中国首都、作为全球城市，其地位影响在全球上升的客观表现；中国经济建设的重大事件，往往与首都北京直接相关，客观上证明首都北京的经济中心功能也在上升。

2. 京津冀一体化概念受到外媒密切关注

作为一个新生的政策或举措，外媒对京津冀一体化的表述方式有很大差异，甚至同一家媒体对之的称谓也在变化之中。外媒认为，城市协同发展已在中国的深圳取得成功，这一概念即将拓展至中国更广阔的北方地区，京津冀一体化将有效纾解北京的非首都核心功能。外媒提出，世界上有很多这样“结伴成长”的城市。在美国，纽约和新泽西，旧金山和奥克兰，都是通过有效的互补来获得协同发展机会的。文化认同能够让京津冀的融合更加顺利，三个城市的不同之处将能够在合作中激发彼此的创新思维。路透社等媒体认为，这种观念和思维上的多样性，将为中国发展城市一体化概念创造独特的机会——创新技术、商业模式将在京津冀一体化过程中得到更好的发展。外媒对京津冀一体化的分析报道客观上表明，其对中国这一政策是理解和认同的。

3. 北京环境污染情况加剧引发外媒高度关注

从年初开始，外媒对北京空气污染的情况几乎是每有必报。客观上，这类报道对于北京城市形象是极为不利的。APEC会议前，北京市政府采取了多种措施来保证会议期间的蓝天，外媒对中国政府的努力有褒有贬，令人啼笑皆非。一方面，外媒强调空气污染治理与经济增长的关系，客观上也提醒北京市政府，要从社会整体考量环境保护怎样与经济增长协调发展。另一方面，北京市政府推出的“迎接APEC，精彩北京人”活动，受到多家媒体报道，北京市民和政府的共同努力，让外媒甚为惊喜。

4. 北京社会治理方面的报道引人注目

年初，北京发生了一些施工安全、交通安全方面的事故，外媒对这些偶发性事故的报道较多。从政府治理角度来看，要警惕危机事件频发所引起的雪崩效应，对于一些安全事故，要加强监督、防患于未然。从监测到的外媒报道来看，北京市政府出台的多种管理措施中，外媒报道更多的还是政府的各种限制性、控制性措施，政府让利于民、惠民利民的措施报道量比较少。因此，未来政府在出台民生领域的相关政策时，要加大宣传力度。

5. 外媒大量报道香港“占中”事件

从9月至年底，大量关于香港“占中”事件的报道密集出现。3月28日，《华尔街日报》称之为“香港运动”（Hong Kong movement）；9月27日，美联社、《华盛顿邮报》等称之为“亲民主抗议”（pro-democracy protest）；9月28日，路透社在报道中称之为“占中事件”（occupy central）；9月29日，《纽约时报》《加拿大环球邮报》等称之为“民主改革”（democratic movement）；10月6日，法新社等报道称之为“雨伞革命”（umbrella revolution）。从媒体对“占中”事件报道称谓的变化，鲜明地显露出外媒对这一事件性质的判断。“占领中环”运动于2013年3月27日发起，至2014年9月28日进入高潮。11月25日，香港警方完成旺角占领区的清场行动。12月11日，香港警方顺利实施金钟清障行动。12月15日，香港警方成功清除铜锣湾的“占领区”，香港立法会也在同一天劝退立法会大楼门口的示威者。至此，持续了79天的非法“占中”集会宣告结束，困扰香港社会的“占中”运动终于画上句号。在当前外宣与内宣打通的大环境中，在互联网社会动员能力急剧提高的背景下，要严密监控香港、澳门、台湾等地发生的相关街头运动，防止其蔓延至大陆。

2015年度国外主流媒体关于北京报道的分析报告

高金萍

本研究使用道琼斯公司旗下的全球新闻及商业数据库Factiva，对国外主流媒体关于北京的报道进行分析研究。Factiva数据库收录的资源包括全球性报纸、期刊、杂志、新闻通讯社、网站等主流新闻采集和发布机构发布的新闻报道、评论文章及博客，如《纽约时报》、《华盛顿邮报》、《泰晤士报》、《金融时报》、《经济学人》、世界著名通讯社等，此外还包括道琼斯公司和《华尔街日报》等独家收录的资源。本研究以Factiva数据库中的国外50家主流媒体和世界四大通讯社为信息来源，以国际通用语言英语为检索语言，以新闻标题和导语中至少出现3次"北京"为检索限制（目的在于尽量去除"以北京指代中国"的媒体报道），进行全数据库检索。自2015年1月1日至12月31日，国外主流媒体共发布9 212条关于北京的报道。

一、国外媒体关于北京报道的概况

2015年国外媒体关于北京报道的数量总体平稳。全年报道量最多的是8月，共1 146条；报道量最少的是2月，共403条（见图1）。

1. 报道趋势分析

2014年报道量的峰值分别是8月（1 146条）、7月（957条）、12月（950条）。上述三个报道高峰涉及的主题主要是：

8月：北京获得2022年冬奥会申办权（176条）；第15届世界田径锦标赛（174条）。

7月：北京投标2022年冬奥会申办权（164条）；北京计划到2020年人口控制在2 300万（79条）。

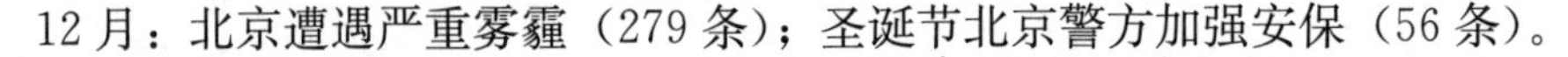
12月：北京遭遇严重雾霾（279条）；圣诞节北京警方加强安保（56条）。

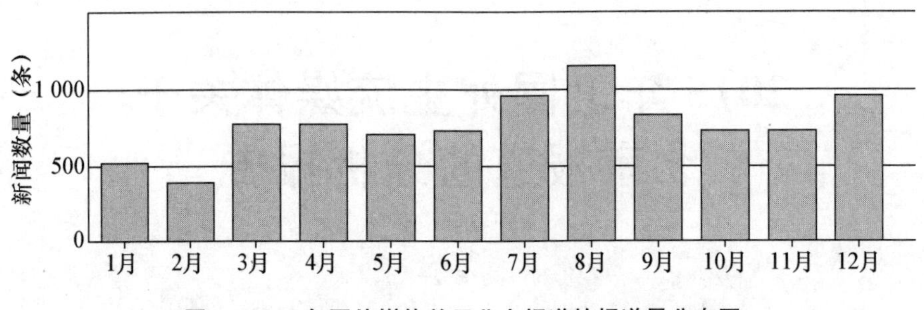

图1　2015年国外媒体关于北京报道的报道量分布图

2. 报道主体分析

以报道量居首的20家媒体来分析（如果既有网站又有报纸，取数量多的，不重复计算），关于北京报道最多的国家和媒体依次为（见图2）：

英国（1 779条）：路透社、《泰晤士报》等。

美国（1 413条）：华尔街日报网、美联社、纽约时报网等。

法国（610条）：法新社。

菲律宾（596条）：菲律宾新闻社、《马尼拉公报》。

印度（465条）：印报托、《印度斯坦时报》。

俄罗斯（378条）：俄罗斯卫星通讯社。

日本（350条）：共同社。

韩国（291条）：韩联社。

非洲（280条）：泛非通讯社。

新加坡（201条）：《海峡时报》。

Factiva为美国道琼斯公司所有，媒体来源中《华尔街日报》涵盖了网络版、亚洲版、欧洲版、主报等，《纽约时报》报道涵盖了网络版、亚洲版、欧洲版、本地版等。本研究在报道量统计中，上述两大媒体的报道量只取其发布量最高者，以与其他媒体进行横向比较。

2015年度，英国媒体关于北京的报道量首次超过美国媒体。2015年是中英全面战略伙伴关系第二个十年的开局之年，中英关系进入非常好的发展时期，无论政治、经济还是人文交流都在快速向好发展。2月英国首相卡梅伦发表农历新春贺词时，将2015年称为中英两国关系的“黄金年”。其后，英国财政大臣奥斯本访华时提出“英中关系黄金十年”的说法。此后，在习近平访英前夕，卡梅伦又提出打造中英关系“黄金时代”。2015年，中国国家主席习近平访问英国。两国的密切交流，是英国媒体大量报道北京的内在驱

提及最多的资讯来源

资讯来源	数量
Reuters News	1 552
The Wall Street Journal Online	613
Agence France Presse	610
Associated Press Newswires	535
The Wall Street Journal(Asia Edition)	460
Sputnik News Service	378
PNA(Philippines News Agency)	364
Kyodo News	350
The Wall Street Journal	304
Press Trust of India	304
Yonhap English News(South Korea)	291
All Africa	280
The Wall Street Journal(Europe Edition)	279
NYTimes.com Feed	265
The New York Times	262
Manila Bulletin(Philippines)	232
The Times(U.K.)	227
The Straits Times(Singapore)	201
International New York Times	163
Hindustan Times(India)	161

图 2　2015 年国外媒体关于北京报道的媒体分布图

动力。

美英两国媒体关于北京的报道数量远远高于其他国家媒体，法国、菲律宾等紧随其后，也显示了北京作为全球城市举足轻重的地位和影响力。

二、国外主流媒体关于北京报道的报道主题分析

本年度报道量最多的 20 个新闻主题中，前三个主题——“国内政治”“外交关系/事务”“罪行/法庭”，均以国家层面的报道居多。本年度北京申办 2022 年冬奥会、抗日战争暨世界反法西斯战争胜利 70 周年、第 15 届世界田径锦标赛等重大活动的报道在全年报道量中占比较高。此外，由于全球气候变化，北京环境恶化及政府积极应对等方面的报道数量也呈现前所未有的增多态势（见图 3）。

1. 2022 年冬奥会申办

冬奥会申办的报道贯穿全年，其高峰出现于 7—8 月，全年关于奥运的报道总量为 527 条。其中涉及的主题包括四个：一是北京申办的进展；二是关于北京申办的质疑之声；三是主办冬奥会对北京的影响；四是北京奥运相关人、事。

其一，关于北京申办的进展，有三个重要的报道节点：1 月北京提交申办标书；3 月 24 日国际奥委会评估委员会实地考察北京；7 月 31 日国际奥委会宣布北京获得主办权。第一个阶段：1 月 7 日，俄罗斯卫星新闻通讯社、法新社、美联社等多家媒体报道《阿拉木图、北京提交了主办 2022 年冬奥会的申请》（“Almaty，Beijing Submit Candidature Bids to Host 2022 Olympics”）称，两个城市已经按照 2020 年奥运会的宗旨和议程——更加节约、吸引更多的参观者，完成了它们的投标书。国际奥委会将根据标书情况，对候选城市进行评估，其中包括候选城市印象、运动传统、履约能力、交通情况、住宿接待能力、金融系统及其可持续发展等。7 月，第 128 届国际奥委会全体会议将在马来西亚首都吉隆坡举行，会上将决定主办权。

第二阶段：3 月 24 日，美联社、菲律宾新闻社等报道《国际奥委会考察申办城市；中国回击人权问题》（“IOC Panel Visits Bid Sites；China Fires Back on Human Rights”）称，正当主办国中国在回击对政府人权记录的批评之时，24 日国际奥委会开始对 2022 年冬奥会申办城市北京和张家口进行为期五天的考察。北京官员说，国际奥委会评估委员会的 19 名成员按照计划，访问了北京的曲棍球、滑冰和冰壶项目的室内场地，以及 2008 年夏季奥运会的标志性建筑鸟巢体育场。未来一周里，委员会还将访问拟议的北京城外的滑

提及最多的主题

主题	数量
国内政治	2 364
外交关系/事务	1 530
罪行/法庭	702
经济新闻	698
奥林匹克运动会	527
空气污染	443
通讯社稿件	443
经济状况	416
武装部队	416
环境新闻	408
专栏	377
田径	297
人权/公民自由	287
企业/工业新闻	284
评论/观点	273
头版新闻	271
空气/水/土地素质	260
证券市场	248
经济增长/衰退	233
外汇市场消息	211

图 3　2015 年国外主流媒体关于北京报道的报道主题分布图

雪和速滑场地。在评估委员会考察期间，外媒追踪报道客观上展现了北京为冬奥会申办所做的多种努力，如 3 月 25 日美联社发布《北京更新 2022 年冬奥会空气质量保证》（“Beijing Renews 2022 Winter Olympics Air Quality Assurances”），3月27日美联社发布《北京在2022年冬奥会标书中承诺安保》（“Beijing Assures Olympic Security as 2022 Bid Inspections End”），3月28日路透社发布《北京承诺免费上网，并优化使用2008年奥运会场馆》（“Beijing Pledges Free Internet，Optimum Use of 2008 Venues”）。3月29日，美联社、菲律宾新闻社等发布《冬奥会评估委员会在考察北京后评价积极肯定》（“Winter Olympics Inspectors Positive after Beijing Visit”）称，周日国际奥委会评估委员会离开北京。在离京前举办的新闻发布会上，评估委员会主席亚历山大·茹科夫声明，北京的申办情况更靠近国际奥委会追求的更节俭、可持续、以运动员为中心的目标。北京主要依赖2008年夏季奥运会的主办经验和基础设施，并且可以提升冬季运动对于世界上人口最多国家的人们的吸引力。“从这次考察，我们看到2008年奥运会留下的丰厚遗产；我们也看到2008年遗产的专业水平以及2012年申办团队的丰富知识。”

第三阶段，7月30—31日，几乎所有主要媒体都发布了北京与阿拉木图角逐2022年冬奥会申办的新闻，报道量大而且密集。7月27日，法新社报道《阿拉木图与北京在2022年冬奥会申办中的差距缩小》（“Almaty Narrows Gap on Beijing in 2022 Olympics Race”）称，为了本周即将进行的2022年冬奥会申办权投票，从周一开始，北京和阿拉木图开始了最后的疯狂游说。如果北京获胜，这将是继2018年韩国平昌主办冬奥会之后，亚洲连续第二次主办冬奥会。在最近几周里，阿拉木图势头有所上升，对在过去几个月里被认为拥有压倒性优势的北京形成挑战。北京推出了重量级游说团队以确保其在竞争中获胜，它强调2008年夏季奥运会的成功及其雄厚财力。北京的吉隆坡团队还包括前NBA明星姚明。

7月31日，韩联社最早发布消息《北京获得2022年冬奥会主办权》（“Beijing Elected Host of 2022 Winter Olympics”）称，北京的申办口号是“纯洁的冰雪，激情的约会”，北京提出了15.6亿美元的组织预算和15.1亿美元的基础设施预算，它还将重新利用2008年夏奥会的一些场地，包括鸟巢和水立方。7月31日，《英国卫报》发布《2022年冬奥会：北京先于阿拉木图承办冬奥会》（“Winter Olympics 2022：Beijing Chosen ahead of Almaty to Host Games”），报道称，虽然事情正如所有人期待的那样，但投票结果是非常接近的：北京以44票比40票胜出。阿拉木图为申办付出了很多努力，这使中国人有理由感到担心：阿拉木图有充足的雪和冰，而北京没有这一条件；阿拉木图还拥有位置便利的比赛设施，北京也不具备这样的条件。但北京最后成功地说服了奥委会成员国。有15个奥委会成员国没有投票，它们的态度可能会使结果有所差异。北京说，它将以主办奥运会作为解决北京空气污染的契机。体育评论员金山称，这一胜利对中国建设价值 5 万亿元的体育产业将是一个极大的促进，将创造数百万个就业岗位。7 月 31 日，路透社发布《国际奥委会没有心情冒险，选择北京是正确的》（“IOC in No Mood for Risks, Opts for Beijing’s Sure Bet”）称，阿拉木图的申奥代表团试图打动国际奥委会，呼吁其“禁住”奥运重返北京的诱惑，向更小的发展中国家传递出它们也能够举办奥运会的积极信息。中国代表团向国际奥委会保证，北京是一个安全的选择，因为它已经证明了自己能办奥运会。在全球金融危机的影响以及潜在申办国数量减少的背景下，奥委会选择了北京。此外，韩国平昌将举办 2018 年冬奥会，日本东京将举办 2020 年夏季奥运会，东亚三国将连续承办三届奥运会，这再次反映出世界体育“根据地”发生了转移。

8 月 1 日，《纽约时报》发布《北京赢得 2022 年冬奥会申办权；中国首都成为首个举办两个奥运会的城市》（“Beijing Wins Right to Host 2022 Winter Olympics; Chinese Capital Becomes First to Stage Both Games as It Edges Kazakh City”），报道称世界上举办过夏季、冬季奥运会的国家有很多，但没有一个城市能像北京这样，在举办过 2008 年夏季奥运会之后，又将举办 2022 年冬季奥运会。举办冬季奥运会，北京的自然环境、气候并不占优势。北京之所以能取得冬季奥运会主办权，主要是因为它有举办冬季奥运会所需要的基础设施、金融资源。北京申办 2022 年冬季奥运会的成功再次激发了中国人的爱国热情。有一位 76 岁的北京老人说：“赢得主办权肯定会让更多的人了解中国，让更多的人知道我们现在是大国了，我们不比美国差。这一胜利肯定会让我们中国人在世界上说话更自信。”一些北京居民说，他们盼望空气质量能够因为举办冬季奥运会而得到改善。还有人说，游客的涌入和投资将有助于加速北京当地已经趋缓的经济发展。共同社发布《国际奥委会授予北京 2022 年冬奥会主办权》（“IOC Names Beijing as Host of 2022 Winter Games”），报道称因具有政府稳定的财政支持以及举办 2008 年夏季奥运会等大型赛事的经验，北京在 2022 年冬奥会的申办竞争中获胜。有力的竞争对手，如冬季体育运动发达的北欧城市奥斯陆及斯德哥尔摩在申办中途退出，仅次于美国的世界第二经济大国中国的国力让人感到放心。虽然申办当初成功率预想较低，但随着竞争对手退出等意外情况的出现，北京最终获得这一殊荣。阿拉木图的优势在于申办方案十分紧凑，着重突出其自然降雪丰富、环境“真实”等优势。然而，石油价格下跌给哈萨克斯坦的经济形势造成了影响，其国家信誉也不及中国。

12 月 16 日，美联社发布《北京任命 2022 年冬奥会组委会主席》（“Beijing Names Head of 2022 Winter Games Organizing Committee”）称，北京市

委书记郭金龙被任命为冬奥会组委会主席。据新华社报道，郭金龙说他的首要任务是审查北京的主办城市合同和国际奥委会的“奥林匹克2020议程”计划。“奥林匹克2020议程”计划追求奥运会更加节俭和可持续，正是因为以这一理念为指导，北京才获得2022年冬奥会主办权。

其二，关于北京主办冬奥会的种种疑虑。从北京发布申奥消息起，西方媒体就开始鼓噪北京的空气污染、交通拥堵等现实问题，同时也指出北京缺乏冰雪运动传统、冬季缺少降雪等历史和自然问题。1月31日，《洛杉矶时报》报道《2022年冬奥会申办，中国将无竞争对手》（“China Running in Light Field for 2022 Games”）称，北京追求2022年冬奥会主办权，听起来可能有点儿不切实际。众所周知，北京的天空烟雾弥漫，其拟定的滑雪场距离城市中心有5小时车程，而且北京西北部的山每年只有8英寸的雪。但是，随着竞争对手的一个个退出，现在它只有一个对手就是哈萨克斯坦的阿拉木图了。2月4日，美联社发布《滑雪官员称：申办冬奥会的北京能够克服降雪少的难题》（“Ski Chief：Beijing Olympic Bid Can Overcome Lack of Snow”），报道称国际雪联主席瑞士人卡斯珀说，他对北京申办冬奥会持乐观态度，即使场馆里雪比较少。国际雪联首席官员说，拟举办比赛的奥运场馆，距离北京约1小时车程，只要届时能够有5厘米（2英寸）的雪就可以了。听闻此言，北京十分高兴。现在冰雪运动场地可以使用人造雪，但必须是在低温状态下。6月2日，美联社发布《国际奥委会列出申办城市阿拉木图和北京面临的挑战》（“IOC Cites Challenges for Almaty and Beijing Olympic Bids”），报道称，周一国际奥委会发布了一份136页的报告，评估了阿拉木图和北京两个城市的申办标书，明确了两个城市的优势和弱点。国际奥委会认为，北京的空气污染和缺乏天然降雪是其严峻挑战；阿拉木图的预算风险和举办大型活动的经验有限是其重要短板。7月30日，《纽约时报》报道《对于2022年冬奥会，两个不同寻常的竞争者都有瑕疵》（“For 2022 Winter Games，2 Unusual Finalists，Both with Flaws”）称：北京的最大不足在于缺少降雪，延庆附近的山每年降水只有15英寸；阿拉木图的问题在于人口，人权记录也不好。北京想通过主办冬奥会，成为世界上第一个既主办了夏奥会又举办了冬奥会的城市；阿拉木图希望通过主办冬奥会跻身国际体育版图之中，利用冬奥会增加投资、发展机会，提高自己的知名度。

其三，申办冬奥会对北京的影响。中国清醒地预见到主办冬奥会对国家影响力提升和社会发展将产生巨大效果，同时，也将促进奥林匹克运动的发展。国际奥委会对北京主办冬奥会的客观效果是逐渐认知的，外媒在报道中客观地呈现了这一过程。

中国国家领导人多次申明，北京主办冬奥会将带来巨大效果。2 月 16 日，菲律宾新闻社发布《申办 2022 年冬季奥运会激发了更多中国人参加冬季运动》（“2022 Winter Olympics Bid Inspires More Chinese to Join in Winter Sports”），报道称中国国务院副总理刘延东在访问奥组委时说，北京主办冬奥会，不仅传播了奥林匹克精神，而且让更多中国人热情参与冬季运动，中国会成为一个优秀的尽责的体育强国。6 月 15 日，菲律宾新闻社发布《为什么北京要申办 2022 年冬奥会》（“Why Beijing Bid for 2022 Winter Olympics”），报道称 2008 年北京奥运会获得巨大成功，被誉为全球奥林匹克运动的一个里程碑。在北京申办 2022 年冬奥会竞赛的最后冲击中，中国也将此作为为奥林匹克运动做出更多贡献的良机。中国长期支持奥林匹克运动，并且深刻理解奥林匹克运动价值，除了主办 2008 年夏季奥运会，中国还主办了残奥会和青奥会。申办 2022 年冬奥会的时机好得不能再好，因为它已经促使中国冰雪运动不断发展，据中国国家主席习近平所言，主办 2022 年冬奥会的信息“激励着 3 亿多中国人参加冬季运动”。

外媒也客观报道了北京为申办冬奥会所做的努力及其效果。4 月 22 日，菲律宾新闻社发布《为了符合奥运期望，北京加速空气污染控制》（“Beijing Accelerates Air Pollution Control for Olympics Expectation”），报道称在冬奥会申办投票倒计时 100 天之际，北京加强改善空气污染以确保申办成功。北京已经延续了带来“APEC 蓝”（中国网民为描述 2014 年 11 月 APEC 会议期间的蓝天而创造的新词）的种种努力，包括关闭燃煤电厂。对于北京来说，这些努力是迫切需要的，这个城市经常笼罩在刺鼻的烟雾之中，特别是在与邻近的河北张家口市联合申办 2022 年冬季奥运会之时。地区合作也是北京政府解决空气污染的方式之一。5 月 7 日，路透社、菲律宾新闻社发布《北京郊区烧烤在奥运前抗击雾霾的斗争中熄火》（“Beijing Snuffs Out Suburban BBQs in Pre-Olympic Smog Fight”）称，据新华社报道，为了确保 2022 年冬奥会申办，北京已将禁止户外烧烤的范围扩展到一些经营户外烧烤的郊区餐馆，以此来提高空气质量。烧烤，往往是指街边流行的烤肉串。在北京四环内是禁止烧烤的，政府谴责其制造了烟雾，尽管很多公众认为那些排放肮脏空气的工厂更值得谴责。新华社说，中国将全力以赴带来“奥运蓝”。据说，空气污染是阻碍 2022 年冬奥会申办的一个重要因素。7 月 20 日，菲律宾新闻社发布《2022 年北京冬奥会将是运动员的特别体验》（“Beijing 2022 to Be Special Experience for Athletes”），报道称 2022 年北京将为运动员们呈现一种特殊的文化体验，北京承诺尽早完成各种竞赛和训练所用的奥运场馆建设，誓言要满足运动员在各处的体验，如奥运村、颁奖仪式以及各类文化活动。8

月 7 日，菲律宾新闻社发布《中国出现的 2022 年冬奥会影响》（“2022 Olympics Effect Emerging in China”），报道称离 2022 年冬奥会开幕还有 7 年，“奥林匹克效应”已经开始出现。对于合作主办城市张家口来说，获得主办权不仅意味着承办冰雪赛事，而且也是社会和经济发展的催化剂。崇礼——张家口承办越野、自由式滑雪和其他赛事的一个县城，已经发生了变化，作为清除雾霾的一项具体措施，污染的矿山已经被关闭。自从 2013 年 11 月北京提出与张家口联合申办冬奥会，崇礼也吸引了更多的旅游者和滑雪爱好者。冬奥会有助于进一步加强当地的旅游和滑雪产业，2022 年张家口将形成 3 500 亿元人民币投资，创造 20 万个就业岗位。主办冬奥会，也将加强北京和天津这两个相邻直辖市的联系，加强经济共同体建设。

其四，与北京奥运相关的人与事。1 月 5 日，多家媒体报道中国奥委会名誉主席、国际奥委会委员何振梁逝世。美联社、《纽约时报》、菲律宾新闻社等报道《中国的“奥林匹克先生”何振梁逝世，享年 85 岁》（“He Zhenliang, China's ‘Mr. Olympics’ Dies at 85”）称，何振梁是中国奥林匹克运动的巨大贡献者，曾两次参加北京申办奥运会，是北京申奥成功的关键人物。国际奥委会主席托马斯·巴赫说：“何先生是一个充满智慧和文化教养的人。他是奥林匹克运动及其价值的真正倡导者，他还帮助奥林匹克运动更好地理解他的国家，及其人民和优秀的文化。奥林匹克运动失去了一位最热切的传播大使。”

3 月 2 日，路透社、菲律宾新闻社发布《奥林匹克与武术，明星成龙为北京申办 2022 冬奥会记录新歌》（“Olympics-Martial Arts Star Chan to Record Song for Beijing's 2022 Bid”），报道明星成龙为了支持北京申办 2022 冬奥会，打算发布一首新歌。在 3 月 24—28 日国际奥委会评估委员会访问北京时，这首《叫醒冬天》的歌曲将首次唱响。

4 月 3 日，美联社报道《前世界跨栏冠军刘翔退役》（“Former World Champion Hurdler Liu Xiang to Retire”）称，根据当地媒体报道，下周中国前奥林匹克跨栏冠军刘翔将宣布因为伤病退役。今年 31 岁的刘翔曾在 2004 年雅典奥运会上赢得 110 米跨栏赛冠军。

8 月 4 日，《纽约时报》《海峡时报》《卫报》等报道《在有些人看来，冬奥会申办歌曲疑似与迪士尼歌曲雷同》（“To Some, Song of Beijing Games Is Suspiciously Similar to a Disney Ballad”）称，最近有些人把注意力转向北京冬奥会申办歌曲的第三首，这可能令中国陷入与迪士尼公司的争议之中，至少招来嘲笑。孙楠和谭晶共同演唱的歌曲《冰雪舞动》，与迪士尼动画影片《冰雪奇缘》中的《随它去》听上去疑似雷同——这首歌曲由 Idina Menzel 演唱。这一事件引发中国网民热议。

2. 反法西斯战争胜利70周年阅兵

2015年9月3日，天安门广场举行纪念中国人民抗日战争暨世界反法西斯战争胜利70周年大会及阅兵。中国国家主席习近平发表重要讲话。外媒对这一重大事件进行了翔实的报道。

其一，阅兵前的报道。年初当中国宣布将举行阅兵式时，《南华早报》等英文媒体曾对这一事件进行过零星报道。阅兵前外媒报道主要聚焦于阅兵的筹备情况、阅兵参加人员及展示的新型武器等。

8月9日，菲律宾新闻社发布《北京为了抗战胜利纪念日加强邮件安检》（“Beijing to Tighten Mail Security for War Anniversary”）称，随着9月3日抗战胜利纪念日倒计时临近，国家邮政局声明，北京将加强包裹邮件安检。每个邮政包裹必须使用真实姓名邮寄，每件都必须经过安全检查。所有快递公司都要求确保首都的邮政安全检查，周边省份也要对包裹加强安全监管。8月21日，法新社报道《北京动员85万居民保卫反法西斯战争胜利阅兵》（“Beijing Mobilizes 850,000 Citizen Guards for WWII Parade”）称，北京已经动员85万居民在城市巡逻，以确保阅兵的安全。志愿者来自各行各业，他们得到了培训，将被派往每条街道、每个胡同及商店和市场。

8月21日，韩联社发布《中国说阅兵将有1.2万名军人、200架战机参加》（“China Says Military Parade Will Involve 12,000 Troops, 200 Aircraft”），报道参照1999年大阅兵，预测9月3日大阅兵将有象征56个民族的56门大炮进行70响礼炮轰鸣，象征70年前中国全民族抗日作战。习主席、中国高层官员与世界各国元首和外宾一起出现在天安门城楼。习主席很有可能发表演讲，指出日本帝国主义侵略给中华民族带来的深重灾难，同时抨击日本歪曲历史和试图复活军国主义的行径。报道称，当阅兵正式开始后，包括二战老兵在内的50个方阵将依次通过天安门广场，总人数超过1.2万人。俄罗斯、哈萨克斯坦等十余个国家的军队也将列队接受检阅。之后，在天安门广场和长安街上，将有10万名各界群众代表手举毛泽东、邓小平等中国领导人和抗日英雄的肖像画通过，阅兵盛况将向全世界进行现场直播。

8月23日，美联社发布《来自俄罗斯和古巴的战斗机和部队参加了中国阅兵彩排》（“China Rehearses for Military Parade with Fighter Jets, Troops from Russia, Cuba”），报道称在中国对东海及南海领土宣称主权之际，9月3日的阅兵将展示中国人民解放军力量的快速增长，中国称此次阅兵目的在于纪念抗战胜利70周年，并展现维护世界和平的坚定立场。但与此同时，其他国家政府表达了对北京在领土争端中表现出强硬姿态的担忧。这也使得外国军队参加此次阅兵，造成政治上的气氛很紧张。

9月1日，《卫报》《纽约时报》等报道《为了胜利阅兵，中国军队征募一队猴子以保证天空无一飞鸟》（"China's Army Drafts in Troop of Monkeys to Keep Skies Clear for Victory Parade"）称，中国军方找了5只猴子，让猴子爬上高树，把鸟窝拆下来，目的是驱散阅兵时成群结队的鸟儿。中国高级领导人、世界各国领导人将于周四观看游行的坦克、导弹发射器和12 000名参加游行的士兵。9月1日，《泰晤士报》《澳大利亚人报》《洛杉矶时报》等报道《猎鹰和猴子保护北京阅兵》（"Falcons and Monkeys Save Beijing Parade"）称，有一百万人投入到北京阅兵工作中。本周，中国军方使用5只猴子和10只猎鹰来驱散机场周边的飞鸟，保证200架飞机在阅兵中的安全飞行。9月2日，《澳大利亚人报》报道《世界各国领导人在北京抚平了当地的鸟羽之后飞临此地》（"World Leaders Take Flight after Beijing Ruffles Region's Feathers"）称，谁不喜欢大阅兵，特别是拥有闪亮的新型武器装备并庆祝一场可怕战争胜利结束的大阅兵？澳大利亚国立大学的澳大利亚中心已经收集了一系列评价，这些材料凸显了9月3日北京阅兵的重要意义以及这一事件对中国影响力的限制。自1949年中华人民共和国成立第一次阅兵以来，这是第15次大阅兵，这也是习主席首次接受礼敬。

9月1日，韩联社发布《中国将在阅兵中炫耀新式武器》（"China to Show Off New Weapons at Military Parade"），报道称由大约12 000名中国军人、500辆军车组成的长长队列，将通过天安门广场，在70分钟的阅兵中大约有200架飞机将飞过广场。中国将利用纪念二战结束的阅兵来展现新武器。在展现武力之际，北京在与邻国的领土争端中的态度越来越强硬。约有30个国家的元首将参加这场阅兵。9月1日，俄罗斯卫星通讯社发布《中国准备举行胜利日大阅兵》（"Beijing Prepares to Hold Large Military Parade on Victory Day"），报道称9月3日中国将举行阅兵以庆祝抗日战争胜利暨反法西斯战争胜利70周年。大约有50个国家的代表会齐聚北京参加庆典。3 700多名记者提交了采访申请，其中包括1 500多名外国人。上周阅兵已进行了彩排。中国官方说，84%的阅兵装备是首次展示。根据媒体报道，届时7种型号的导弹以及装备了远距离打击的新型炸弹的轰炸机也将飞临天安门广场。9月3日，俄罗斯卫星通讯社报道《北京引入综合安保系统以确保阅兵安全》（"Beijing Introduces Integrated Security System to Ensure Safety at Military Parade"）称，北京部署了最新的综合安保技术，包括人脸识别等，以确保阅兵安全。中国媒体报道称，安保设备和基础设施将纳入一个系统，包括出入口控制、在线视频监测以及其他安全系统。综合安保系统还包括装备软件和硬件控制系统、对讲机和停车管理的应急反应和重大基础设施安全配置。当地政府报告说，从 8 月 20 日起，将近 85 万名志愿者进入街道、商业中心和另外一些人流集中场所维护安全。

《纽约时报》（国际版）报道《在北京准备开始阅兵之时它变成了鬼城》（“Beijing Becomes Ghost Town as It Gears Up for Military March”）称，周三警察和准军事部队成扇形散布于北京中心地带，他们封闭了首都中心地带以准备 1.2 万人的游行，这就是由中国国家主席习近平召集以向全球观众展示国家崛起的大阅兵。中国共产党已经花了好几个月准备这场阅兵，宣称是为了纪念抗日战争胜利暨世界反法西斯胜利 70 周年。但是许多外部观察家认为，它更是一个象征自信的姿态。政府和商店早早关门，以避免交通拥堵。警察走在街头，天空碧蓝。几天的降雨和数周北京周边工厂被关闭，以确保北京的雾霾散去（中国媒体评论员戏称之为“反法西斯蓝”）。

其二，阅兵日报道。9 月 3 日，中国举办抗战胜利 70 周年大阅兵，海外各大主流媒体以头条新闻报道了这一举世瞩目的事件。美国《纽约时报》、《洛杉矶时报》和英国《卫报》的网站进行了图文直播，还有即时的一句话新闻。裁军 30 万是报道数量最多的主题。路透社发布《中国举行盛大阅兵，将裁军 30 万》（“China Holds Massive Military Parade, To Cut Troop Levels by 300,000”），报道称，3 日中国举行了盛大的阅兵以纪念在二战中战胜日本，最大限度地展示了军事力量，凸显了中国对军力的日渐自信。多数西方领导人并未出席这一阅兵式，在阅兵正式开始前，中国国家主席习近平在俯瞰天安门广场的演讲台上发表讲话，抛出了一个出人意料的橄榄枝——中国将裁军 30 万人。中国军队是世界上规模最大的军队之一，目前人数约为 230 万，裁军将精简中国的军队。习近平并未给出裁军的时间表，但表示中国将始终“坚持走和平发展道路”。

《每日电讯报》报道《习近平宣布中国将裁军 30 万》（“Xi Jinping Announces China Will Cut 300,000 Military Personnel”）称，3 日中国举行了大型的阅兵仪式以纪念在二战中战胜日本 70 周年。习近平主席检阅了部队，并且在现场宣布中国军队将裁员 30 万，中国不会“称霸”世界。

《卫报》报道《中国阅兵展示强大军事力量　习近平宣布裁军 30 万》（“Xi Jinping Pledges 300,000 Cut in Army Even as China Shows Military Might”）称，3 日中国举行了纪念第二次世界大战结束 70 周年的阅兵，展示了雄厚的军事力量。中国国家主席习近平出人意料地在阅兵仪式上宣布中国将裁军 30 万。在齐聚北京天安门广场出席阅兵仪式的各国部分领导人的见证下，习近平发布了这一意外的声明。习近平说，中国将始终坚持走和平发展道路。习近平还表示中国“永远不称霸、永远不搞扩张，永远不会把自身曾经经历过的悲惨遭遇强加给其他民族”。

美联社发布《中国宣布庞大军队裁员30万》（“China Pledges to Cut 300,000 Troops from Its Massive Army”），报道称中国3日举行阅兵式，战斗机在空中翱翔呼啸，参阅的坦克、导弹和军队展示出日益增强的军事力量。中国国家主席习近平主持了阅兵仪式，并宣布中国将裁军30万，以此表示中国并无扩张野心。这场在北京中心举行的盛大阅兵是为了纪念二战胜利70周年，直升机编队在空中组成数字70字样。不过这次阅兵也凸显了中国成为亚洲强国的决心。

法新社发布《中国在纪念二战胜利阅兵中宣布裁军的同时展示军事实力》（“China Cuts Military Manpower, But Showcases Strength at WWII Parade”），报道引用西方专家的话，认为各国元首和高级代表出席中国阅兵式的“海外参与度不高”。

其三，阅兵日后的报道，侧重分析阅兵的意义。9月4日，《马尼拉公报》发布《中国赞美权力，以壮观的军事宣示和平》（“China Lauds Power, Proclaims Peace at Military Spectacular”），报道称面对中国崛起的担忧，习近平宣布中国人民解放军——世界上最大的军队——将裁员30万人。国防部官员说，裁军对象主要是过时的单位和非战斗人员。中国一再坚持阅兵不针对任何特定国家，包括日本，虽然它对战争暴行的痛悔还不够。9月4日，《华尔街日报》发布《中国在阅兵中显示军事肌肉》（“China Flexes Military Muscle in Parade”），报道称经过几周对经济挑战和高层不团结的日益上升的关注之后，中国国家主席习近平用声势浩大的阅兵游行对中国不断扩大的军事实力做了最有力的展示。中国通过展示最新式的战斗机、导弹、无人机和直升机实现了它的主要目的，给国内民众提供了一个国家实力和共产党团结的精心展示。但是，庆祝二战结束的阅兵，也把中国与美国及其盟友之间深刻的裂痕置于聚光灯下：主要的西方国家没有派领导人或部队参与这场活动。五角大楼官员说，在阅兵前夕，五艘中国军舰停在阿拉斯加海岸边，奥巴马总统本周正在这里访问，这样的活动此前从未见过。9月4日，《泰晤士报》发布《北京炫耀航母杀手导弹，挑战美国》（“Beijing Shows Off Carrier—Killer Missile That Challenges US”），报道称3日中国以有史以来规模最大的阅兵推出一系列针对美国军事基地和航母的远程导弹，这足以颠覆太平洋的军事平衡。

9月5日，《海峡时报》发布《对力量和骄傲不必要的声明》（“Needless Assertion of Power and Pride”），报道称壮观的中国阅兵式是为了祛魅，以及建立新的叙事本身。

3. 第 15 届世界田径锦标赛

8 月 22—30 日，第 15 届世界田径锦标赛在北京举行，这是中国首次承办田径世锦赛，也是继 2008 年北京奥运之后，中国举办的规模最大、规格最高的单项体育赛事。北京田径世锦赛的参赛国家和地区超过 210 个，北京世锦赛之前，国际田联还将召开代表大会，这是四年一次的换届会议，将选举产生新一任国际田联主席以及新的理事会成员。

早在 8 月上旬，泛非通讯社、法新社就发布了本地区、本国田径选手备战世界田径锦标赛的报道。8 月 16 日，《洛杉矶时报》发布《尤塞恩·博尔特和鸟巢重回聚光灯下：田径世锦赛下周在北京开幕》（“Usain Bolt，Bird's Nest Return to Spotlight：The Track and Field World Championships Begin Next Week in Beijing”），报道说鸟巢和尤塞恩·博尔特以他们自己的方式重新定义了 2008 年北京奥运会。花费 4.5 亿元人民币，拥有 9.1 万个座位，以钢梁和玻璃为主的鸟巢，是北京奥运的核心。

8 月 18 日，世界各国运动员的相关报道数量骤然增多。8 月 19 日，《泰晤士报》、法新社等报道《在北京国际田径锦标赛上，血检只涉及三分之一运动员》（“Blood Testing Will Target Only a Third of Athletes at Beijing E-vents”）称，参加本届田径世锦赛的近 1 900 名运动员中，只有 600～700 名选手需要接受血检。国际田联声称，重点“检测精英运动员，而不是威慑和大规模筛查”，但这一做法是不明智的。

8 月 19 日，菲律宾新闻社发布《中国田径管理中心主任当选国际田联理事》（“Head of Chinese Athletics Governing Body Elected IAAF Council Member”）称，在第 50 届国际田联代表大会上，中国田径管理中心主任杜兆才当选为国际田联理事。英国奥委会主席塞巴斯蒂安-科和乌克兰前“撑竿跳皇帝”布勃卡角逐国际田联第六任主席，最终塞巴斯蒂安-科以 115 票对 92 票获胜。杜兆才说：“比赛期间，中国北京将成为全世界目光聚集的焦点。之前中国成功申办了 2022 年冬奥会，通过田径世锦赛，我们将进一步把自身的办赛能力和经验展示给国际奥委会以及全世界的观众。”

8 月 20 日，美联社发布《就像 2008 年那样，北京的污染等待着世界各国运动员》（“Beijing Pollution Awaits Runners at Worlds，Just Like '08”），报道称在奥运会举办 7 年后，北京的空气污染仍然是一个爆炸性的话题。大多数日子里，乳白色的薄雾遍及全市，29 日那里将举行男子马拉松，30 日举行女子马拉松。美联社采访的多位各国运动员都认为，对于北京的空气污染他们无能为力。

8月22日，法新社报道《默默无闻的厄立特里亚青年选手获得北京田径世锦赛首枚金牌》（“Unheralded Eritrean Teen Bags First Gold of Beijing Worlds”）称，北京田径世锦赛的首枚金牌22日在男子马拉松项目产生，19岁的厄立特里亚小将格赫布雷斯拉塞爆冷获得金牌。

4. 京津冀一体化

对于京津冀一体化战略，外媒从人口、交通、空气污染治理、非首都功能疏解等多个角度进行了报道，报道立场客观中立。有些媒体对这一“城市联合体”的做法表示赞赏。

7月12日，印报托、美联社、《悉尼先驱晨报》等发布《北京将人口限制为2 300万以控制交通拥堵》（“Beijing to Restrict Population to 23 Mln to Curb Traffic Owes”），报道称在中国共产党召开的一个重要的会议（北京市委十一届八次全会）上出台了一个规划，这个规划旨在推进北京与河北、天津的一体化进程，要求到2017年有“实质性进展”。规划提出北京将人口限制在2 300万，为此它已宣布将在毗邻城市的通州建立一个新的行政中心，北京市属的行政单位将于2017年整体或部分迁至通州。北京一直致力于解决其“大城市病”，包括交通拥堵和空气污染等，规划旨在通过限制人口增长和向周边地区疏散人口来实现“实质性改变”。这个规划声明，疏解“非首都功能”是京津冀一体化努力推进的目标。

7月14日，菲律宾新闻社发布《北京将与周边城市建立1 000公里的市郊铁路》（“Beijing to Connect Neighboring Cities with 1,000-km Suburban Rail”），报道称北京规划了约1 000公里市郊铁路，用轨道串起京津冀；三地将力争在2017年实现区域公交、地铁“一卡通”互联互通。北京市交通委主任周正宇表示，交通一体化是京津冀协同发展的骨骼系统和先行领域。要着眼于京津冀城市群整体空间布局，适应疏解北京非首都功能和产业升级转移需求。12月，北京要形成与周边的天津和河北相连接的交通基础设施。

7月22日，印报托、菲律宾新闻社等发布《中国谋求2020年北京人口限制在2 300万》（“China Seeks to Cap Beijing Population at 23 Million by 2020”），报道称按照《京津冀协同发展规划纲要》，2020年北京市人口将限制在2 300万，其中城市人口将比2014年下降15%。为此，北京将采取积极措施治疗“大城市病”，当前由于人口的快速增长，北京面临着严峻的环境和资源压力，2014年底，北京常住人口为2 150万，其中1 280万人生活在城六区。

7月25日，菲律宾新闻社发布《北京与邻省交换官员》（“Beijing and

Neighbor Province Exchange Officials"），报道称在京津冀一体化背景下，北京与邻省河北开始一项干部交换项目，这一项目将持续五年，2015 年两地将各有 100 名干部参加交换挂职项目。该项目涉及发改委、交通、环保和科技部门，两地还将交换重要领域的专家。2014 年，北京向河北投资 4 500 亿元人民币。

8 月 24 日，路透社发布《中国首都将更多污染工厂转移至严重污染的河北》（"China Capital to Move More Polluting Industry to Heavily Polluted Hebei"），报道称根据政府信息，中国首都北京将在未来十年，将更多污染企业迁至临近的、已经被雾霾覆盖的河北省，作为地区整合计划的一部分。中国希望打破北京、河北和天津附近的行政壁垒，以解决长期存在的问题，如污染、收入差距扩大和浪费性投资等。污染工厂迁出的计划已经引起了一些关注，北京可能从京外企业降低安全和污染标准中获利。

12 月 1 日，菲律宾新闻社、印报托等发布《40 万人将迁至郊区，助力北京行政中心转移》（"400，000 People to Move to Suburbs Amid Beijing's Administrative Shift"），报道称当天北京市政委员会出台了城市规划，为了"可持续发展"，2017 年北京计划将行政部门迁至郊区的通州，在通州建设新的行政副中心，从市中心驱车 40 分钟可到达。未来大概有 40 万市民将从市中心迁往郊区。这一搬迁将帮助缓和城市发展问题，如放慢人口增长、疏解非首都功能等。这也是京津冀一体化发展的一个部分。

5. 空气污染治理

其一，空气污染的危害。4 月 29 日，美联社、英国《卫报》、半岛电视台网站、《芝加哥论坛报》、《泰晤士报》等多家媒体发布《研究证明，北京空气污染使得新生儿体重下降》（"Air Pollution Causes Low Birth Weight，Beijing Study Shows"），报道称一项关于空气污染使得新生儿体重变得更轻的研究，周二刊发于英国的《环境健康展望》（*Environmental Health Perspectives*）杂志。这项研究调查了 2008 年奥运会前后特别是在政府关停工厂、提高机动车排放标准、引入汽车牌照摇号和汽车牌照尾号限行轮换政策期间，北京出生的83 672个婴儿。根据美国罗切斯特大学健康科学家戴维·里奇（David Rich）的评价，这些研究结果不仅证明空气污染是很多严重的健康问题的诱因之一，而且表明这些现象是可以改变的。

12 月 24 日，《纽约时报》、美联社、路透社、菲律宾新闻社、印报托等发布《更多中国城市发布雾霾红色预警》（"More Chinese Cities Issue Red Alerts for Heavy Smog"），称继北京发布雾霾红色预警之后，天津、河北等多地也发布了雾霾红色预警。经过30年的高速经济增长，中国的空气污染已经臭名远扬。近年来，政府说将努力解决这一问题，公民也越来越意识到它的危险。这次重度雾霾影响了50多个城市。

12月26日，法新社、《马尼拉公报》、菲律宾新闻社、共同社、俄罗斯卫星通讯社等发布《有毒雾霾给北京带来噩梦般的"白色圣诞节"》("Toxic Smog Brings Nightmare 'White Christmas' to Beijing")，报道称周五圣诞节清晨，北京人从梦中醒来，面对没有白雪覆盖的圣诞节。窗外是灰色的厚厚的雾霾，100万北京人被警告留在室内。随着冬季采暖季到来，燃煤使用量上升，北京和周围华北的部分地区始终笼罩在致命的空气污染之中。周五美国驻华使馆的细颗粒物指数高达620微克，而世卫组织公布的健康标准是24小时内最高25微克。社交媒体上的照片显示天空笼罩在白色雾霾之中，政府关闭了高速公路和机场。首都机场500多个国际国内航班由于"大雾弥漫、能见度低"被取消。

12月30日，《洛杉矶时报》发布《厚厚的灰色空气上面是更厚的红胶带：北京学校不愿安装空气净化器激怒了父母》("Thick Gray Air Atop Thicker Red Tape: The Reluctance of Beijing Schools to Install Air Purifiers Has Angered Parents")，报道称这是二合一的打击，第一次是严重雾霾，第二次是官僚主义。12月北京严重的雾霾让人记忆犹新，政府发布两个红色预警，迫使整个城市的学校停课。即使在平常的日子里，城市也被有毒烟雾笼罩。许多公立学校不愿安装空气净化器——许多证据显示空气净化器能够改善空气质量——已经激怒了家长，他们认为中国官僚机构无力应对环境危机的直接影响。一位来自学校管理层的代表在电话里说，教育管理部门不"鼓励"学校接受家长赠送的空气净化器，"我们鼓励学校在重度污染天气时停上户外课程"。专家说，中国的空气污染需要人类付出健康代价。

其二，空气污染情况变化。上半年空气质量有所好转；下半年污染加剧，12月首发红色预警。4月23日，《马尼拉公报》报道《北京政府说今年一季度北京空气污染减轻》("Beijing Gov't Says Air Had Less Pollution in 1st Part of Year")称，北京市政府称，今年一季度北京的空气质量有所好转，与去年同期相比，细颗粒物从每立方米114微克降至92.7微克。但是世界卫生组织的健康标准是细颗粒物值每立方米25微克。7月3日，菲律宾新闻社、美联社等发布《上半年北京的细颗粒物浓度明显降低》("Beijing's PM2.5 Density Markedly Lower in First Half Year")，称根据北京环境监测部门统计，上半年北京的空气质量有显著改善，污染天气减少、蓝天增多。上半年细颗粒物平均为每立方米77.7微克，同比下降15.2%。2014年，北京煤炭消耗量减少了280万吨，2015年3月关闭了2个燃煤发电厂，2015年还将淘汰20万辆汽车、关闭300个严重污染的工厂。

9月8日，《洛杉矶时报》、《基督教科学箴言报》网站发布《"阅兵蓝"变成了灰色；在中国停止污染管制后不超过24小时北京再度蒙上雾霾》（"A 'Military Parade Blue' Sky Turns Gray; Beijing's Smog Cover Returns Less than 24 Hours after China Lifts Pollution Restrictions"）称，近两周北京采取了污染管制政策，分散在7个省份的12 255个燃煤锅炉、工厂和水泥搅拌站被要求停工，政府还要求500万辆机动车单双号限行。在这一政策下，北京有了15个蓝天。而这一政策停止还不到24小时，周五早上，人们发现雾霾又笼罩了北京的天空，留下人们嗟叹为什么雾霾来得这么快。

12月1日，《印度斯坦时报》《加拿大环球邮报》发布《中国提高空气污染警报级别》（"China Boosts Air Pollution Alert Level"），报道称1日北京发布本年度最高空气污染预警，空气污染迅速超出预警水平。据最近一份政府报道所记录的空气污染警报，空气污染对中国的影响比其他地方体验到的更加严重。例如，雾霾已经弥漫中国北方的大部分地区，迫使当局在许多地区把污染警报从黄色升级为橙色，仅次于红色级别。中国的气温上升高于全球平均水平。这份报告预计将在联合国的巴黎气候大会上提交。当天，美国大使馆的细颗粒物值已经超过危险级别，达到600。中国政府公布的细颗粒物值停在500。《印度教徒报》《印度时报》等发布《新德里的空气质量比北京还糟，达到"致命"级别》（"Air Quality in Delhi 'Hazardous', Worse than Beijing"），报道称1日新德里的空气质量比北京还糟。北京发布了橙色预警，警告学生要留在室内，工厂和建筑工地停工。世界卫生组织2014年度分析称，全球20个顶级城市中，空气质量最糟糕的是印度新德里，其污染指数是91.95，而北京是89.09。

12月7日，法新社、俄罗斯卫星通讯社、印报托、共同社、美联社、菲律宾新闻社、《纽约时报》等发布《北京首发空气污染红色预警》（"Beijing Declares First Ever Red Alert for Pollution"）称，7日北京政府将空气污染预警从橙色首次提升为红色，从周二开始，汽车实施单双号限行，30%的政府机动车被封存。高污染的工厂和建筑工地必须停工。中小学、幼儿园被建议停课。北京政府许诺到2030年左右，排放达到峰值，但没有说到达什么程度。这暗示在未来几年里污染还会逐渐加重。《海峡时报》报道《2013年以来北京最严重的空气污染》（"Beijing's Air Pollution the Highest since 2013"）称，空气污染红色预警影响着工厂、建筑工地、学校运作。

12月18日，韩联社、《纽约时报》、共同社、菲律宾新闻社、印报托、俄罗斯卫星通讯社、法新社、半岛电视台英文网站、《华尔街日报》等报道《北京发布第二个雾霾红色预警》（“Beijing Issues 2nd Smog Red Alert”）称，北京发布第二个空气污染红色预警，警告人们待在室内。政府预测说，这次空气污染比 12 月 6 日至 9 日的还要严重。

12 月 21 日，《卫报》发布《卫报评价北京雾霾警报：治标不治本》（“The Guardian View on Beijing's Smog Alert：Dealing with the Symptom Not the Cause”），报道称三周之前，北京发布了最高级别的空气污染警报。现在第二个红色预警预计将持续至 22 日，由此使一些车辆停驶、工厂停工、公立学校停课。实质上北京污染一直很严重，这与政府发布警报与否没什么关系。政府先前与现在的这种不一致和逃避激怒了普通中国人，新的红色预警目的可能在于消除公众对于政府努力改变雾霾的不信任，但是目前采取的措施对于空气质量改善作用并不大，而政府发布信息是意识到它过去一贯否认的做法需要改变了。中国的经济放缓已经使得污染减少，煤炭消费量已经削减。但是政府处于困境之中，保持经济增长而导致的污染会损害寿命。

12 月 29 日，法新社发布《北京污染飙升但是没有红色预警》（“Beijing Pollution Soars but No Red Alert”），报道称当天北京的空气污染至少有 20 次超过警戒界限，但是政府就是没有发布红色预警。美国大使馆发布的细颗粒物指数已经达到 529，中国气象局只发布了黄色预警——在四级污染警报中是第二低的预警。中国崛起为世界第二大经济体，很大程度上受益于使用廉价的、高污染的煤炭。即使经济增长速度放缓，这个国家也很难摆脱化石燃料，正是它造成了对环境的污染。

其三，治理空气污染的措施。外媒报道主要分为三类：第一类措施是关停燃煤电厂。3 月 28 日，《纽约时报》、印报托、路透社等发布《北京努力减少煤炭燃烧已见成效》（“Beijing's Effort to Reduce Coal Burning Shows Results”），称据新华社报道，作为治理空气污染的重要措施，北京已经关闭了四分之三的燃煤电厂，最后一家燃煤电厂也将于 2016 年关闭。按照 2013—2017 年清洁空气行动计划，2017 年北京市燃煤使用量应降至 1 000 万吨，四年要减少 1 300 万吨。2014 年北京细颗粒物的平均值是 85.9，2017 年的目标是降到 60。在中国城市环境保护监测部门监测的 74 个城市中，2014 年只有 8 个城市达到雾霾标准，其中表现最差的 10 个城市中有 7 个隶属于环绕北京的河北省。7 月 2 日，《基督教科学箴言报》网站发布《更蓝的天空？北京加快步伐切断对燃煤的依赖》（“Bluer skies? Beijing Picks Up Pace in Cutting Dependency on Coal”），报道称对于今天北京高碑店的居民来说，蓝天就是一个惊喜。高碑店是北京郊外农民工的聚集地，它坐落于一个有着巨大烟囱和冷却塔的 845 兆瓦火力发电厂旁边，是中国首都最后一家燃煤发电厂。玩耍的孩子们和晾晒衣物的妇女们身后，滚滚浓烟形成了一个朦胧的背景。中国 66%的能源来自燃煤，但是 2016 年北京将关闭这个电厂，它将成为中国轻率使用能源换取经济快速增长的一个遗迹。高碑店的工厂正在计划使用天然气作为能源。北京想更多地使用“非化石燃料”——如可再生能源和核能能源，2030 年这类燃料将达到能源结构的 20%。中国已经成为世界上最大的绿色能源投资者，2014 年它的支出超过 900 亿元人民币。12 月 30 日，菲律宾新闻社发布《北京在核心区域逐步淘汰燃煤采暖》（“Beijing Phases Out Coal-fired Heating in Core Areas”），报道称北京的西城区和东城区逐步淘汰燃煤取暖炉，超过 2.99 万户家庭配备了电加热器。北京环保局表示，自 2000 年首都推出了煤炭电力改造工程，这两个区共有 30.8 万户家庭已转用电加热器，核心区域的 9 个煤炭销售点 2015 年也关门了。北京还将致力于减少郊区煤炭使用，在那里每年家庭消耗的煤炭约 130 万吨。2016 年，北京计划城乡交界地区减少 50 万吨煤炭消耗量；2020 年，城六区取消煤炭使用，关闭全市所有燃煤锅炉。

第二类措施是关闭污染企业。7 月 18 日，菲律宾新闻社发布《北京关闭了 185 家企业以清除污染来源》（“Beijing Closes 185 Firms in Anti-Pollution Drive”），报道称根据政府信息，2015 年上半年北京关闭了 185 家污染企业，政府希望到年底关闭或搬迁 300 家污染企业。为了治疗“大城市病”，包括环境污染和交通拥堵，北京已关闭 60 个低级的批发市场，升级 10 个市场。到 2015 年底，北京将搬迁 8 500 个批发和零售展位。8 月 25 日，印报托发布《北京关闭污染企业后空气质量得到改善》（“Beijing Improves Air Quality after Shutting Polluting Units”），报道称在首都道路上的车辆减少了一半、工业生产暂停之后，北京人在过去五天里已经呼吸了“优质”的空气。北京市环保监测中心负责人张大伟说，8 月 20—24 日，细颗粒物的平均密度只有每立方米 19.5 毫克，五天来细颗粒物监测达到最低纪录。12 月 22 日，《马尼拉公报》发布《北京雾霾继续，数以千计的工厂减产》（“Thousands of Plants Cut Production as Beijing Smog Persists”），称北京连续三天被有毒的雾霾笼罩。作为其雾霾红色预警措施的一部分，北京下令 2 100 家工厂暂停或减少生产以应对雾霾。12 月 7 日，北京发布首个红色预警，这是政府在 12 月初城市突发令人窒息的严重环境污染后应对措施软弱而遭受公众严厉批评后，采取的重要措施。根据北京环保部门的报告，采取工厂停工或减产措施后，细颗粒物值下降了 30%。

第三类措施是关于汽车方面的。7 月 7 日，菲律宾新闻社、印报托等发布《北京升级柴油公交车以减少空气污染》（“Beijing Upgrades Diesel Buses to

Cut Air Pollution”)，报道称北京完成 8 800 余辆柴油公交车改造。通过这次改造，北京市预计每年将减少氮氧化物排放 2 800 吨。北京市 22 000 余辆公交车中，有 12 000 余辆是柴油车。8 月 3 日，路透社发布《北京限制汽车、工厂以保证抗战胜利 70 周年庆典的蓝天》(“Beijing to Limit Cars，Factories to Ensure Clean Air for War Anniversary”)，报道称根据《人民日报》微博，从 8 月 20 日至 9 月 3 日，北京市将依据车牌号减少街道上一半的车辆数目。12 月 10 日，路透社发布《在浓雾缭绕的中国，司机们中意电动汽车》(“In Smog-Choked China，Drivers Check Out Electric Cars”)，称大雾笼罩北京，刚刚起步的电动汽车市场颇显优势。一些经销商说全电动车只占汽车市场的十分之一。周一，北京发出了红色预警，采取一系列防控雾霾的措施，包括限制传统的燃油动力汽车和混合动力汽车。但是所有的纯电动汽车可在首都任何时间里行驶。电动汽车具有吸引力，还在于政府的补贴。在 2015 年头 10 个月，中国有望超过美国成为世界上最大的电动汽车市场。

12 月 7 日，英国《独立报》发布《在刺鼻的雾霾笼罩下北京认识到气候变化的危机》(“Blanketed in Acrid Smog，Beijing Is Waking Up to the Crisis of Climate Change”)，报道称雾霾笼罩京城，政府建议孩子待在室内，人们戴上口罩，社交媒体上充斥着灰蒙蒙的照片和抱怨之声。中国政府已经意识到应对气候变化的重要性。巴黎气候大会前发表的《第三次气候变化国家评估报告》对中国环境安全面临的风险提出了警告。英国《自然·气候变化》月刊发表的一份报告将中国五分之一到三分之一的排放归咎于出口型制造业。上周中国政府说，它计划在未来两年内开始向污染环境的企业和个人索赔。

6. 重大活动或事件

其一，2015 年国际马铃薯大会。7 月 20 日，菲律宾新闻社发布《国际会议将增加马铃薯生产》(“Int'l Conference to Boost Potato Production”)，报道称 2015 年国际马铃薯大会将于 7 月下旬在北京延庆举行，会议持续 3 天，将于 7 月 28 日结束。来自 37 个国家的 855 名代表参会，全球技术和市场专家将汇聚一堂，这一会议在过去三年里已经在多个国家举办了 8 次。7 月 28 日，菲律宾新闻社、印报托发布《国际马铃薯研究中心亚太中心在北京成立》(“Int'l Potato Research Center Established in Beijing”)，报道称在国际马铃薯大会上，成立了国际马铃薯研究中心亚太中心（CCCAP)，它致力于提升马铃薯研究和生产推广。中国为了应对耕地的逐渐减少、加强食品安全，提高了马铃薯种植面积，使之成为继水稻、小麦和玉米之外的第四主粮。据农业部 1 月的预测，从现在起至 2020 年中国每年将比 2010 年多消耗 500 亿公斤粮食，在耕地短缺的情况下，小麦和水稻产量很难提高，而马铃薯相对容易。中国现在是最大的马铃薯生产和消费国。

其二，金砖国家媒体峰会。12月1日，俄塔社发布《首届金砖国家媒介峰会在北京开幕》（"1st BRICS Media Forum Opens in Beijing"），报道称来自金砖五国媒体机构的负责人将聚首北京，出席于12月1日举行的首届金砖国家媒体峰会。这一金砖国家主流媒体高端对话交流平台和高效协调机制的建立，将推动五国媒体业的创新发展。金砖国家媒体峰会由新华社倡议并联合巴西国家传播公司、今日俄罗斯国际通讯社、《印度教徒报》、南非独立传媒集团共同发起。12月2日，菲律宾新闻社发布《印度媒体盛赞北京举办的金砖五国媒体峰会》（"Indian Media Praise Success of BRICS Media Summit in Beijing"），称《印度斯坦时报》这份英文日报评价金砖国家媒体峰会达成了一种共识，即如何强化其作用，带来更好的国际经济治理，应对恐怖主义和气候变化等全球性挑战。会议结束时发表的《北京共识》，呼吁集中整合传统媒体和新媒体，为金砖国家新闻业的发展建立一个体制化的机构组织。

其三，南水北调输水进展。12月4日，菲律宾新闻社报道《南水北调的8亿立方米水注入北京》（"800 Million Cubic Meters South—North Water Delivered to Beijing"）称，北京市政府宣布，截至12月3日，南水北调已向北京输水8.12亿立方米；截至2015年底，将有8.8亿立方米的水注入北京。南水北调中线工程主要为首都北京提供水源，它始于湖北的丹江口水库，横跨河南、河北两省到达北京和天津，自2014年12月12日开始供水，将泽被沿线的3 400万居民。12月7日，菲律宾新闻社报道《北京现实地下水水位下降缓慢》（"Beijing Sees Slower Decline of Underground Water Level"）称，得益于南水北调工程，北京的地下水水位下降情况得以显著改善。截至11月，北京利用地下水同比减少9 500万立方米。2015年10月地下水水位比2013年降低0.33米，而2014年10月地下水水位比2013年降低了1.15米。

7. 社会安全问题

打击犯罪方面的报道。如7月25日，菲律宾新闻社发布《北京破获贩毒团伙》（"Drug Gang Cracked in Beijing"），报道称根据北京警方消息，一个北京贩毒团伙被抓捕，警方拘留了20名犯罪嫌疑人。警方称犯罪团伙定期到四川购买冰毒回京贩卖，并且在北京建立了一个广泛的销售网络。早在4月警方就开始调查这个犯罪团伙，5月这个团伙的头目死亡，他的女友继续控制这个团伙，7月11日警方抓获整个贩毒团伙，并缴获毒品4.2公斤。7月27日，路透社发布《北京警方关闭假冒苹果手机制造机构》（"Beijing Police

Shut Down Massive iPhone Counterfeiting Operation”)，报道称近日北京警方破获一个组装、翻新苹果手机的工厂，查扣假冒苹果手机4.1万余台，涉案金额超过1.2亿人民币。警方逮捕了9人，其中包括一对夫妻。这是近年来北京警方破获的案值最大的跨境假冒注册商标案。苹果手机是中国最流行的手机品牌之一，近年来政府已经加大力量打击假冒产品以维护国家声誉。官方已采取更严厉的行动来保护知识产权，推动企业申请商标、专利并打击假货。

公众人身安全方面的报道。如5月2日，印报托、菲律宾新闻社报道《24名登山者被困北京，后获救》(“24 Climbers Trapped on Mountain in Beijing Rescued”)称，据北京消防部门说，2日有24名登山者被困在北京西北郊区的凤凰岭景区，他们迷了路。消防员接获报警信息后，迅速赶去，救出了22名学生和2名教师。8月4日，美联社、半岛电视台网站等发布《中国警察在公共厕所的管道里救起新生女婴》(“Chinese Police Save Infant Girl from Pipe in Public Toilet”)，报道称，根据4日警察和媒体报道，北京警察发现一名出生不久的女婴被遗弃在公共厕所下水道内，警察钱峰把婴儿救出后送往医院。女婴目前身体状况比较平稳。2013年在浙江也曾出现一起新生儿被遗弃于公共厕所事件。12月7日，印报托发布《在北京天然气爆炸案中3人受伤》(“Three Injured in Gas Explosion in Beijing”)，称石景山居民小区家中发生天然气爆炸，3人受伤，无生命危险。

公共安全方面的报道。如7月5日，法新社发布《北京警方拘留在互联网上传播因股票自杀谣言的男子》(“Beijing Police Detain Man over Internet Stock Suicide Rumour”)，报道称北京警方透露，7月3日在网上发布“有人因股票大跌在北京金融街跳楼”这一虚假信息的田某，被警方依法行政拘留5日。现年29岁的田某是北京某科技有限公司项目经理。7月20日，美联社、菲律宾新闻社、《华尔街日报》等发布《北京警方拘留在网上传播不雅视频者4人》(“Beijing Police Detain 4 for Sex Video That Spread Online”)，报道称根据北京警方的消息，7月14日晚间，一对青年男女在优衣库试衣间内进行性爱行为的不雅视频在网上广为流传。来自中国黑龙江省的19岁的孙某某将淫秽视频上传微博，涉嫌传播淫秽物品罪被依法刑事拘留，另外3人因传播淫秽信息被依法行政拘留。8月3日，菲律宾新闻社发布《北京警方破获假政府招聘》(“Beijing Police Bust Fake Government Recruiters”)，报道称北京警方近期破获一个诈骗团伙，3名团伙成员冒充“中国内外经济发展工作委员会”负责人，以帮助在中央单位找正式工作并解决北京户口名义，诈骗了30余名来京求职人员，骗取现金近60万元。8月13日，路透社、《卫报》、美联社、《纽约时报》、《泰晤士报》等发布《持刀袭击者在北京高级购物中心刺死一名女士》（“Knife Attacker Kills Woman in Prime Beijing Shopping Complex”），报道称根据社交媒体和北京市公安部门信息，一名持刀男子在北京繁华的购物中心著名品牌优衣库专卖店门口，将一名法国男子和一名中国女子扎伤，两名伤者均被送往医院，其中女子已死亡。犯罪嫌疑人为一名25岁的吉林人。中国政府越来越担心持刀和其他暴力袭击，过去刀具销售在某些地区是受限制的。9月8日，路透社发布《新华社消息：北京警方射击持刀攻击者》（“Beijing Police Shoot Suspect in Knife Attack—Xinhua”），报道称，根据新华社消息，一名男子手持菜刀，砍死一人，砍伤多人。警方在拘捕时，遭到抗拒，遂击倒这名男子并逮捕了他。这名男子29岁，来自中国黑龙江。事件发生在北京朝阳区，事件原因正在调查中。

施工安全方面的报道。如12月21日，美联社、印报托等发布《在北京清华附中建筑工地死亡事故中14人被判处监禁》（“14 Jailed for Deadly Scaffold Collapse at Beijing School”），称备受关注的“清华附中工地脚手架坍塌案”宣判，14名建筑公司和监管公司管理人员分别被判处3～6年徒刑。2014年12月29日早，清华附中体育馆及宿舍楼建筑工程工地内，脚手架整体发生坍塌，导致10名工人死亡，4人受伤。

暴恐袭击方面的报道。如12月25日，《马尼拉公报》、俄罗斯卫星通讯社、《芝加哥论坛报》、《纽约时报》、《洛杉矶时报》、《华尔街日报》等发布《驻华使馆受到威胁警告，北京加强安保》（“Beijing Tightens Security as Embassies Warn of Threats”），称美、英、法和其他国家驻华使馆人员说，他们收到信息称恐怖分子将于圣诞节对三里屯地区的外国人发动恐怖袭击，使馆敦促其公民保持警惕。为此，北京警方在圣诞节前夕就对深受外国人喜爱的酒吧和购物区加强了安保。24日，北京警方宣称，他们在圣诞节期间发布了黄色安全警报。

8. 城市文化

6月2日，菲律宾新闻社发布《北京故宫每天接待8万游客》（“Beijing's Forbidden City to Cap Visitors at 80,000 Daily”），报道称自6月13日起，北京故宫将实行每天限流8万人的政策。故宫于1420年建成，是北京最尊贵的地标性建筑，每年吸引着1 500万名游客。新规定要求游客用身份证、护照或其他有价值的身份证件购票，或者进行在线预约。

7月2日，《泰晤士报》发布《村民偷盗长城砖，一块又一块》（“Villagers Steal Great Wall, Brick by Brick”），报道称由于人为破坏和自然侵蚀，建于两千多年前的、用于防御的秦长城已经消失 30%。《京华时报》引用一项关于长城的社会调查说，风雨和植物加快了长城的毁坏，还有村民偷盗长城砖作为建筑材料。现在一个新的威胁又出现了，即中国中产阶层的都市人开始探索“野长城”，即那些绝大部分未修补的长城。游客们争先恐后地攀爬，可能会加速其毁坏。长城不仅是游客最喜爱的中国旅游地，而且是北京实力的象征。它既见于官员的徽章之上，也用于许多供销售的产品中，从汽车到酒。但是它受到的保护并不充分，并没有一个专门机构来监督它的保护情况。中国长城学会副会长董耀会表示，长城是世界上规模最大的单体线性文化遗产，绝大部分处在野外，不可能像其他文物那样收藏起来，对它的保护，单靠文物部门是不行的。一个县可能有 100 多里长城，但是只有一个管理文化遗址的官员。董耀会指出，真正的砖石结构长城大部分分布在河北和北京境内，即使这些长城是砖石结构，也经不住常年的风吹雨打，不少城楼已经摇摇欲坠，一场夏季暴雨就可能将其冲塌。对于这些即将坍塌的危楼，政府要尽快普查，修缮越早，消失得就越少。

9 月 21 日，《泰晤士报》报道《他们将给英伦泰迪熊小镇带来巨大惊喜，北京》（“They're in for a Big Surprise at Teddy Town，Beijing”）称，一家中国开发商及其英国合作伙伴正在北京南郊修建一处泰迪熊主题度假区，因为中国人对英国文化和历史人物变得越来越着迷。“大不列颠泰迪熊小镇”计划 2016 年夏天对外开放，该项目瞄准的是越来越庞大的中国中产阶层，以及他们对英国的浓厚兴趣。现在，中国人对本尼迪克特·康伯巴奇、大卫·贝克汉姆和英国“米字旗”都很熟悉。度假区项目将耗资 2 000 万英镑（约合 1.98 亿元人民币），包含泰迪熊和其他英国文化元素，比如英国王室、罗宾汉、福尔摩斯和莎士比亚。英国大不列颠泰迪熊公司创始人保罗·杰瑟普预计，度假区每年能吸引约 25 万名游客。中国天友集团已经从大不列颠泰迪熊公司获得了泰迪熊的名字使用权。度假区内的博物馆将展示英国文化。度假区将聘请 200 名英国雇员担任文化使者，其中多为会说汉语的英国学生。

10 月 1 日，菲律宾新闻社发布《国庆节当天，北京迎接 115 万游客》（“Beijing Welcomes 1.15-M Tourists on National Day”），报道称在新中国成立 66 周年纪念日，北京的主要旅游景点迎接了 115 万名游客，故宫限流接受 8 万名游客，下午 1 点钟就停止现场售票。天坛游客达到 5.8 万人，八达岭长城游客达到 2.5 万人，是上年同期的 191%和 40%。

9. 交通

航空公司方面。如 7 月 3 日，菲律宾新闻社发布《中国国航开通北京至函馆航班》（“Air China Launches Beijing-Hakodate Flight”），报道称为了满足日益上升的中国游客需求，中国国航每周一和周五将开行北京至函馆的航班。旅游业是曲折的中日关系中一个积极的领域，2014年240多万名中国游客到访日本。8月20日，《印度时报》报道《中国国航将于10月推出北京至孟买直飞航班》（“Air China to Launch Non-Stop Mumbai-Beijing-Mumbai Flight from October”）称，10月25日国航将推出北京至孟买的直飞航班，新航班计划每周开行4次。航空公司称：“过去两年里，从孟买到中国的旅行人数呈现明显增长。印度是世界上最重要的新兴国家之一，到2023年该国国民生产总值预计将成为世界第二。”

交通安全方面。如7月5日，菲律宾新闻社报道《北京汽车事故，5人丧生》（“Beijing Car Accident Kills 5”）称，根据北京警方消息，上午6时20分房山区发生车祸，两车相撞，4人当场死亡，1人在送往医院后死亡。12月24日，印报托发布《北京工人体育馆撞死3人的司机被判死刑》（“Death Sentence for Driver Who Killed 3 at Beijing Stadium”），报道称24日北京市第三中级人民法院宣判，金复生因驾驶汽车撞死3名行人，致9人受伤，判处死刑，剥夺政治权利终身。2014年12月，金复生与北京三里屯经济管理中心产生纠纷，因此开车撞人以图报复。

治理交通拥堵。如7月15日，菲律宾新闻社发布《北京关闭121个市场以缓解交通拥堵》（“Beijing Closes 121 Markets to Ease Congestion”），报道称2014年上半年北京的121个市场被关闭，它们主要是小型市场，此举旨在缓解交通拥堵。这些小型市场中的一半多处于市中心，它们吸引的顾客容易导致交通拥堵。北京市统计局调查结果显示，这些小型市场占地约115万平方米，占全市市场总面积的8.2%。北京统计局认为，搬迁小型市场已被证明能高效地改善郊区环境并缓解交通压力。12月8日，法新社发布《雾霾警报对北京交通拥堵提出严厉批评》（“Beijing Traffic Slashed in Smog Alert”），称上周北京严重雾霾环保部门只发布橙色预警，因此受到公众强烈批评。直到红色预警发布后，北京实施机动车单双号限行，交通拥堵缓解，空气质量好转。

10. 政府管理

文化产业管理方面：其一，1月14日，《纽约时报》发布《北京关闭紫禁城附近寺庙里的私人会所》（“Beijing Shuts Down Private Club in Temples Near Forbidden City”），报道称根据新华社报道，北京关闭了紫禁城附近嵩祝寺及智珠寺内的高级会所，这两个高级会所没有许可证或政府的审批。北京有些高级会所，往往存在于以“寺”“庙”等冠名的文物古迹中，这些古迹大多具有悠久历史和文化价值，它们却变身为对少数人开放的高档消费场所。投资者认为被停业是不公平的，“我们通过多年努力来恢复这个地方的原貌，包括建筑细节等等，我们希望游客把来到这里视为一次重要的文化体验，就像游览雍和宫一样”。2014 年，政府禁止在公园和历史建筑中开设私人会所，这是全面打击腐败工作的一个部分。其二，7 月 15 日，菲律宾新闻社发布《北京设立互联网纠纷调解员》（“Beijing Sets Up Internet Dispute Mediator”），报道称中国首个互联网纠纷人民调解委员会在北京市成立，15 名互联网纠纷人民调解员包括专家学者、退休法制部门官员、法官、职业律师。在互联网纠纷事件送交法庭之前，这 15 名调解员可以进行调解。这是持续三年之久的奇虎 360 和腾讯两败俱伤的官司之后，中国出台的新措施。其三，8 月 17 日，《泰晤士报》发布《在工厂爆炸悲剧后北京制裁互联网》（“Beijing Web Crackdown after Factory Blast Tragedy”），报道称在天津港爆炸事件发生后，16 日晚上，北京警方查禁了 50 家“传播谣言”的网站。官方声明说，有 112 人在上周三天津港的两次大爆炸中丧生，另有 95 人失踪，其中包括 85 名消防战士。一些网站被关掉了，它们声称死亡人数至少 1 000 人。一些人声称购物中心被抢劫了，天津市领导层发生变动。有个人散布谣言说 1 300 人死亡，他被判处拘留 5 天。有个 19 岁的女人，在社交媒体上说他父亲在爆炸案中去世后收到 10 万元捐款，然后她被逮捕了。习主席承认，爆炸暴露了工业区的安全漏洞，并为此付出了“血的代价”。其四，12 月 21 日，《华尔街日报》发布《中国限制精英教育项目：北京试图削减西方影响并弥合质量上扩大的鸿沟》（“China Curbs Elite Education Programs: Beijing Tries to Chill Western Influence and Close a Growing Gap in Quality”），称中国正在收紧帮助学生赴美或海外其他地方就学的项目，最新迹象表明北京担心西方价值观在其教育体系中的传播。居于北京市中心的北京四中，与其他中国学校一样，设立有旨在帮助学生毕业后出国深造的国际项目。但是最近政府要求四中的国际部迁往郊区，学校同意 2016 年搬迁并提高学费，这两项改变可能减弱学校对学生的吸引力。四中国际校区校长石国鹏说：“一些政府官员不喜欢看到太多学生到国外读书。”在过去十年里，这类项目繁荣发展，得力于中国教育部鼓励培养学生的国际竞争能力，但是现在想法改变了，教育部担心中国教育被西方方式所败坏。长期来看，北京正在努力改善自己的教育制度，让更多学生在国内学习，并从国外吸引学生。近年来，北京向高校投入数十亿美元促其发展。

公共管理方面：其一，1 月 14 日，菲律宾新闻社发布《北京取消出租车燃油附加费》（“Beijing to Scrap Taxi Fuel Surcharge”），报道称北京市发改委在最近一次油价下调后宣布，北京决定取消出租车燃油附加费。从 15 日开始，乘客不用为每次乘车支付 1 元的燃油附加费。1 月 8 日至 9 日，一些聚集在汽车站、火车站和机场的出租车司机，拒载乘客，并通过 App 或网络平台呼吁其他司机加入他们的行列。很多司机一直呼吁增加起步价、降低特许经营费。其二，4 月 25 日，菲律宾新闻社发布《2015 年北京将实施海外游客离境退税政策》（“Beijing to Launch Tax Refund Scheme in 2015”），报道称，北京市将实施境外旅客在离境时，对其在退税商店购买的退税物品退还增值税的政策。此举将刺激外国游客在京的消费。北京市副市长程红说，北京市旅游发展委员会正在讨论研究退税细节，将于 2015 年实施这一政策。其三，4 月 30 日，美联社报道《北京取消各类节日、大型聚会》（“Festivals, Large Gatherings Canceled in Beijing”）称，春天的北京常常吸引了熙熙攘攘的人群，在雾霾和柳絮中，摇滚音乐节、美食节等相继举办。但是 2015 年，北京警方已经取消了世界地球日活动、重金属乐队的演出，政府担心举办大型聚会可能承担政治风险。在新年前夕，上海出现了造成 36 人死亡的外滩踩踏事故。北京也加强了对独立民间团体、非政府组织，乃至大学教授们组织的各类活动的审查。其四，5 月 2 日，印报托报道《北京允许盲人携带导盲犬乘坐地铁》（“Beijing Allows Blind Passengers to Take Guide Dogs on Subway”）称，从 5 月 1 日开始，北京允许视障人士带导盲犬乘坐地铁，以此为盲人提供更多便利。导盲犬在中国是很罕见的，这个国家有 1 670 万名视障人士，却只有 70 条导盲犬，动物往往被拒绝进入公共交通。在早晚高峰时间地铁是非常拥挤的，对于盲人乘客来说，与他们的导盲犬一起乘坐地铁是个挑战。据新华社报道，政府的这一举措获得广泛的赞誉。其五，7 月 9 日，菲律宾新闻社发布《北京“禁烟令”令人满意》（“Beijing Smoking Ban ‘Satisfactory’”），报道引用北京控烟协会主任刘辉的话说，由于稳定的媒体覆盖和公众参与，6 月推出的“禁烟令”令人满意。“禁烟令”在执行过程中也出现了少量问题，如难以在移民人口、办公大楼和老年社区内执行，资金和人员不足等。7 月 10 日，菲律宾新闻社发布《调查显示超过一半的吸烟者想戒烟了》（“More than Half of Beijing Smokers Want to Quit: Poll”），报道称根据中国疾控中心于 7 月 1 日至 9 日的调查显示，55.8%的吸烟者想要结束吸烟这种不良习惯；调查中 84.8%的不吸烟者说他们很乐意帮助家人和朋友戒烟。其六，7 月 14 日，印报托、菲律宾新闻社等发布《北京超过 42 000 对夫妇申请二孩》（“Over 42,000 Couples in Beijing Apply to Have Second Child”），报道称自从 2014 年一对夫妻只生一个孩子政策改变之后，据北京市卫计委声称，截至 5 月底，有42 075对夫妇申请生育二孩，已有 38 798 对获得批准。在获得批准的夫妻中，57%的夫妇是在 31～35 岁之间。这一生育政策的调整是在

2013年，规定称夫妻是独生子女者可以生育第二个孩子。这一政策的真正执行始于2014年上半年。其七，8月3日，印报托、《印度时报》、菲律宾新闻社发布《北京首个私人心理诊所开张》（"Beijing Opens First-Ever Private Mental Health Clinic"）称，北京第一个私人心理医院启动，这是中国政府开放其医疗部门的新改革之一，报道称这打破了中国国有医院垄断。医院采用网络在线和当面医疗两种形式。根据2014年底的官方报告，中国大约有430万名严重的心理疾病患者。其八，8月29日，菲律宾新闻社发布《北京警方向告密者支付百万元》（"Beijing Police Paying Informants Millions"），称北京警方2015年耗资200万元人民币奖励告密者。新闻发言人说，有1 700人获得现金奖励。在西城区，警方得到720多条信息，帮助警方破获270多起犯罪案件，拘留340多人。在东城区，警方根据群众举报信息，质询或拘留1 000多人。其九，12月15日，《华尔街日报》《纽约时报》《洛杉矶时报》等多家媒体报道《谷开来减刑——在判处死缓之后北京法院依据薄熙来妻子的良好表现》（"Gu Kailai Sentence Cut to Life in Prison—Beijing Court Cites Good Behavior by Wife of Bo Xilai after Her Murder Conviction"）称，根据北京市高级法院消息，2012年8月谷开来因犯故意杀人罪，被判处死刑，缓期2年执行，剥夺政治权利终身。在服刑期间无故意犯罪，因此将其刑期减为无期徒刑，附加刑剥夺政治权利终身不变。与此同时，北京另外一个法庭建议著名商人黄光裕减刑1年。此人2010年因腐败案入狱，被判处14年监禁，2012年曾减刑10个月。

城市管理方面：其一，4月22日，菲律宾新闻社发布《北京、阿里巴巴签署智慧城市建设协议》（"Beijing, Alibaba Sign Deal for Smart City Initiatives"），报道称22日北京与互联网巨头阿里巴巴签署协议，共同开发智慧城市移动公共服务在线。与阿里巴巴首批签约的12个城市包括北京、上海、广州和深圳等。阿里巴巴希望，2016年与50个城市签署协议建设智慧城市。智慧城市项目将让人们利用微博应用程序在手机上获得公共服务。其二，7月23日，美联社、《纽约时报》、《英国卫报》、《多伦多星报》等发布《半裸的"斯巴达勇士"吸引了北京警察》（"Half-Naked 'Spartans' Attract Attention of Beijing Police"），报道称22日中午在北京的CBD商圈和高档购物区，大概40个金色或棕色头发的男子，穿着青铜短裤、护臂和护腿，身披斯巴达风格的披风，引起一阵轰动。这是一个甜品沙拉店的宣传噱头，他们被警察制服并按倒在地的照片在社交媒体上广为流传。这些赤裸上身的男人吸引了大批人围观和拍照。在24日的一份声明中，警察说他们不得不控制一些"只穿短裤的外国人"，以恢复公共秩序。其三，8月26日，共同社报道《松下关闭北京的电池工厂》（“Panasonic to Shut Down Battery Factory in Beijing”）称，松下公司拟关闭为笔记本电脑及智能手机生产锂离子电池的北京工厂，准备在 8 月内结束生产，并解雇工厂约 1 300 名员工。由于民用电池消费领域竞争愈加激烈，松下已经逐步向商用领域转型。其四，12 月 17 日，《国际先驱论坛报》发布《北京的公厕走向现代》（“Public Toilets Go Modern in Beijing”），报道称北京房山区的广场出现了这样一种厕所：有个人电视，覆盖 Wi-Fi，摆着 ATM 机，可以自助缴费，可以给手机充电，可以在门口找到电动汽车充电桩，甚至还能在这里量血压、测心率、进行尿检等。北京的公厕除了解决“内急”外，还将兼具多种不同的功能。一些居民担心这样的新厕所普及后，电视和 Wi-Fi 的存在可能鼓励如厕者逗留太久。近几年，中国大大改善其厕所设施，根据世界卫生组织的数据，从 1990—2010 年中国已改善了 5.93 亿人的如厕条件。但是在贫困地区，迫在眉睫的挑战是还有 1 400 万人仍在露天排便。其五，12 月 28 日，菲律宾新闻社、路透社、印报托等发布《北京限制天然气供给以应对暂时的天然气短缺》（“Beijing Limits Natural Gas Supply Due to Temporary Shortage”），报道称根据北京市市政市容委消息，中石油装运进口液化天然气船因为大雾无法卸货，造成华北地区天然气短缺。北京采取燃气供热临时限制措施，严格控制公共建筑室内温度，暂停供应各工业企业生产用天然气。

11. 流行病

1 月 28 日，菲律宾新闻社发布《北京报告麻疹爆发》（“Beijing Reports Measles Outbreak”），称根据北京疾控中心 27 日晚发布的通报，1 月 22 日至 26 日，东城区疾控中心报告在朝阳门繁华的商业地段，一幢写字楼内有 23 人感染了麻疹，麻疹在北京市中心爆发。医务人员已经隔离了病人，对写字楼进行了消毒，并为写字楼里 3 462 人接种了疫苗。疾控中心警告，麻疹爆发将很快达到峰值，从 1 月 1 日至 21 日，北京共报告 68 例病例，是 2014 年同期 28 例的两倍多。

三、2015 年度国外主流媒体关于北京报道的特点与规律

2015 年国外主流媒体关于北京的报道量比 2010 年同期增多，报道总体态

势活跃，涉及主题广泛，倾向鲜明。报道涉及最多的是北京政府管理、社会安全方面。

1. 外媒对两项重大活动的态度鲜明

2015 年最重要的两大事件是北京申办 2022 年冬奥会和“9·3”庆祝抗日战争胜利暨世界反法西斯战争胜利 70 周年阅兵。在当前国际社会对中国崛起持负面态度的舆论环境下，这两大事件自然是外媒集中报道的。总的来看，对北京申办 2022 年冬奥会的报道，外媒比较客观，既突出了北京申办中的劣势（缺少冬季运动传统、降雪较少、近年亚洲已经有两国主办奥运会），也承认北京 2008 年夏奥会的巨大成功及其丰富经验（不仅主办过夏奥会、残奥会，还主办过青奥会）。在中国获得 2022 年冬奥会主办权后，外媒也及时予以报道，强调北京成为世界上首个既举办冬奥会又举办夏奥会的城市。对于“9·3”阅兵，在阅兵前，外媒报道的焦点来源于国内媒体关于军队通过猴子和猎鹰驱赶飞鸟，以保证阅兵飞行安全，报道手法漫画化。在阅兵日当天，报道焦点是中国裁军 30 万。阅兵日后，报道焦点转向中国阅兵的效果分析。9 月 4 日，美国《华尔街日报》等媒体明确提出，中国阅兵是“秀”肌肉，客观上试出了中国与世界各国的关系（“China Flexes Military Muscle in Parade”）。9 月 4 日，俄罗斯卫星通讯社引用受邀参加阅兵的牛津大学中国历史和政治教授 Rana Mitter 的话说，尽管中国经济增速放缓以及地区局势紧张，中国裁军证明它致力于和平，应该允许中国展示自己新的光芒（“China Military Cuts Demonstrate Commitment to Peace”）。上述两家媒体的论调，代表了外媒对“9·3”阅兵的基本态度。外媒报道从某些角度折射了中国在国际社会的处境。

2. 世界田径世锦赛对北京意义非凡

作为与奥运会、世界杯足球赛齐名的世界三大体育赛事之一，田径世锦赛有着巨大的影响力，它是中国进行对外交流展示的平台和窗口。北京承办这一赛事，是后奥运时代北京对体育文化的又一次传承和推广，体育文化必须走入民间才能生根发芽，而田径运动在国内有着深厚的群众基础。世锦赛期间，观众们不仅欣赏了高水平的比赛，还有机会亲身参与其中，这进一步推动了田径运动和田径文化的普及。

3. 外媒赞赏北京应对空气污染的做法

美联社、《纽约时报》等美国媒体（“Beijing and Delhi：2 Cities and 2

Ways of Dealing with Smog"，12月12日）与印度媒体（"Beijing Better than Delhi：Only 7 Days of Good Air in National Capital in 2 Years"，4月22日；"If Delhi Was Beijing，It Would Shut 29 of 30 Days"，12月11日；"Delhi's Pollution One-and-Half Times Worse than Beijing"，12月25日）多次将北京与新德里的空气污染进行比较，认为北京政府及时发布空气污染预警，实质上是政府一种负责任的态度，"新德里在辩论，北京已宣战"（"As Delhi Debates，Beijing Acts to Check Out Air Pollution"，12月9日）。12月7日，北京首次发布空气污染红色预警后，美国《基督教科学箴言报》网站客观分析了北京在空气污染管控方面的"进步"（"Beijing Issues First-Ever Smog Red Alert. Progress?"），认为北京官员已认识到这是"公共卫生危机"，对于北京采取的控制措施与现实的严峻均进行了呈现。12月8日，印报托对北京实施的单双号限行政策进行了分析评价（"China's Odd-Even Policy"），认为北京在红色预警后实施单双号限行政策，显示了抗击雾霾的决心。

4. 一系列国际事件极大地提升了北京的影响力

2015年，外媒关于北京的报道量是有记录以来数量最多的一年，客观显示了北京国际影响力的提升。长期以来，外媒关于北京的报道往往以负面报道居多，一方面西方媒体的新闻价值观是"坏消息就是好新闻"，因此关于北京社会治理、环境保护、重大事件报道中批评性报道是主流；另一方面，西方媒体从意识形态角度出发，对于北京报道很难有客观公正的评价。北京主办的一系列国际活动，体现出了中国作为大国的责任担当，外媒的报道客观记录了北京政府在一系列国际活动中的作为，展示了北京的贡献。

5. 北京市政府人性化治理措施得到外媒关注

2015年5月1日，《北京市轨道交通运营安全条例》正式实施，按照这一条例，盲人可以携带导盲犬乘坐地铁。6月1日，《北京市控制吸烟案例》正式实施，外媒始终关注这一政策的实施效果，从2014年开始报道，直到2015年。禁止在公共场所吸烟，既有利于维护社会公共卫生，也有利于保护个人健康。这些政策的实施，客观上显示了北京政府人性化管理的走向，外媒因此给予了较多关注。

2016年度国外主流媒体关于北京报道的分析报告

高金萍

本研究使用道琼斯公司旗下的全球新闻及商业数据库Factiva，对国外主流媒体关于北京的报道进行分析研究。Factiva数据库收录的资源包括全球性报纸、期刊、杂志、新闻通讯社、网站等主流新闻采集和发布机构发布的新闻报道、评论文章及博客，如《纽约时报》、《华盛顿邮报》、《泰晤士报》、《金融时报》、《经济学人》、世界著名通讯社等，此外还包括道琼斯公司和《华尔街日报》等独家收录的资源。本研究以Factiva数据库中的国外50家主流媒体和世界四大通讯社为信息来源，以国际通用语言英语为检索语言，以新闻标题和导语中至少出现3次“北京”为检索限制（目的在于尽量去除“以北京指代中国”的媒体报道），进行全数据库检索。自2016年1月1日至12月31日，国外主流媒体共发布8 264条关于北京的报道，比2015年报道量（9 212条）下降了10.29%。

一、国外媒体关于北京报道的概况

2016年国外主流媒体关于北京的报道全年平稳，报道总量比2015年下降近千条，主要原因在于2016年北京主办的大型国际活动较少。全年报道量最多的是12月，共943条；报道量最少的是4月，共601条（见图1）。

1. 报道趋势分析

2016年报道量的峰值分别是12月（943条）、1月（876条）、7月（807条）。上述三个报道高峰涉及的主题主要是：

12月：北京雾霾及政府发布本年度第一个雾霾红色预警（193条）；雷洋案（84条）。

1月：北京雾霾及政府治理措施（186条）；万达集团等企业海外收购

（19条）。

7月：里约奥运会及国际奥组委反兴奋剂（31条）；南海仲裁案（163条）。

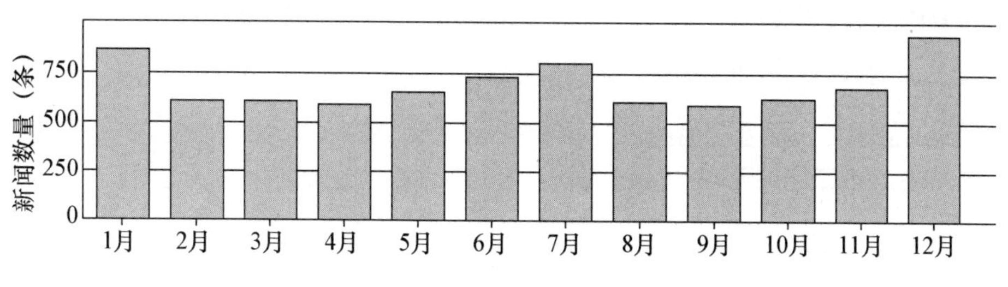

图1　2016年国外媒体关于北京报道的报道量分布图

2. 报道主体分析

以报道量居首的20家媒体来分析（如果既有网站又有报纸，取数量多的，不重复计算），关于北京报道最多的国家和媒体依次为（见图2）：

英国（2 128条）：路透社、《泰晤士报》、《卫报》。

美国（1 124条）：华尔街日报网、美联社、纽约时报网、《华盛顿邮报》。

法国（675条）：法新社。

俄罗斯（639条）：俄罗斯卫星通讯社。

印度（335条）：印报托、《印度斯坦时报》、《印度教徒报》。

新加坡（312条）：《海峡时报》。

韩国（260条）：韩联社。

澳大利亚（141条）：《澳大利亚人报》。

非洲（280条）：泛非通讯社。

与2015年外媒北京报道的消息源比较，2016年度欧洲通讯社及俄罗斯媒体关于北京的报道量大幅提升，这一方面说明欧洲各国更加重视对华关系，另一方面也说明北京在全球影响力的攀升，作为全球城市北京的辐射力极大拓展。同时，菲律宾新闻通讯社和日本通讯社关于北京报道数量减少。

二、国外主流媒体关于北京报道的报道主题分析

近年来，中国国内的各类事件往往吸引驻华外媒关注，进而发酵成为多国媒体关注的国际性事件。这一现象日益频繁地出现，客观上说明中国国际

提及最多的资讯来源

资讯来源	数量
Reuters News	1 743
Agence France Presse	675
Sputnik News Service(Russia)	639
The Wall Street Journal Online	520
Associated Press Newswires	501
The Wall Street Journal(Asia Edition)	414
NYTimes.com Feed	349
Press Trust of India	335
The New York Times	318
The Straits Times(Singapore)	312
The Wall Street Journal(Europe Edition)	265
Yonhap English News(South Korea)	260
The Wall Street Journal	259
The Times(U.K.)	252
The Australian	141
The Guardian(U.K.)	133
The Washington Post	103
The Times of India	93
The Hindu(India)	69
All Africa	67

图 2　2016 年国外媒体关于北京报道的媒体分布图

影响力的提升。由于 2016 年度北京主办的大型国际活动较少，一些社会议题往往成为全国关注的争议性话题、世界关注的重要话题，这类报道在全年报道量中占比较高，如雷洋案、毒跑道事件、女子痛斥医院号贩子事件等。此外，一些外媒长期关注的话题，如北京雾霾、北京交通、自然环境恶化等，也呈报道数量增多态势（见图 3）。本文将 2016 年外媒关于北京的报道归纳为 11 个主要议题。

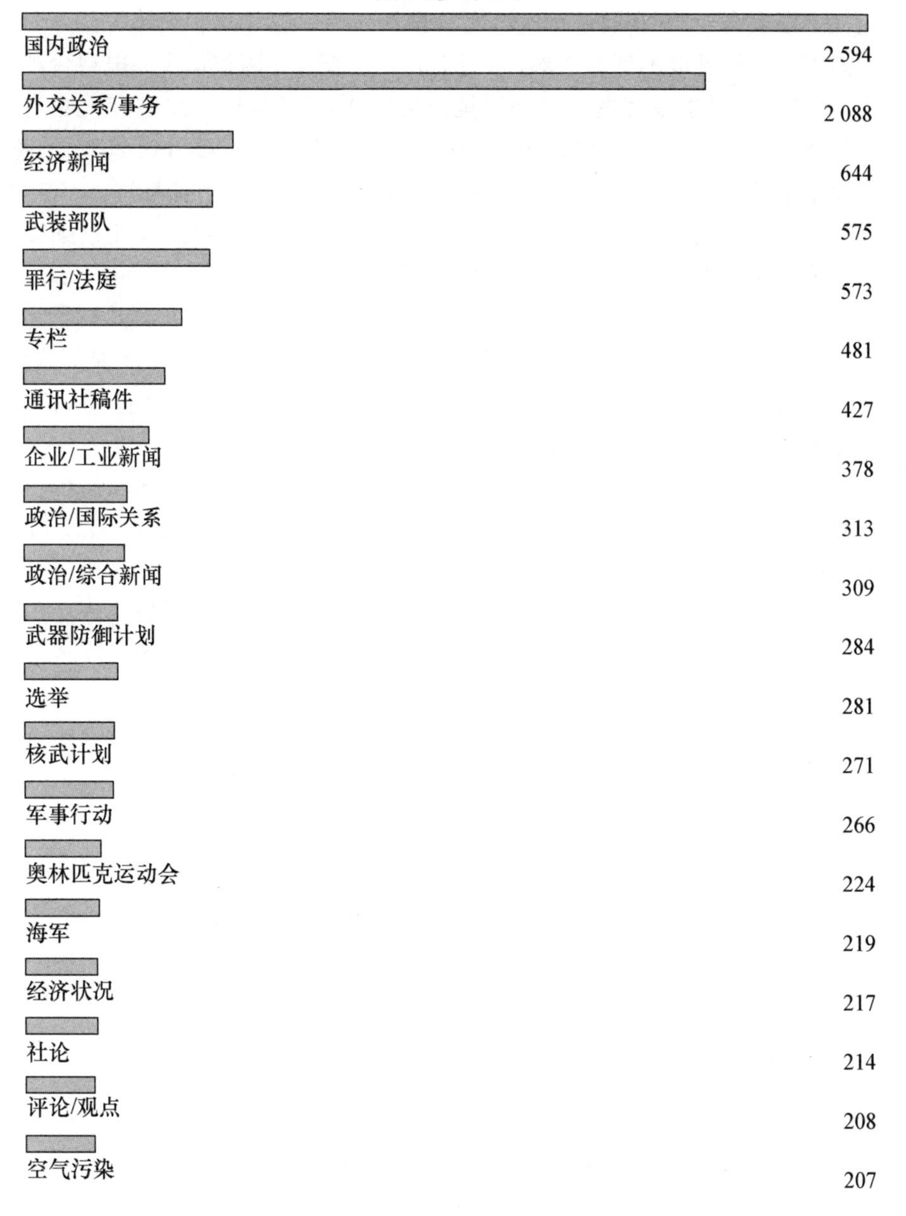

图 3　2016 年国外主流媒体关于北京报道的报道主题分布图

1. 空气污染治理

冬季来临时，北京的雾霾有加重之势，外媒关于北京空气污染的报道数量也大幅增加，主要分为四个主题：其一，空气污染严重。1 月 2 日，印报托报道《中国发布 2016 年第一个空气污染预警》称，在北京、天津、江苏、安徽、湖南等地能见度不到 500 米。1 月 5 日，法新社、阿拉伯半岛电视台英文频道、《基督教科学箴言报》、《马尼拉公报》、印报托报道《2015 年北京有一半时间笼罩于雾霾之中》（“Beijing Shrouded in Smog over Half of 2015”）称，根据北京市环保局消息，2015 年北京只有 186 天达到空气清洁标准，其中 46 天处于严重污染天气，占全年的 13%。1 月 7 日，印报托报道《北京细颗粒物污染浓度在冬天上升了 76%》（“Beijing's PM2.5 Pollution Density Climbs 76 Pc in Winter”）称，2015 年 11 月 15 日至 12 月 31 日，北京细颗粒物污染浓度从平均 31%上升至 75.9%。12 月，北京两度发布红色预警。环保部认为，虽然 2015 年全年的空气质量有所改善，但是还没有达到公众的预期。在春节即将来临之际，政府严格控制烟花爆竹的生产和销售。

12 月 2 日，《南华早报》、俄罗斯卫星台、《纽约时报》等发布《恐惧、质疑，北京雾霾中含有对抗生素耐药性细菌》（“Fear, Then Skepticism, Over Antibiotic-Resistant Genes in Beijing Smog”），回顾了上周国际期刊《微生物》刊发的一篇瑞典作者的论文，认为空气可能会是抗生素耐药性传播的重要途径，北京的雾霾空气样本中含有 64.4 种抗生素耐药性的基因。这一信息发布后引起大家的恐慌。周一，中国很多报纸声称这一担忧是多余的。

12 月 15 日，路透社、法新社、印报托、俄罗斯卫星台等多家媒体发布《北京对严重的空气污染发布红色预警》（“Beijing Issues Red Alert for Severely High Air Pollution”）称，自 16 日至 21 日，北京、天津、河北、山东等地将出现重度空气污染。《纽约时报》发布《在北京不要叫它“雾霾”，叫它“气象灾害”》（“Don't Call It ‘Smog’ in Beijing, Call It a ‘Meteorological Disaster’”），报道称中国官员认为雾霾属于自然灾害，他们将它添加到了气象灾害官方网站上，与春季的沙尘暴和夏季的暴风雨并列，这些气象灾害威胁着与戈壁沙漠接壤的山脉和华北平原的首都。官员们准备将雾霾添加到《北京市气象灾害防治条例》之中，使其成为法定自然灾害，这一做法引起一些人的不满。12 月 19 日，路透社发布《中国北方城市的空气污染指数超过世界卫生组织标准的 100 倍》（“Air Pollution in Northern Chinese City Surpasses WHO Guideline by 100 Times”），报道援引新华社消息称，石家庄空气中细颗粒物指数超过 1 000 毫克，北京达到 212 毫克，而世卫组织的标准是 10 毫克。俄罗斯卫星台报道《12 月中国有近 15 万人去国外旅游以躲避严重雾霾》（“About 150,000 People in China to Travel Abroad to Escape Heavy Smog in December”），根据《南华早报》援引携程网站的数据认为，约 15 万人选择出国游以躲避雾霾。

12 月 23 日，《纽约时报》发布《生活在中国令人窒息的雾霾中》（“Life in China, Smothered by Smog”），称北京和中国其他地方的空气质量被视为不安全已经有些年头了。上周北京发出红色预警时，4.6 亿人的生活受到“红色预警”的影响，绿色和平运动参与者董连赛表示，“北京将遭受连续五天的严重空气污染，罪魁祸首很明显——燃煤重工业”。

12 月 30 日，俄罗斯卫星电视台发布《北京环保局发布元旦期间橙色雾霾预警》（“Beijing Environmental Bureau Issues Orange Smog Warning for New Year's Day Weekend”），报道北京发布橙色雾霾预警，认为中国扩大煤炭使用以用于发电，加之大量汽车、沙尘暴和建筑灰尘，造成北京及其他城市严重的空气污染，因为用煤炭取暖，污染程度往往在冬季加剧。

其二，政府治理污染。1 月 4 日，路透社、菲律宾新闻社报道《当局认为，2015 年中国首都显露出空气质量方面的小小进步》（“China's Capital Sees Small Improvement in Air in 2015－Goverment Bureau”）称，虽然在多个污染指标上仍然高出国际标准，但是北京政府声称 2015 年北京空气质量已有所改善。1 月 5 日，《洛杉矶时报》报道《中国电动汽车的教训：北京曾向加利福尼亚州学习，现在北京成为领先者》（“China's Electric Car Lesson: Beijing Looked to California for Inspiration. Now It's a Global Leader”）称，2015 年末，中国的电动汽车销量达 18 万辆，比 2014 年增加 300%，是 2013 年的 20 倍。如今对电动汽车的财政补贴虽有所减少，但新规和其他激励措施足以弥补。在短短两年时间里，中国将困境中的电动汽车产业变成全球主宰，令美国大惊。这与政府的支持有密切关系，北京规定，2016 年 30%的市政车辆须使用电池或燃料电池。此外，还有针对电动汽车的财政补贴。为了减少交通拥堵和雾霾，大城市采取车牌摇号或拍卖，对电动汽车则区别对待。

1 月 8 日，路透社报道《据新华社消息北京去年环境罚款达 2 800 万美元》（“Beijing Imposed $28 Mln in Pollution Fines Last Year－Xinhua”）称，比较来看，2015 年前 9 个月的罚款是 1 亿元人民币，这几乎是 2014 年同期的两倍。除了罚款，北京还关停近 2 000 个污染源。1 月 24 日，路透社、印报托、俄罗斯卫星网等发布《2016 年北京将斥资 25.7 亿美元遏制环境污染》（“Beijing to Earmark USD 2.57 Billion to Improve Air Quality”），称在过去 5 年中，北京为解决污染问题关闭 1 006 家污染企业。周五北京市市长王安顺称，政府已关掉228个市场，拒绝13 000多个企业的申办请求。预计2016年北京将有2 500多个企业关张，市政府计划减少50万吨燃煤加热和煤电厂，到2020年关闭所有燃煤企业。

7月5日，印报托报道《政府报告：中国需要特殊措施抗击污染》（“China Needs ‘Extraordinary’ Measures to Fight Pollution: Govt”）称，2013年中国政府发布《大气污染防治行动计划》，中国工程院就这一计划的运行发布中期评估报告，认为虽然北京空气质量有所改善，在最近几个月，北京已经将大部分高污染企业搬迁，但是，如果想要在2017年将细颗粒物密度降到每年60毫克，北京还面临着巨大挑战，只有通过非同寻常的措施才能达到目标。报告建议加强对污染严重的北京南郊的治理，以更严厉的措施控制秋冬季柴油机排放。

7月21日，《纽约时报》发布《23英尺高的空气净化塔将在烟雾缭绕的北京试用》（“A 23-Foot-Tall Air Purifier Gets a Tryout in Smoggy Beijing”），报道称来自荷兰的罗塞加德及其团队创造了世界首款室外空气净化器：雾霾净化塔。从外表看，这件23英尺高（约合7米）的装置如同一座迷你摩天大楼。但进入内部，你就会看到一台强力吸尘器正利用电离技术吸入雾霾、滤掉有害粒子、释放清洁空气。罗塞加德声称，只需36个小时，这座净化塔就能除掉一块足球场大小区域内百分之七八十的空气杂质。

12月1日，印报托发布《2020年北京停止煤炭开采》（“Beijing to Quit Coal Mining by 2020”），报道援引北京市发改委副主任李斌的话表示，2016年，北京关闭了两座煤矿，年总生产力为180万吨。在未来四年里，北京将关闭最后三个煤矿，结束800年来的煤炭开采史，以遏制令人忧虑的空气污染。中国是世界上最大的煤炭消费国，但是随着经济增长速度放缓，煤炭需求已经降低，中国正从化石燃料消费转向遏制污染。统计数据显示，2010年北京煤炭消耗量超过2 600万吨，2015年降至约1 200万吨。2016年，中央和北京政府拨给地方煤矿及矿工的补贴超过1.6亿元人民币（折合2 320万美元）。

针对12月16日至21日国家环保局对北京等多地发布红色预警，多家媒体报道了北京的抗霾措施。12月16日，印报托发布《北京实施“单双号”以抗击严重雾霾》（“Beijing Effects ‘Odd-Even’ to Fight Heavy Smog”）称，除了“单双号”限行措施，老旧和高污染车辆也严格禁止上路行驶，教育局还规定幼儿园、中小学和私教培训中心停课。12月16日，路透社发布《由于雾霾警报，北京命令1 200家工厂停产或减产》（“Under Pollution Alert, Beijing Orders 1,200 Factories to Shut or Cut Output”）称，北京周边的企业，包括中石化年产量达1 000吨的燕山炼油厂、中粮集团的食用油炼油厂、首钢集团等国有企业被要求停产；此外还有700多家企业也被要求暂停生产。12月17日，美联社发布《中国严格控制汽车上路、工厂生产以应对最近的雾霾警报》（“China Restricts Cars, Factories Amid Latest Smog Alert”）称，官方证明上半年北京的空气质量有所好转，这源于政府关闭了174家污染严重的工厂，463个社区从用煤转换为替代能源，增加了6 803辆电动公交车。

12月22日，路透社发布《北京严格控制人口以阻止雾霾、交通拥堵》（“Beijing Districts to Cap Population in Bid to Tackle Smog, Congestion”）称，根据北京媒体消息，北京五个区已宣布在未来五年中封顶或减少人口总数，以应对慢性空气污染和交通拥堵。自1998年以来，首都人口总数已增加三分之二，能源消费总量也超过了一倍，道路上的车辆总数增加了两倍，北京的快速发展还削弱了邻近地区，包括河北的经济发展。

其三，公众抗击污染。1月11日，新加坡《海峡时报》报道《北京的防雾霾“圆顶帐篷”运动馆》（“Beijing's Anti-Smog Domes”）称，由于父母担心孩子的健康，北京一些国际学校建起PVC材质的防雾霾“圆顶帐篷”体育馆。

其四，空气污染影响中国经济，外媒认为北京已出现“空气好、经济坏”现象，即当北京污染改善，则经济发展降速。外媒一方面肯定北京政府在治理空气污染方面取得一些进步；另一方面强调北京为治理污染付出了经济发展降速的代价。1月26日，路透社发布《北京上空的蓝天？衰败的郊区为中国减少污染买单》（“Blue Skies over Beijing? Decaying Suburbs Bear Cost as China Cuts Pollution”）称，根据绿色和平组织消息，历经三年的努力，中国抗击雾霾的行动已经取得成功，政府付出了巨大成本，中国的经济增长率降到25年来的最低，但是2015年空气污染的关键数据平均下降10%。北京及其周边地区——包括钢铁生产中心河北和天津等地，其目标是到2020年将污染数据降到2013年的40%。

2月23日，《纽约时报》、《马尼拉公报》、路透社、印报托等多家媒体报道《为防止不可收拾，北京提高红色预警发布标准》（“To Limit Disruption, Beijing Raises Threshold on Red Alerts for Air Pollution”）称，自2015年12月中国首次发布红色预警后，学校停课、工厂停工、行车受限，北京几乎陷入瘫痪，现在政策发生改变，北京打算在发布红色预警时基于更高的阈值。新华社援引北京市环保机构的信息，如果日平均空气质量指数预测超过500，连续两天超过300或者连续四天超过200，将启动四级预警机制中最高等级的红色预警。这一新标准将从3月底开始实施。目前在北京，污染指数连续三天超过200就可以启动红色预警，这将触发无数应急预案，导致停工停产。北京著名环境问题研究学者马骏说，这一变化凸显了官员对红色预警可能带来的严重社会影响的担忧。他说，随着新标准出台，官员们必须重新评估伴随红色预警产生的一些应急措施。马骏说："如果使用目前的标准，我们一年中将会多次启动红色预警，这将带来巨大的社会和经济成本。"

2. 自然环境保护

外媒十分关注北京水资源匮乏、碳汇交易等环保主题，认为这是北京政府环保的重要表征。1月3日，菲律宾新闻社发布《北京与邻城合作提升水质》（"Beijing to Work with Neighbors to Improve Water Quality"）称，2017年底京津冀将通过建立一个统一的水质监测网络来携手改善水质。为了控制地下水污染，北京将关闭76个垃圾填埋场和1 143口水井，并追踪污染水源，到2019年被污染的地下水将开始复归清洁。

1月27日，路透社发布《北京碳排放交易市场延长试点交易时间》（"Beijing Carbon Market to Extend Pilot Trading"），称据北京碳排放交易市场监管机构表示，北京碳排放交易市场将6月到期的交易试点时间延长至3年，这是由于担心取消许可证试点后可能引发碳排放交易价格的暴跌。如果将这一举措延伸到其他六个试点交易所，将有助于建立一个全国性的碳排放交易市场。北京市发改委已将本地交易许可证转换为全国交易许可证纳入工作计划，但没有提供具体细节。

3月24日，路透社发布《北京的碳汇市场将延伸到内蒙古》（"China's Beijing Carbon Market to Expand into Inner Mongolia"），报道援引监管机构信息，中国的碳交易市场将允许北京将其覆盖范围扩大至内蒙古地区最大的两个城市（呼和浩特和鄂尔多斯），2016年将允许两地的大型水泥和供电企业参与碳汇交易。

6月23日，英国《卫报》《独立报》报道《研究者称，北京正在下沉》（"Beijing Is Sinking into the Ground, Say Researchers"）称，根据发表在《遥感》杂志上的论文，研究人员通过先进的雷达观测发现，北京每年因土地沉降而下沉4英寸（10厘米）。这一现象威胁着"公共和城市基础设施"安全。论文认为北京已达到地质的临界点，城市位于干旱平原，自1935年以来地下水被过度开采，1万口星罗棋布的水井几乎将地下水抽干，于是地下土壤变得更加密集，尽管北京居民察觉不到，但是地面水平在下降。研究人员警告，持续的沉降将对北京的城市安全构成威胁，其中之一是"严重影响火车的运行"，很容易造成火车脱轨事故发生。2015年，中国启动一项宏大的工程——

南水北调，旨在缓解北京的水危机。专家们称，想知道运河的供水是否有助于补注含水层并减缓北京下沉的速度，还为时尚早。与此同时，仍然存在对建筑物和铁路系统造成影响的担忧。为了避免脱轨，2015年的一项研究建议，中国禁止在已经建成的高铁路线附近挖掘新的水井。6月27日，俄罗斯卫星台报道《中国首都每年下沉11厘米》（“China’s Capital Beijing Is Sinking 11 cm Per Year”）称，中国是世界上最缺水的国家，地下水含量低于居民用水量的三分之二。自1935年以来，北京的地下水广泛使用于工业、农业和家庭用水。过度抽取地下水导致北京地平面逐年下降。

3. 房地产业调控

2016年，北京房地产交易市场极为活跃，房价上升幅度较大，政府也出台了多项调控房价的政策。3月24日，路透社发布《财政部：中国将对部分房地产交易征收增值税》（“China to Apply VAT to Some Residential Property Sales-finance Ministry”），称中国将向出售购买不足2年的住房的个人征收房款5%的增值税；个人将购买2年以上（含2年）的住房对外销售的，免收增值税。但是，在北京、上海、广州和深圳这几个城市，个人将购买不足2年的住房对外销售的，按照5%的征收率全额缴纳增值税；个人将购买2年以上（含2年）的非普通住房对外销售的，以销售收入减去购买住房价款后的差额按照5%的征收率缴纳增值税；个人将购买2年以上（含2年）的普通住房对外销售的，免征增值税。

7月24日，路透社发布《白皮书显示北京房地产业激增65%》（“Beijing’s Property Sales Surge 65 Percent in 2015—White Paper”），报道称根据北京市住房和城乡建设委员会发布的《北京住房和城乡建设发展白皮书（2016）》，2015年北京市房地产开发投资继续增长，成交量同比增加64.8%，住房价格连续上涨10个月。

12月25日，路透社发布《新华社消息称北京采取多种措施让住宅型房地产市场降温》（“Beijing to Take More Steps to Cool Residential Property Market—Xinhua”），称据新华社消息，北京2017年将加强市场控制以保持房价稳定。北京市委认为，由于火上浇油的投机者使得北京的房价过高，社会日趋紧张，对于北京的稳定构成巨大的挑战。与2015年11月相比，北京房价上涨26.4%，在政府采取降温措施后第二个月出现涨幅放缓。

12月27日，《纽约时报》发布《中国的“房地产教父”建议以房养老》（“China’s ‘Godfather of Real Estate’ Pitches Reverse Mortgages to Skeptical Elders”），报道称中国房地产开发集团理事长孟晓苏提出的解决方案是提供反向抵押贷款，这在中国被称为“以房养老”计划，指的是房主抵押自己的房子，获得贷款。在北京、上海以及另外两个中国城市，孟晓苏帮助创建了这个计划。幸福人寿保险公司的资料显示，截至10月底，只有89人参与了这个计划。孟晓苏创立该保险公司的目的之一就是为了提供这个险种，目前共有两家保险公司提供这类保险。

12月29日，路透社发布《北京市代市长承诺明年房地产市场将更加稳定》（“Beijing's Acting Mayor Pledges More Stable Property Market Next Year”）称，在2016年房地产市场的野蛮扩张之后，北京市代市长蔡奇承诺2017年将保持更加稳定的房地产市场，凸显政府严厉打击投机性购房的决心。政策制定者推出了一系列紧缩政策以控制市场，据国家统计局最新数据显示，北京房价已控制在此前11月的水平，当时一个月房价上涨了26.4%。

4. 2022年冬奥会筹备

2016年是奥运年，全年关于奥运会的报道数量高达224条，聚焦2022年冬奥会筹备的报道共计18条（含重复8条）。3月这一主题的报道量有8条，达到本年度最高点。3月2日，美联社报道了国际奥委会将于该月访问北京考察冬奥会筹备（“IOC Plans Visit to 2022 Winter Olympics Host Beijing”）。3月23日，路透社、俄罗斯卫星台等报道《北京按照计划准备2022年冬奥会》（“Beijing Preparations for 2022 Winter Olympics on Schedule”）称，国际奥委会北京2022年冬奥会协调委员会主席亚历山大·茹科夫和他的小组考察北京冬奥会筹办情况。茹科夫说，北京冬奥组委的筹办工作已经有了一个非常好的开局，出色的工作给他们留下了深刻印象。他经历过申办、筹办冬奥会，因此知道将要面对的挑战。虽然刚刚踏上一条漫长的道路，但是他深信这条道路的终点一定是一届非常出色的冬奥会，这届冬奥会将给北京、给中国留下更多宝贵的奥运遗产。虽然主办方还有一些物流问题需要解决，但是中国当前对奥运会的总体准备是相当好的。

10月12日，路透社、法新社等发布《国际奥委会说相信北京2022年冬奥会可自由使用互联网》（“IOC Says Confident on Free Internet for Beijing 2022 Olympics”），报道称周三国际奥委会高级官员说，IOC相信中国在2022年冬奥会时将确保不再审查互联网，虽然中国并未对如何履行承诺提供详细信息。北京市副市长、北京冬奥组委执行副主席张建东说，2022年冬奥会期间将全面开放互联网，包括在各比赛场馆、运动员逗留之地和其他区域。

10月13日，美联社报道《国际奥委会：北京“快速启动”准备2022年冬奥会》（“IOC：Beijing Makes ‘Fast Start’ in Preparing for 2022 Games”）

称，国际奥委会北京2022年冬奥会协调委员会第一次对北京进行了为期3天的考察。萨马兰奇高度评价北京2022年冬奥会的筹备工作，他表示，很欣喜地看到北京2022年冬奥会筹备工作起步迅速，已奔跑在正确的轨道上。在张家口和延庆赛区的考察中，看到主办方正在稳步实现自己的目标。这个世界级冬季体育中心的建成和成功运行，将带动更多中国人参加冬季体育运动。

还有关于2008年北京奥运场馆使用的相关报道。7月28日，法新社报道《中国2008年奥运吉祥物：现在他们在哪里?》（"China's 2008 Olympic Mascots：Where Are They Now?"）称，中国的奥运吉祥物欢欢如今躺在一个在奥运会前建筑热潮中开工的烂尾购物中心里。中国奥运吉祥物遭到废弃的状态反映了中国在为奥运投资寻找新用途方面面临的挑战，许多场馆陷入破败荒废，一些建筑工程尚未竣工便被扔下。耗资35亿元人民币（按2008年的汇率计算约合4.86亿美元）建造的鸟巢仍然没有得到充分利用，不过它和2008年奥运会留下的其他9个场馆将在2022年冬奥会再次得到使用。

7月22日，俄罗斯卫星网、法新社、美联社等报道《国际奥委会：45名奥运选手药检复检结果呈阳性》（"Olympics：45 New Doping Failures from Beijing，London Games—IOC"）称，据国际奥委会公告称，在对2008年北京奥运会和2012年伦敦奥运会选手进行的第二批次兴奋剂样品重新检测中，新发现45名运动员药检呈阳性，他们中有30名为北京奥运会参赛选手，其中23名是奖牌获得者，涉及8个国家和地区、4个比赛项目；另外15名运动员是伦敦奥运会参赛选手，涉及9个国家和地区、2个比赛项目。国际奥委会正在陆续通知相关国家（地区）奥委会阳性检测结果，所有出现阳性结果的运动员都将被禁止参加里约奥运会。

5. 文化产业呈现前所未有的活跃度

海外并购是2016年文化产业发展的一个重点。2016年万达集团相关报道数量达95条（重复28条），主要与其海外并购相关。1月12日，法新社和《印度教徒报》报道《中国电影巨头斥资35亿美元购买好莱坞企业》（"China Tycoon's Firm Buys Hollywood Studio for ＄3.5 Billion"）称，12日万达集团宣布以35亿美元收购美国传奇影业公司，这是迄今中国企业在海外最大一桩文化并购案。传奇影业董事会主席兼CEO托马斯·图尔将留任，继续负责公司的日常经营。

1月13日，《纽约时报》网站和法新社报道《中国公司购买同性恋社交网络G达》（"Chinese Firm Buys Major Stake in Gay Dating App Grindr"）称，在中

国深圳交易所挂牌上市不到一年的游戏软件开发商北京昆仑万维科技股份有限公司已于 1 月 8 日以昆仑集团名义收购全球最大的同性恋社交网络 Grindr（G 达）。

8 月 25 日，路透社发布《自己的目标？中国第一富豪引发足球挥霍》（“Own Goal? China's Richest Man Fires Warning on Soccer Splurge”），称自 2015 年以来中国首富王健林已经投资包括西班牙马德里竞技俱乐部和瑞士盈方体育传媒集团等达 40 亿元，震惊了欧洲足球界。

10 月 12 日，俄罗斯卫星台、《华尔街日报》等报道《中国收购好莱坞电影公司以提升软实力》（“China Buying Hollywood Filmmakers to Enhance Its Soft Power”）称，美国传奇公司制片人斯皮尔伯格与中国富商马云日前在京见面，他们宣布阿里巴巴将与斯皮尔伯格的公司 Amblin 合作，为世界和中国观众制作金融电影。这项交易显示，北京正计划使用好莱坞大片作为其实现软实力的最有效工具之一。

12 月 1 日，路透社发布《中国回到 UCI 与万达的交易》（“China Returns to UCI World Tour with Wanda Deal”），称万达集团与国际自盟（UCI）、广西壮族自治区人民政府在北京签订协议，共同宣布将在 2017 年 10 月举办首届“环广西”公路车世巡赛，格力电器成为该赛事未来 5 年的冠名赞助商。首届比赛共设 6 个赛段，途经北海、钦州、南宁、柳州、桂林等城市，此外同期还将在广西举办女子公路车世巡赛和 2017 年 UCI 年终庆典。

6. 社会安全问题此起彼伏

2016 年北京未发生暴恐事件，但是与市民相关的各类安全问题层出不穷，如八达岭野生动物园老虎袭人事件、魏则西事件等等。

枪支管控方面的报道有 6 篇（含重复 2 篇）。1 月 7 日，菲律宾《马尼拉公报》报道《北京首都国际机场男子机舱摆“持枪”造型》（“Man with ‘Gun’ during Flight Being Probed by Beijing Airport Police”）称，社交媒体上广泛流传着的照片显示，在北京首都国际机场的一架飞机上，3 名男子系着安全带，并排坐在机舱内。他们摆出“持枪”造型，配合多种表情进行合影。他们手中的枪支可能是仿真枪或笔记本电脑电池。7 月 19 日，印报托发布《一位中国女子试图带枪搭乘地铁》（“Woman Held in China for Attempting to Board Metro with Guns”）称，据《环球时报》报道，7 月 13 日一名女子在北京地铁 10 号线公主坟站安检时被发现携带枪支弹药，包括 90 厘米的长枪状物，约 15 厘米的短枪状物，以及疑似子弹状物 50 发。

网络安全方面的报道共有 10 篇。1 月 18 日，《南华早报》《马尼拉公报》

报道《"伊斯兰国"黑客入侵中国顶尖大学》("Top Chinese University Hacked by IS Infiltrator")称，清华大学网站受到一个声称与"伊斯兰国"组织（IS）有联系的组织或个人的袭击，黑客将支持"圣战"的照片和音频贴到清华大学教学门户网站上，黑客自己署名"伊斯兰国黑客"。

魏则西事件有19篇报道（含9篇重复）。5月2日，印报托发布《在大学生死于癌症后中国百度面临审查》("China's Baidu Faces Probe after Student Dies of Cancer")，称中国的互联网监管机构已下令调查全国最大的网络搜索公司百度，因为它将赞助的医疗机构置于搜索结果的突出位置而遭到严重批评。对百度的批评起源于21岁的大学生魏则西因为信任百度搜索，而投医北京一家医院，花了很多钱后耽误病情去世。随后，《华尔街日报》、《纽约时报》、路透社、美联社等多家媒体对此事进行了报道。7月11日，路透社发布《虚假的希望？中国军方医院提供非法的实验性治疗》("False Hope? China's Military Hospitals Offer Illegal Experimental Cures")，称魏则西死于一种罕见的癌症，北京一家著名的军方医院承诺为其提供具有80%成功可能、无副作用的治疗。而这家军方医院并未获得监管部门的批准，却向魏则西提供价格高昂的免疫治疗，实质上，癌症的免疫治疗在全球尚处于试验阶段。

毒跑道事件有4篇报道。6月3日，印报托发布关于毒跑道事件的报道《有毒跑道让中国孩子患病》("Poisonous Synthetic Racetrack in China Makes Children Sick")，称据新华社报道，位于西城区白云路二号的北京第二实验小学白云路分校的数十名学生，近期在释放有毒物质的塑胶跑道上运动之后，出现流鼻血、咳嗽、头晕等状况，这促使政府对学校的跑道开始排查。

八达岭野生动物园老虎袭人事件有6篇报道。7月24日，美联社、《纽约时报》等报道《中国野生动物园老虎袭击并咬死女子》("Tiger Mauls Woman to Death in Chinese Wildlife Park")，援引《法制晚报》消息称23日下午北京八达岭野生动物园内，有一家四口自驾游，行驶至猛兽区东北虎园里，年轻男女在车内发生口角，女子突然下车，被蹿出的西伯利亚虎叼走。年长女子下车营救，被另一只老虎当场咬死并拖走。目前八达岭野生动物园已被命令停业整顿。10月14日，路透社发布《被老虎伤害的女人起诉北京野生动物园》("Woman Mauled by Tiger to Sue Beijing Wildlife Park")称，根据《京华时报》报道，7月23日在北京八达岭野生动物园受伤的赵姓女子起诉动物园，索赔200万元。

7月4日，法新社报道《中国维权人士"杀死两人后自杀"》("Chinese Rights Activist 'Kills Self after Murdering Two'")，援引北京媒体消息称，53岁的金重齐6月27日在海淀区静淑苑汽车站持刀杀死两人、重伤一人，7月3日被发现在海淀区阳台山附近的树林里上吊死亡。

12月1日，印报托发布《北京启动自行车登记制以打击猖獗的盗窃活动》（“Beijing Launches Cycle Registration to Fight Rampant Theft”），称北京推出了自行车实名登记制，市民可以选择用自己的名字或其他个人信息在自行车商店进行登记，警方可依据这些信息创建数据库。登记为自愿性质，目的在于打击猖獗的自行车偷盗。

雷洋案是外媒关注度最高的社会安全类事件，关于雷洋案的报道最早出现于5月12日《纽约时报》网站发布的《中国男子羁押期间死亡导致对警察暴行的怀疑》（“Chinese Man’s Death in Custody Prompts Suspicion of Police Brutality”），此后，在雷洋案的每个时间节点，外媒都有发声，直至12月最后一周达到顶峰。就12月的报道来看，12月24日外媒报道总量为761篇，12月31日报道总量为923篇，仅在一周内报道量就上升了162篇。

6月1日，美联社、《纽约时报》等报道《北京调查新父亲在警察羁押期间死亡》（“Beijing Investigates Death in Police Custody of New Father”）称，检察官周三表示，正在调查年轻的大学毕业生、新父亲雷洋在警察羁押期间死亡事件，他涉嫌嫖娼。最近的事态发展呈现出公众对警察滥用职权行为的愤怒。7月1日，《纽约时报》报道《致死环保工作者的北京警察被逮捕》（“Beijing Police Officers Arrested in Environmentalist’s Death”）称，北京市人民检察院第四分院已决定对昌平公安分局东小口派出所副所长邢某某、辅警周某以涉嫌玩忽职守罪依法逮捕。报道援引了北京市检察院的通告、新华社消息、雷洋家属和律师陈有西的观点，并在文末说，在雷先生去世后不久，国营报纸《环球时报》似乎表达了与警方处置此案共同的观点。5月12日报纸称，一个男人死亡而警察不过是努力让人们知道在调查中什么是适当的行为（据研究者查阅，这是指5月13日《环球时报》15版署名“单仁平”的评论员文章《让围绕雷洋猝死的争论回归常识》）。

12月23日，北京检察院发布信息，对于雷洋案涉事警察不予起诉，当天晚上美国多家媒体迅速发布了消息。美联社发布《在警察拘押期间死亡案件被撤诉》（“Charges Dropped for Beijing Police in Death in Custody Case”），称周五北京检察院的通告来了个180度的转弯，6个月前检察院认为警察的行为“不适当”而对警察进行了逮捕。《华尔街日报》报道《中国检察机关对因疏忽造成死亡的警员撤诉：这意味着备受瞩目的雷洋案将不会开庭审理》（“Chinese Prosecutors Drop Negligence Charges Against Police Officers in Death of Man：Decision Means High-Profile Case Won’t Go to Trial”）称，周五检察院的通告意味着这一案件将不会受审，同时当局也努力让舆论离开法院。《纽约时报》报道《北京官员对于环保工作者在拘押期间死亡不予起诉》

（“No Trial for Beijing Officers over Death of Environmentalist in Police Custody”）称，导致中国环保工作者死亡的五名北京执法人员将不会被起诉，尽管检察官发现他们触犯了法律，滥用武力、延迟救助以及对死亡情况撒谎。官方公告描述了五名执法人员的一连串错误，但拒绝让他们出庭受审，这似乎将延续这一事件的争论。

12月28日，《华尔街日报》再度发布消息《监狱死亡激起中国的抗议》（“Jail Death Sparks Furor in China”），报道称检察院对于涉及雷洋案的警察不予起诉，这激怒了中国的中产阶层，他们认为政府缺乏对于官员的问责。12月29日，美联社发布《警察暴刑引起中国中产阶层的骚乱》（“Chinese Middle Class in Uproar over Alleged Police Brutality”），报道称尽管数以千计的北京中产阶层发起了在线请愿，抗议对涉事警察不予起诉，表现出罕见的一致，然而，周四雷洋案的律师称，雷洋家属由于巨大的压力放弃上诉。

12月29日，北京市公安局通过官方微博发布消息，公布了北京市公安局、中共昌平区纪委对雷洋案涉案人员的处理决定。外媒再度发声，美联社发布《北京开除一些牵涉暴刑案件的警察》（“Beijing Fires Some Police Involved in Alleged Brutality Case”），报道称在公众强烈抗议市检察院对于五位警察不予起诉之后，周四北京警方说，开除涉事的四名警察，其中包括一名派出所副所长。12月30日，路透社发布《环保工作者羁押期间死亡之后北京警察受到惩罚》（“Beijing Police Punished after Environmentalist's Death in Custody”），报道称雷洋案引发舆论哗然，社交媒体上数百条评论对中国执法缺乏监督和透明进行痛批，并对警方的调查结果产生怀疑。2015年12月联合国禁止酷刑委员会声称：“酷刑和虐待的做法仍然深深扎根于刑事司法系统。”12月30日，《华尔街日报》发布《在不予起诉警察的抗议行动后，北京警方开除四名涉事人员》（“Beijing Police Fire Four Officers Following Death of Researcher in Custody：Action Follows Protests over Decision to Drop Charges Against Officers”），报道称中国人死于拘押之中这一事件因当局缺乏官员问责，引发社交媒体上的抗议，为此当局解雇4名警察、处罚7人。在中国，农民工或要求政府赔偿者抱怨受到公安部门的苛刻待遇并不少见，但是雷洋——毕业于中国人民大学，是硕士、国家环境保护的研究人员——触动了城市中产阶层的神经，因为这一事件涉及经济宽裕阶层的上升台阶。有不愿透露姓名的请愿者说，对于官员的惩罚类似于“喝三杯酒作为惩罚”，请愿者拒绝署名是因为害怕报复。

12月31日，《悉尼先驱晨报》发布《妓院死亡事件缠绕政府》（“Death in a Brothel Haunts Authorities”），报道称雷洋案代表中产阶层在政府滥用权力面前仍然处于弱势，因此产生了特别的共鸣。丁锡奎律师说："这个案件不在于重判与否，而在于它过程的透明。这是知情权。"报道称，随着中产阶层生活水平的提高，在习近平治下的中国政府更强调依法治国，他们不得不应对人民更高的期望。很多律师对于雷洋案的判决深感忧虑，一些人说现在的结果（检察院对于五名警察不予起诉，雷洋家属放弃上诉）至少在表面上表示不再进一步与警察对抗，同时也暴露出在长期的反腐败运动中人们对某些状况的习以为常。

7. 城市文化呈现出多种面向

北京国际化风格日益凸显，"传统北京"与"现代北京"交融并陈，构成了多维而生动的北京城市形象。1月8日，《华尔街日报》报道《北京背街里的奢华》（"Luxury in the Back Alleys of Beijing"）称，隐藏在那些巷子里的古老的四合院是北京的传统建筑，这些有一两个世纪历史的四合院难以抵抗冬季的寒冷，其地下管道也存在着诸多问题。12月9日，美联社发布《挖掘者在北京郊区发现古墓》（"Diggers Find Ancient Tombs in Beijing Suburb"），报道称在北京东南郊区，考古者发现了古城墙和1 000多座墓葬，它们大多数是东汉时期的。早在两千多年前，中国的行政中心就是熙熙攘攘的繁华之地。

1月27日，《洛杉矶时报》报道《空气成为这家影院的特点：北京的电影院开创了为观众提供比室外更清洁空气的技术服务》（"Air Is Main Feature in This Cinema: Firm Opens Beijing Theater with Tech That Produces Air Far Cleaner than What's Breathed Outside"）称，韩国CGV影院连锁公司在北京颐堤港购物中心所开设的CGV星星影城中增设了一个名为"甜蜜厅"的观影厅。该厅拥有20个座位，并能为观影者提供清新洁净的空气。CGV称，"甜蜜厅"是北京第一家具有空气净化技术的影厅。2015年12月，CGV还在天津开设了一家"洁净空气"影院。CGV在中国共设有50家连锁影院。万达影业2015年12月宣布与芬兰雅威科技公司（AAVI）签订合作协议，在万达旗下的一些影院中安装芬兰空气净化系统。万达从AAVI公司手中购买了49套空气净化装置，并率先在北京CBD地段影院内安装该系统。之后，万达将对通州的影院进行改造，并考虑将该技术扩大到万达旗下的其他影院。

北京的旅游业始终是其文化发展中一个热点，旅游业的持续繁荣既是北京作为全球城市的一个显著表征，也是北京城市形象塑造的一个重要渠道。1月4日，菲律宾新闻社发布《冬季运动的热情提升了北京的假日旅游》（"Winter Sports Zeal Boost Holiday Tourism in Beijing"），报道称根据北京假日办的数据，大约240万名游客参观了北京130多个主要旅游景点，游客人数同比增长4.5%。

8. “大城市病”之交通拥堵

交通拥堵是北京城市治理中一个棘手难题，也是北京作为全球城市的一个顽疾。城市交通的老问题，如北京汽车限购摇号是外媒关注的重点。7月29日，《纽约时报》发布《想在北京开车？拥有车牌需要有中彩票般的好运》（“Want to Drive in Beijing? Good Luck in License Plate Lottery”），称北京的车牌摇号制度如此严格，现在大概每年租用一个车牌需要2 000美元。

城市交通的新问题，如网约车，其相关报道覆盖全年。8月2日，《华尔街日报》对滴滴打车收购优步进而优步退出中国市场进行了耐人寻味的解读——《优步退出中国市场：美国的另一个科技创新向北京的民族主义称臣》（“Uber's China Exit：Another U.S. Tech Innovator Bows to Beijing's Nationalism”），称滴滴出行已经收购Uber的中国业务——中国优步，合并后新公司估值达350亿美元，百度等中国优步的投资者将取得新公司20%的股权，滴滴将向中国优步投资10亿美元。

10月8日，路透社发布《北京上海提出限制叫车服务》（“Beijing, Shanghai Propose Curbs on Who Can Drive for Ride-Hailing Services”），称北京和上海的交通监管机构通过网站发布了对网约车服务管理规定的征求意见稿，限制对象包括滴滴出行、优步等。这可能将对提供这些服务的司机提出更严格的要求，如司机必须是本地人、拥有本地车牌等。

10月11日，《华尔街日报》发布《优步之后，滴滴面对新的对手》（“After Uber, Didi Faces Fresh Foe”），报道称在打败优步之后，滴滴出行成为中国网约车市场老大，但当前滴滴似乎面临一个更为强硬的对手——来自国内的监管机构。最近几天，中国国内几大主要城市相继发布首批网络约车征求意见稿，其中包含的行业监管限制可能对滴滴的业务带来严重影响。面对北京、上海、深圳以及其他至少三座城市相继发起的网络约车管理细则，滴滴上周末发表了一份措辞强硬的抗议声明。滴滴表示，如果征求意见稿中的管理模式被采纳，等于逼迫“绝大多数”网约车司机和汽车“下岗”。报道认为中国监管部门的专家对网约车的意见一直处于分裂状态，部分主张摸着石头过河、推进这一互联网新兴业务，而另一些人则认为应该谨慎行事。

外媒对于北京近年来积极发展公共交通以缓解拥堵的举措表示肯定，一方面承认北京通过汽车限购、提高停车费和改善公共交通，降低私家车的使用率。如7月8日，印报托发布《北京交通中汽车使用有所降低》（“Cars' Share of Beijing Transport Declines：Survey”）称，据刚刚发布的一项调查称，一直致力于解决严重交通拥堵的北京，随着公共交通工具的改进、汽车限购和提高停车费，汽车使用情况有所改善。北京承诺，在下一个五年计划中，为了缓解交通拥堵，到2020年将建设1 000公里的市郊铁路线、3 200公里的城区自行车路线。另一方面，赞赏北京为了缓解交通拥堵而出台的政策、推进的建设。如10月10日，路透社发布《2019年中国将启用世界上最大的机场的第一阶段》（“China to Open First Phase of World's Largest Airport by 2019”）称，据新机场新闻发言人称，2019年北京新机场将启用，第一阶段将开放4条跑道每年运送旅客4 500万人次，以后逐年增加运载量，最终达到每年运送1亿人次。12月16日，印报托发布《明年北京将开通首列磁悬浮列车》（“Beijing to Have 1st Maglev Train Line Next Year”），称2017年由中车唐山机车车辆有限公司生产的北京首列磁浮列车将在北京S1线运行，S1线是北京市首条磁浮线，西起门头沟区石门营站，东至石景山区苹果园站。列车名为“玲珑号”，时速约100公里，共有10趟列车投入到10.2公里的线路运行中。

关于交通安全方面也有少量报道。12月21日，路透社、俄罗斯卫星台等报道《面包车冲进市场，四人死亡》（“Minibus Drives into Beijing Market, Four Dead”）称，12月21日15时许，一辆面包车驶入昌平区马池口镇一个农贸市场，与市场内人员发生碰撞，致4人死亡多人受伤。中国糟糕的安全记录显示此类事件司空见惯。

9. 政府管理的新进展

北京政府在社会治理方面推出的各类新政及其效果，往往是外媒关注的焦点。在人口控制方面，1月8日，印报托报道《二孩政策可能让北京增加58万个宝宝》（“Beijing May Have 5.8 Lakh Babies as a Result of 2-child Policy”）称，据当地政府估计，2017—2022年北京可能因为二孩政策增加58万人口。估计有236万个母亲拥有生育二孩的资格。1月24日，印报托报道《北京计划到2020年将人口限制在2 300万》（“Beijing Plans to Limit Population Within 23 Mln by 2020”）称，2015年北京人口为2 170万，计划到2016年人口不超过2 200万。3月25日，路透社、印报托等发布《北京延长新生儿父母的假期，因为中国希望更多孩子》（“Beijing Extends Leave for New Parents as China Hopes for More Children”），报道称中国首都将延长新生儿父母的假期，以鼓励多生孩子。中国面临着劳动力减少和人口老龄化问题，这意味着它可能成为世界上第一个未富先老的国家。

关于民生。1月28日，《纽约时报》报道《看病要找票贩子？北京一女子称受够了》（“Scalping Tickets to the Doctor? Woman in Beijing Has Had Enough”）称，中国的票贩子是一个令人头疼的问题，他们抬高了演唱会门票、火车票的票价，但是，最让人痛恨的是医院的号贩子。最近，网上流传着北京一名女子痛斥号贩子的视频，视频中这名女子称广安门医院门口的号贩子将300元的号炒到了4 500元。中国官方电视台在周二播出了视频片段，很多人也讲述了类似的遭遇。

关于禁烟令。12月18日，《芝加哥论坛报》发布《北京禁烟令的支持者推动中国从国家法律层面禁烟》（“Smoking Ban Catching Fire in Beijing Supporters Make Headway as China Weighs National Law”），报道称以目前的速度，到2020年每年将有200万中国人死于吸烟，到2050年增加到每年300万人。在全球范围内，本世纪将有10亿人死于吸烟。由于男性在职业生活中通过吸烟进行交往这一根深蒂固的文化习惯，他们的死亡率高得不成比例，68%的中国男性吸烟。禁烟令本身不足以改变像交换名片那样互递香烟和不愿“无礼地”拒绝吸烟而有可能做不成生意的文化。

关于社会风气净化。12月25日，路透社发布《中国首都的警察调查上百名嫖娼嫌疑人》（“Police in China's Capital Investigate Hundreds of Prostitution Suspects”）称，周日中国首都的警察表示，他们调查了数以百计的涉嫌卖淫者，他们没有说是否拘留了嫌疑人。

其他相关信息。1月27日，印报托报道《中国第一所驾校正式上市》（“First Chinese Driving School to Issue IPO”）称，北京的东方时尚驾校经历了四年的准备与漫长等待，成为国内第一支登上A股的驾校。12月25日，印报托报道《肯德基在京开办第一家智能餐厅》（“KFC Launches First AI-Enabled Outlet in Beijing”），介绍了隶属中国百胜集团的肯德基与百度公司合作，在王府井大街开设的第一家智能餐厅，这家餐厅能够识别用餐者的头像、性别、偏好，在用餐者再次进入餐厅时自动为他提供相关服务。

12月27日，俄罗斯卫星台报道《北京居民用鲜花纪念图-154坠毁事件遇难者》（“Beijing Residents Laying Flowers in Memory of Tu-154 Crash Victims”）称，根据外交使团消息，北京市民携带鲜花到大使馆纪念黑海图-154战斗机遇难者。早些时候，习近平主席也向普京总统表示了慰问。

10. 反腐报道还是外媒关注焦点

十八大以来，中国政府高压反腐以培育清廉政治环境。北京高级官员的腐败案件查处，也是外媒关注的焦点，中纪委网站消息也成为外媒报道的信源。1月18日，路透社报道《中国调查北京高官腐败案件》（“China Investigates Senior Beijing Official for Corruption"）称，据中纪委网站消息，曾任北京市委副书记、市委党校校长、北京行政学院院长的吕锡文因受贿已被控制。

1月15日，路透社报道《北京京能集团称原董事长陆海军犯腐败罪》（"Beijing Haohua Energy Says Former Chairman of Its Owner Found Guilty for Corruption"）称，市四中院一审判决陆海军犯受贿罪，判处其有期徒刑11年。

11. 重大活动或事件

本年度北京主办的重大国际活动较少，这也是2016年度外媒北京报道总量低于2015年的主要原因。

第七届香山论坛举办。俄罗斯卫星台报道《第七届香山论坛在京召开》（"Xiangshan 7th Security Forum Kicks Off in Beijing"）称，10月10日至12日，来自64个国家和国际组织的400余名代表参加了第七届香山论坛，论坛旨在通过对话和合作建立一种新型的国际关系，本届论坛恰逢香山论坛举办十周年。经过十年发展，香山论坛已经成为具有一定国际影响力的亚太地区重要的安全和防务对话平台。

世界图书博览会。1月7日，印报托报道《在世界图书博览会上展示中国》（"Huge China Presence at World Book Fair"）称，六年前，印度在北京的世界图书博览会担任主宾国，六年后，1月9日在新德里开幕的世界图书博览会上中国成为主宾国。来自中国的81家出版机构、9位作家以及255位代表参加世界图书博览会，希望借此加强与印度的合作。

三、2016年度国外主流媒体关于北京报道的特点与规律

与2009年以来各年度外媒对于北京报道的情况比较，2016年国外主流媒体对于北京各月份的报道相对比较均衡，没有报道量奇高的月份。2009—2016年国外主流媒体对于北京的年度报道总量始终未超过2008年，由此可见，2008年北京奥运在吸引外媒对于北京的关注方面是空前绝后的。近三年来，奥运主题报道也始终是外媒津津乐道的一个话题，相比而言，虽然2016年是奥运年，但是外媒关于北京报道中奥运主题报道相比2014年（北京宣布申办2022年冬奥会）、2015年（北京申办2022年冬奥会成功）较少。2016年外媒

关于北京报道涉及最多的主题是北京政府管理、社会安全，外媒比往年更加关注北京市政府在改善民生方面的重要举措，包括雾霾、医疗等问题。

1. 社会安全类突发事件的报道大多在事件平息后即告结束

全年多个月份都出现了各类社会安全领域突发事件的报道，这类报道往往在事件平息后没有后续影响。如八达岭野生动物园老虎袭人事件、毒跑道事件、魏则西事件等。外媒基本上是遵循事实本身进行报道，并没有将这类事件意识形态化。

2. 在个别事件的报道中刻意使之意识形态化

在一些民愤较大的事件报道中，外媒会使用标签化方式或假引述方式，为事件涂上意识形态色彩，把事件引向制度因素，借此批评中国政府。5 月初雷洋案爆发时，美国《纽约时报》和英国一些媒体在报道标题中以“环保工作者”来指代雷洋，实质上是通过标签化的方式赋予这一事件意识形态色彩，将一起偶然死亡事件与中国社会发展中面临的重要问题勾连起来，达到抹黑中国的目的。在半年多的时间里，英国、美国、澳大利亚等国媒体使用多种信源对雷洋案的动态给予报道，强调事件发生后出现的签名请愿活动是一起中国中产阶层与政府对抗的事件。

3. 对于北京应对空气污染的做法又赞赏又讥讽

外媒一方面十分关注北京冬季的雾霾，一方面又将雾霾与经济发展联系在一起。西方通讯社均报道了 2015 年在空气污染的关键性数据上中国城市平均下降了 10%，但认为这是中国政府以牺牲经济发展为代价的。西方媒体也报道了北京决定在 2020 年停止使用燃煤，认为这体现了北京治理环境污染的决心。

4. 借人权宗教等问题抹黑政府试图激化社会矛盾

英美一些媒体仍然热衷于报道中国异见人士，如：《北京以颠覆罪控制两名律师》（“Beijing Holds Two Lawyers on Charges of Subversion”，1 月 14 日《纽约时报》报道王宇、包龙军被捕）；《据说北京逮捕 4 名人权捍卫者》（“Beijing Is Said to Arrest 4 Human Rights Advocates”，1 月 13 日《纽约时报》报道彼得・耶斯佩尔・达林）；《北京一家妇女法律援助中心被责令关闭》（“Legal Aid Center for Women in Beijing Is Ordered to Shut”，1 月 30 日《纽约时报》）等。外媒在年初对于异见人士的报道，实质上是为 4 月 13 日美国发布《2015 年国别人权报告》做注脚的。

5. 北京政府的议题设置能力越来越强

在政治议题方面，政府权威发布以及国内媒体的反腐报道已成外媒十分重要的信息来源。如1月召开的北京“两会”上，北京市市长王安顺的报告会议发布的许多数据，都成为外媒报道的标题，显示了北京市政府越来越强的话题引导能力和设置能力。如：在社会议题方面，外媒广泛使用“平安北京”微博、在京社会媒体（《新京报》《京华时报》等）作为信息来源，发布北京社会新闻。

媒体报告篇

观点与立场的耦合

——2009—2016 年英国《经济学人》报道中的北京

郭之恩

“一座北京城的历史就是一个国家的历史。作为几代帝都和今日中国首都的北京是中国历史和现状的缩影。北京是古老的，但同时又是一座焕发美丽青春的古城，北京正以一个雄伟、奇丽、新鲜、现代化的姿态出现在世界上。”

在 2008 年奥运后，北京伴随着中国的成长而发展：在世界舞台上，配合国家需要承办了多项国际重大活动，北京承办 APEC 会议、获得 2020 年冬奥会主办权；经济上，习近平总书记拓宽思路，力促京津冀协调发展，奠定未来发展新格局；在城市布局上，新的城市格局方案伴随着“十三五”规划进一步明晰，南水北调顺利进京、地铁建设规模超前；文化上，百花深处谱新曲……

西方媒体如何报道这个古老与现代的城市在新的历史时期的变革？它们持一种怎样的心态关注北京？它们的目光又聚焦在北京的哪些层面上？本研究通过历时性研究，分析国际著名的政治和经济期刊《经济学人》近八年来关于北京报道的报道选题、言论立场等。

《经济学人》是一份能够影响世界舆论的英国经济类刊物，该刊关注中国、关注北京。它一贯持保守主义的立场，对于一切违背自由市场的态度、言论和行为都大加鞭策，它的社会影响力上至各国总统、下达平民百姓，全球发行量超过 140 万份。多年来，《经济学人》对中国不甚友好，甚至可以说有“明显的敌意”。然而，该刊于 2012 年 1 月开辟了中国专栏。这是《经济学人》创刊 169 年来，开辟的第三个国家专栏。该刊创办的第一个国家专栏是英国专栏，刊物立足英国、服务本国，理所当然；1942 年，该刊增设美国专栏，顺应了二战及二战结束后美国领先世界经济的大趋势；2012 年《经济学人》创办中国专栏是否意味着中国将成为未来世界经济的中心？《经济学人》总编辑约翰·麦克列威特访问中国，在清华大学的演讲中道出了原委：“中国崛起对亚洲以及全世界都有深远的影响，值得用更多的篇幅来报道。”

《经济学人》中国专栏编辑基弗德称：“除非躲到别的星球上，否则任何人都能看到 30 年来中国是怎样崛起的。”北京是当代中国发展的一个缩影，关注中国必然需要关注北京；北京又是中国政治文化的中心，关注中国必然离不开中国智慧汇聚之地——北京。

一、研究背景

本研究以 2009—2016 年八年间《经济学人》的关于北京和中国的报道内容为研究样本，分析稿件所属栏目、稿件类型、作者、内容话题、涉及省份、新闻人物、消息出处、消息来源、主要观点、议程关系。

研究从两个维度展开：第一，2014 年 9 月至 2015 年 4 月历时 8 个月的关于北京、中国的报道。从涉华报道总量与北京报道总量之间的关系入手，分析北京在涉华报道中的地位。第二，2009 年至 2016 年八年间的北京报道。从历时性维度概括《经济学人》报道的总体情况，总结其报道规律。

本研究共采集到 2014 年 9 月至 2015 年 4 月间关于中国、北京的报道 367 条；2009 年至 2016 年间关于北京的报道 229 条。

由于西方媒体习惯以“北京”指称中国政府，本研究通过内容分析将中国报道和北京报道区分开来。例如：香港“占中”报道中，报道指出，“北京亦认为香港需要实现普选，但是，是在可控范围内展开的……”（2014 年 12 月 20 日第 10 页），此处的“北京”意指中央政府，因此，此处属于涉华，但非北京报道。“北京新富阶层开始热衷脱口秀，表达自己对现代城市生活的不满……”（2014 年 1 月 25 日第 63 页）此处反映北京生活，既属涉华，又属北京报道。

二、2014 年 9 月至 2015 年 4 月的涉华报道和北京报道

2014 年 9 月至 2015 年 4 月，《经济学人》的 25 期杂志中有涉华报道 367 条，其中北京报道 23 条，占涉华报道总量的 6.3％。

1. 北京报道数量领先各地方报道，北京成为《经济学人》涉华报道关注重点

在《经济学人》的涉华报道中，中央、部委及机关的报道量占据绝对多数。而在各地方事务的报道中，北京报道数量位居各省份榜首。值得注意的是，《经济学人》的报道在关注重点地区的同时，还深入到中国更为偏远的地区，如广东韶关（1篇）、四川西昌（1篇）、河南淅川（1篇）。虽然《经济学人》在开辟中国专栏后为了能够反映更加多元的中国发展情况，刻意注重了平衡，但是，在中国报道中，北京依然无法“逾越”，这与北京政治、文化中心的地位不无关系。北京成为《经济学人》中国报道的重点关注地区。

2. 北京成为中国环境问题风向标

依据地域范围，环境报道内容可大致划分为三类：涉华报道、北京报道、上海报道（见表1）。

表1　　《经济学人》不同对象报道涉及话题的构成情况　　单位：条

报道涉及话题	时政	经济	环境	民生	灾难	外交	宗教	国际问题	民族	网络安全	文化	科技	总计
涉华报道	106	179	7	28	3	68	28	14	1	4	11	3	452
北京报道	6	5	4	6		1	6				1		29
上海报道	1	8	1				1						11

从表1中发现，《经济学人》对中国环境问题的7条报道中，以北京作为典型案例的报道达4条之多，占比达57%。北京成为中国环境问题的风向标。

具体到内容层面，这一时期的《经济学人》并未一味指摘北京的空气质量。相反，其报道积极肯定北京在环境保护方面采取的措施，甚至为北京支招。例如，2015年4月25日，“亚洲环境专栏”题为《迫切需要一场绿色革命：商业如何才能帮助亚洲摆脱环境问题》（“Asia’s Environment in Need of a Green Revolution How Business Can Help Solve Asia’s Environmental Problems”）的报道指出，治理污染有三大先决条件：其一，公众参与；其二，立法；其三，私营企业参与。《经济学人》还对北京实行最严厉的禁烟措施（2015年3月21日《净化空气》（“Smoking Clearing the Air”））、北京积极使

用清洁能源（2014年10月25日《发电变局：中国致力发展清洁能源》（"Electricity Generational Shift China Is Developing Clean Sources of Energy"））、垃圾焚烧发电（2015年4月25日《垃圾焚烧发电：虽然引发民众不满，但是总比就地掩埋好》（"Waste Disposal Keep the Fires Burning Waste Incinerators Rile the Public，But Are Much Better than Landfill"））等话题进行了报道。

在这些报道中，《经济学人》除了报道北京环境状况不佳外，还以北京的积极努力作为自己的报道角度。2015年3月21日，在对于北京实行最严厉的禁烟措施的报道中，该文导语直接点明"首都在公共场所禁烟方面做出了好的表率"。文章认为，北京即将在6月1日实行的禁烟条例是各省市中最为严格的，比起现行的条例更为严厉，其中不乏部分惩处措施。

2015年4月25日，在题为《垃圾焚烧发电》的报道中，《经济学人》肯定中国政府利用垃圾焚烧发电的做法，并且派出记者奔赴上海老港垃圾焚烧发电厂，实地参观排放监控设备。通过专家解读、技术介绍等手段指出，中国民众对垃圾焚烧发电环境影响的评估并不科学。就目前而言，比起就地掩埋污染土壤，垃圾焚烧既能避免土壤破坏又能再生能源，依然是最好的垃圾处理方式。文中提及目前中国吞吐能力最大的三家垃圾焚烧发电厂分别位于上海、北京和杭州。

2014年10月25日，《发电变局：中国致力发展清洁能源》一文指出：中国能源供应还未市场化。中国意识到要改变依赖煤炭发电的模式。2013年，中国发电产能中可再生能源的比例首次超过石化能源。10月19日北京马拉松，雾霾水平超过安全水平14倍。煤炭在中国能源消耗中占80%。但是这种努力却受制于国企。清洁能源的一大问题是"上网"。中国电网更倾向于保护火电站。风能太阳能发电不稳定，但是，技术提升克服了这个问题，清洁能源发电现在占10%发电量，而英国只有2%。2007年国家推动改革，可是成效甚微，原因是无法补偿火电损失。引入竞争，改组国家电网是一条出路。

3. 北京成为"中国态度、中国观点、中国思想"的集散地

在367条涉华报道中，《经济学人》共引用消息来源312个，其中匿名消息源13个，具名消息来源299个。23条北京报道中，共引用消息来源39个，其中匿名消息来源3个，具名消息来源36个。消息来源的国家分布如表2所示，此外还有66条报道未指明国籍。

表 2　　《经济学人》涉华报道消息来源构成表　　数量：个

国家	中国	美国	英国	新加坡	澳大利亚	印度	日本	尼加拉瓜	法国	墨西哥	德国
消息来源数量	122	69	11	10	5	4	4	3	3	2	2
国家	新西兰	斯里兰卡	日内瓦	肯尼亚	加拿大	越南	哈萨克斯坦	芬兰	俄罗斯	丹麦	巴基斯坦
消息来源数量	1	1	1	1	1	1	1	1	1	1	1

从表 2 可以发现，《经济学人》在中国专栏报道中注意到中国报道消息来源的当地化，以中国当地消息来源为主体，综合多个其他国家的消息来源展现中国。此外，值得特别指出的是，伴随着中国外交、经济的国际化进程(特别是“一带一路”“亚投行”等以中国为主导的世界经济合作组织的成立)，第三世界国家与中国的关系成为《经济学人》中国报道的又一亮点，如表中反映的尼加拉瓜、墨西哥、越南、斯里兰卡、肯尼亚、哈萨克斯坦等国。

将《经济学人》涉华报道中中国消息来源进一步细分，可以得出表 3。在 122 个消息来源中，北京以 33 个消息来源位列国内消息来源之冠。此外，需指出的是，未指明来源所属省市的消息来源中大部分是中央官员、外企负责人等，其驻地均为北京。

表 3　　《经济学人》涉华报道中国消息来源构成情况　　单位：个

省市	北京	香港	台湾	上海	江西	深圳	厦门	未指明
消息来源数量	33	17	6	2	1	1	1	61

从消息来源的属地情况不难看出，在《经济学人》的报道中，北京已经成为“中国观点、中国态度、中国思想”的集散地，成为中国“智力”资源的聚居地。

4. 议程设置能力，北京高于全国平均水平

议程设置能力是话语权争夺中一个很重要的衡量指标。吸引外媒关注议程，然后促使外媒接受议程设置方的解释，继而将议程设置方观点进行传达，最终在海外受众中实现影响，才成为完整的话语权效果链条。从这个意义上

讲，议程设置能力是实现话语权的第一道关卡。

本研究将《经济学人》的涉华报道、北京报道从四个角度进行分析：

（1）中国（北京）设置议程，国外（《经济学人》）跟随；

（2）中国（北京）设置议程，国外（《经济学人》）从其他角度切入；

（3）国外（《经济学人》）设置议程，中国（北京）跟随；

（4）国外（《经济学人》）设置议程，中国（北京）回避。

（1）（2）（3）项分析指标较易区分，（4）项“国外（《经济学人》）设置议程，中国（北京）回避”分析指标是指《经济学人》关注的北京话题，由于种种原因，北京方面不敢触碰。

从这四个分析维度出发，《经济学人》2014年9月至2015年4月间涉华报道与北京报道的议程情况如表4。

表4　《经济学人》涉华报道、北京报道议程情况分析表　单位：条

议程关系	涉华报道		北京报道	
	数量	比例	数量	比例
中国设置议程，国外跟随	85	23.16%	9	39.13%
中国设置议程，从其他视角切入	153	41.69%	12	52.17%
国外设置议程，中国跟随	8	2.18%	0	0
国外议程设置，中国回避	121	32.97%	2	8.70%

在《经济学人》关于北京的报道中，中国（北京）设置议程（（1）（2）两种情况）该刊关注的比例（91.30%）要远远高于全国（涉华报道）（64.85%）的比例，北京在议程设置方面十分成功。从报道视角切入看，（1）项39.13%的比例说明北京设置的议程在报道角度方面也得到了《经济学人》的重视。

从国外（《经济学人》）设置议程，北京市的反映情况来看，在调研抽样时段内，北京市没有对外媒报道的跟随，（3）项为零。但是，对于外媒（《经济学人》）报道设置的议程采取回避态度的却占有8.70%。当然，这个比例远比涉华报道低。

从议程关系上看，北京采取了一种更积极有为的外宣策略，通过主动设置议程，成功吸引了外媒的注意力（（1）＋（2））。但是，议程的解读角度依然掌控在外媒（《经济学人》）手中（（2）项值大于（1）项值）。作为对等关系，外媒（《经济学人》）设置的议程中，北京回避议程比起全国平均水平较少（（4）项），说明北京方面在信息公开、触碰“敏感话题”方面是比较成功的。不过，作为互动，外媒（《经济学人》）设置议程，北京将之为我所用

((3) 项)的做法却几乎没有。

从议程设置的双向互动过程看，北京在未来外宣工作中除了继续保持积极有为的策略外，还应注意与外媒的互动。特别是要善于利用外媒(《经济学人》)，使其在议程中能为我所用，能借他人之口传我美名，从报道议程上为开创一种与外媒之间的良性的合作共赢互动关系奠定基础。

5. 报道角度耦合率，北京接近全国平均水平

在《经济学人》的报道将中国、北京作为重点的同时，其报道角度与中国媒体报道角度、中国政府宣传口径的异同，值得进行探究。

“报道角度耦合率”是指在报道同一题材话题时，《经济学人》的报道角度是否与中国媒体报道角度、中国(北京)政府宣传口径一致(见表5)。

表5　《经济学人》涉华报道、北京报道角度与中国耦合率情况　单位：条

报道角度是否与中国一致	涉华报道		北京报道	
	数量	比例	数量	比例
是	219	59.67%	11	47.83%
否	148	40.33%	12	52.17%

2014年2月20日，《经济学人》中国专栏中刊发一篇题为《房价：何来怨言？房市阴云中的一线希望》(“Housing Why Grumble? A Silver Lining to the Housing Cloud”)的报道，文中认为，中国房价挤泡沫的过程已经初见成效，特别是房价与年收入之比从2010年的12倍下降到2014年的9倍。随着北京城市边缘地区交通等状况的改善，房价开始趋于合理。这篇报道的内容聚焦中国的房地产市场，以北京为例。报道角度以稳定房地产市场为主，与中国媒体、中国政府、北京市政府的分析角度一致。2015年1月24日，《经济学人》中国专栏发表关于北京申办冬奥会的报道《滑雪跑道呢!》(“Skiing to the Piste!”)，报道认为，崇礼缺水造雪，北京不具备申办冬奥的资格。此外，中国禁止高尔夫球等贵族运动，而冬奥一直被认作是贵族运动的一部分。中国政府的体育运动政策存在前后不一的矛盾。这篇报道聚焦北京申办冬奥，除了立场不同以外，其分析角度与中国媒体、中国政府、北京市政府明显不一致。

6. 观点立场耦合率，北京接近全国平均水平

《经济学人》涉华报道的观点立场与中国媒体和中国政府是大部分相吻合的(见表6)。而北京报道中，这一耦合率稍低，为52.17%。这说明，中国

媒体、北京市政府的宣传报道与外媒思路相近，从一定程度上掌握了议程设置的能力。

表6　　《经济学人》涉华报道、北京报道观点立场与中国耦合率情况　　单位：条

<table>
<tr><th rowspan="2">观点立场是否与中国一致</th><th colspan="2">涉华报道</th><th colspan="2">北京报道</th></tr>
<tr><th>数量</th><th>比例</th><th>数量</th><th>比例</th></tr>
<tr><td>是</td><td>248</td><td>67.57%</td><td>12</td><td>52.17%</td></tr>
<tr><td>否</td><td>119</td><td>32.43%</td><td>11</td><td>47.83%</td></tr>
</table>

报道角度的一致并不意味着《经济学人》在观点立场上与中国、北京市政府及媒体一致。当然，《经济学人》报道角度与政府及媒体不一致也不一定意味着其立场和观点与北京不一致。

2015年1月24日，该刊中国专栏刊发《城市化：中国的巨大扩张》（“Urbanization：The Great Sprawl of China”）一文，分析了中国城市化进程的一个案例：北京城市扩张，建设七环路进入河北境内。文章从农民工融入、城市移民差别待遇等角度出发，报道视角与中国媒体、北京市政府别无二致。但是，报道立场却在于反映中国城市设计存在缺陷，大城市造成大问题，北京面临拥堵、征地、户口、限行等难题。与中国媒体、北京市政府对发展中存在问题、努力解决的报道宣传立场不同，《经济学人》对中国、北京的城市化进程持一种悲观的态度。这篇文章就是典型的报道角度一致但观点立场明显不一致的案例。

从这个分析维度出发，将涉华报道及北京报道进行观点立场的综合考察，发现北京在观点立场方面与《经济学人》的报道存在着相当复杂的差异（见表7）。

表7　　《经济学人》北京报道角度、立场耦合情况分布表　　单位：条

<table>
<tr><th rowspan="2" colspan="2">分析指标</th><th colspan="2">报道角度</th></tr>
<tr><th>是</th><th>否</th></tr>
<tr><td rowspan="2">立场观点</td><td>是</td><td>10　（Ⅰ）</td><td>2　（Ⅱ）</td></tr>
<tr><td>否</td><td>1　（Ⅲ）</td><td>10　（Ⅳ）</td></tr>
</table>

从表7中可以发现《经济学人》北京报道的报道角度与观点立场之间的关系。一般而言，有什么样的报道角度必然伴随着相应的观点立场。报道角度与中国传媒、北京市政府宣传耦合，那么观点与立场的耦合度就高（Ⅰ象限中的10条）；报道角度与中国传媒、北京市政府宣传相反，得出的结论、观点立场容易走向另一个极端（Ⅳ象限中的10条）；角度耦合度与观点立场耦合度负相关的现象属于个案（Ⅱ、Ⅲ象限中所展现的情况）。值得注意的

是，报道角度不同，但是观点立场相同的报道，其实是对北京市政府工作的支持（帮忙），外媒从自己的立场上证明了北京的工作。而报道角度一致，观点立场却截然相反的报道，其目的则在于“揭露”（帮倒忙）。

分析这四个象限的不同类型，有助于北京市更有针对性地展开外宣工作。首先，对于Ⅰ、Ⅳ象限而言，目前北京市的外宣工作从某种意义上而言是成功的，因为，只要外媒顺着北京市外宣所设定的角度进行报道，其观点与立场基本倾向北京外宣工作所设置的议程，这说明外宣工作的说服作用起到了一定的效果（象限Ⅰ）。但是，外媒的报道不会完全按照北京市外宣工作所设定的角度进行，在宣传活动力有不逮之处，就会出现角度、立场全然“失控”的局面（象限Ⅳ）。这就要求外宣工作要尽量扩大宣传报道的角度，扩大象限Ⅰ，压缩象限Ⅳ的空间（当然，要完全覆盖外媒报道角度是不可能的）。

其次，对于外媒报道角度不同，但是最终却对北京市工作持赞成立场的“帮忙”报道（比如上例中提到的《经济学人》支持北京发展垃圾焚烧发电项目），事实上是外媒为北京市的宣传提供了有益的新报道思路，可以借鉴，并继续扩大这条思路，不断拓宽外宣工作与外媒报道的交集。

再次，对于外媒报道角度相同，最终却得出相反结论，持“对抗式”解读的“帮倒忙”报道而言，这类报道说明北京市的宣传工作引起了外媒的“逆反”，反而警示需要总结前期工作，及时改进。如例证中提到的北京城市扩张问题的报道，是否因为前一阶段我们过多报道中国城市化的负面问题，造成一种对中国城市化进程的悲观态度？找到问题的症结，就要考虑下一步的策略。在城市化问题上，下个阶段对外宣传是否应该集中反映解决城市化问题的中国智慧？

7. 北京城市形象塑造以合塑为主

本研究借鉴国家形象塑造的分析方法，对《经济学人》对北京城市形象的塑造进行分析，比较《经济学人》在对中国国家形象、北京城市形象塑造中，对于他塑法、自塑法、合塑法三种塑造方法的运用情况（见表8）。

表8 《经济学人》涉华、北京报道中的中国国家形象、北京城市形象塑造方式

单位：条

形象塑造方式	涉华报道		北京报道	
	数量	比例	数量	比例
合塑	226	61.58%	13	56.52%
他塑	141	38.42%	10	43.48%

续前表

形象塑造方式	涉华报道		北京报道	
	数量	比例	数量	比例
自塑	0	0	0	0

他塑法：国际公众在认识、判断一个国家之前是有一个预设的标准，他们会按照自己的价值观、世界观、利益取舍和好恶来塑造自己心目中的北京形象。大众传媒（《经济学人》）在他塑过程中对公众认知北京起到了舆论导向作用。

自塑法：北京通过改变自己的实力和某些特征来按照自己的意愿向外界输出自己的形象。

合塑法：指由北京媒体和国际媒体共同塑造北京形象。它要求北京媒体的声音足以与国际媒体相抗衡，当两者的声音接近一致时，合塑下的北京形象就接近北京这座城市的本体①。

由于本文的分析对象为《经济学人》的涉华报道、北京报道，未涉及中国、北京市政府的公关行为，体现的是《经济学人》报道与中国、北京外宣工作的关系，没能体现中国、北京的积极作为，因此，自塑法分析项均为零值。但这并不意味着中国政府和北京市政府在这方面无所作为。

与当前摆在中国政府和传媒面前首位的国家形象塑造任务相比，北京城市形象的塑造虽稍有逊色，但是依然有所作为。在《经济学人》的中国、北京报道中，国家形象与北京城市形象的合塑比例达到 61.58%和 56.52%，说明中国及北京市政府、中国传媒对《经济学人》的影响力还是比较强的。《经济学人》的报道会对中国、北京市政府设置的议程、观点和立场有所回应。但是，对北京而言，《经济学人》北京报道中过高的他塑比例，也即报道角度、观点立场耦合度分析项中象限Ⅳ，显示北京市外宣工作力有不逮之处，出现角度、立场全然“失控”的局面，警示北京市相关部门依然需要加大对城市形象外宣工作的支持力度。

三、2009—2016 年《经济学人》关于北京的报道

2009—2016 年《经济学人》的北京报道共计 229 条，分布情况详见图 1。

① 刘小燕．关于传媒塑造国家形象的思考［J］．国际新闻界，2002（6）：61-66．此处借鉴国家形象传播，化用至北京形象传播。

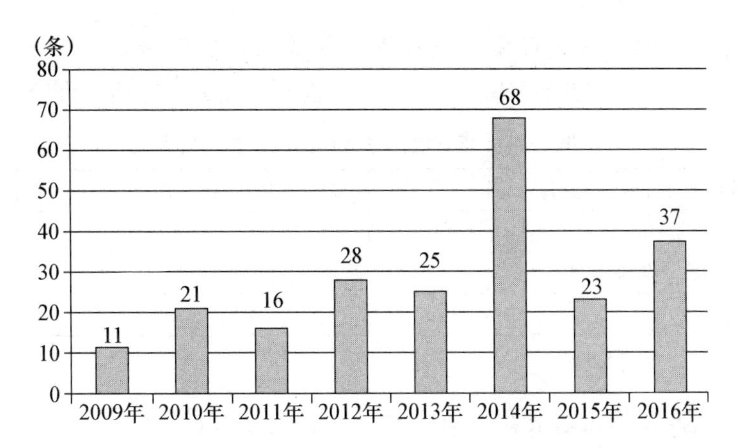

图1　2009—2016年间《经济学人》的北京报道数量柱状图

近八年中，《经济学人》对北京进行了密集报道，话题涉及范围从马航MH370、“7·21”暴雨、廉价航空，到计划生育、环保、中国人权。从报道量分布的情况来看，国家重要时间节点对《经济学人》北京的报道量有一定的影响。例如APEC、“两会”期间，北京报道的数量自然会增加。

从报道体裁看，《经济学人》的北京报道以特稿为主，有益于描绘新闻事件、人物更深层次的面貌（见表9）。值得关注的是《经济学人》的书评专栏中，有不少人物传记和涉及北京历史的资料，从另一个维度增加了对北京历史、人文的报道。如2014年5月24日的书评专栏中，该刊就推介了一篇题为《徜徉中国博物馆》（“Visiting Museums in China Vaut le Detour”）的文章，对中国特别是北京博物馆的历史变迁、当代发展等做了简要的介绍。2015年5月31日，该刊又在书评与艺术专栏中，介绍海外学者研究中国人心态的著作《中国人看野心》（*China Wild at Heart*），文章谈到中国人对野心的观念发生了变化，从避讳到现在懂得从心出发。

表9　　**2009—2016年《经济学人》北京报道的体裁**　　单位：条

报道体裁	评论			特稿			新闻	图片报道
	社论	专栏	书评	特稿	人物特稿	事件特稿		
数量	1	8	18	179	1	2	18	2

从表10可以发现，北京报道的发稿地集中在京沪两地。由于京津冀一体化、申冬奥设想的提出，北京周边河北境内张家口、崇礼、廊坊都成为北京报道的相关地。此外，作为一个国际化的大都市，北京亦出现在其他国家的报道中。如2014年5月17日，《经济学人》亚洲专栏刊发文章介绍亚洲廉价

航空业发展行情，在这篇发自新加坡的题为《亚洲廉价航空》（“Low-Cost Airlines in Asia”）的报道中，提及北京斥资 140 亿美元修建新机场。

表 10　　2009—2016 年《经济学人》的北京报道发稿地　　单位：条

国内发稿地	北京	上海	河北	浙江	江苏	广东	四川	重庆	香港	台北
数量	76	19	6	5	3	1	1	1	2	1
海外发稿地	英国	印度	美国	日本	新加坡	吉隆坡	未具名			
数量	9	6	4	1	1	1	94			

说明：有稿件从多地发稿。

就报道涉及的话题来看，《经济学人》的北京报道依然将重心放在了经济上（见表 11）。由于本研究人为剥离北京作为国家层面功能的报道，仅注重城市功能，因此，政治、外交功能被弱化，而民生、文化、环境报道的比例有了大幅提升。通过具体篇幅的分析，不难发现，《经济学人》所勾勒出的北京城市形象是比较丰满与全面的。北京既是中国发展的前沿，亦是中国发展过程中遭遇难题的缩影。（由于下一部分将以不同话题中呈现的北京城市形象进行内容分析，此处不再赘述。）

表 11　　2009—2016 年《经济学人》的北京报道涉及话题分类表　　单位：条

报道话题	政治	外交	经济	文化	民生	环境	灾难	科技
报道量	26	1	58	42	70	30	7	3

说明：有几条报道属于综合话题，涉及多个报道话题，故话题总数超过期间报道总数 229 条。

在 229 篇北京报道中，《经济学人》共引用 202 个消息来源，其中具名消息来源 178 个，匿名消息来源 24 个（见表 12）。通过对他们身份、地位、社会组别的分析，可以发现《经济学人》北京报道中“谁在说”的问题。《经济学人》北京报道消息来源倚重中国本地人士。而在外国消息来源方面则强调美国人（特别是商人）对北京的观察视角。

表 12　　2009—2016 年《经济学人》北京报道的消息来源地分布　　单位：条

国内消息来源地	中国其他地区	北京	香港	台湾	上海	广东	浙江	重庆	陕西	河北
数量	30	100	5	1	5	1	3	3	2	6
国外消息来源地	美国	英国	印度	法国	澳大利亚	未指明				
数量	27	3	1	1	1	13				

《经济学人》北京报道的消息来源以专家、学者、传媒人为主（见表 13）。

为了反映一个“市井”的北京，《经济学人》也特别强调对普通民众的报道。在“民众”（26人）的构成中，有5位教徒，从这个方面来说《经济学人》比较强调北京的宗教信仰话题。

表13　2009—2016年《经济学人》北京报道中国消息来源的社会地位分析

身份	专家、作者、传媒人	商人	民众	官员	政治人物	NGO	异见人士
人数	119	26	26	22	1	5	3

四、《经济学人》报道中的北京形象关键词

以上，通过对2014年9月至2015年4月《经济学人》涉华报道以及北京报道的比较，发现这一时期《经济学人》涉华报道的总体面貌和北京在整个涉华报道中的地位，以及该刊对北京报道的基本特点及规律；以下，通过2009—2016年《经济学人》北京报道的分析，抽取《经济学人》关于北京报道的关键词，进而对《经济学人》北京报道的基本角度、立场及观点做细致的梳理。

需要说明的是，本文将北京作为国家首都的政治功能与北京作为国际性都市的城市功能进行了分割，因此，删除了许多北京担负的政治和外交功能。

1. 北京市的政治形象：在历史与现实之间

《经济学人》北京报道中涉及北京政治方面的报道共计26条，具体涉及北京的政治文化历史、北京的城市治理、反腐等话题。

开风气之先的政治文化史。2014年10月11日，中国专栏发表《民主的捣蛋鬼：香港学生在中国漫长和高贵的道路上的历史地位》（“The Spoiled Brats of Democracy：Hong Kong's Students Take Their Place in a Long and Noble Chinese Line”）。这篇文章以香港“占中”为报道对象，大力吹捧学生运动。在文章中，作者提到“中国的学生运动可以追溯到康梁公车上书”。文中特别指出，康梁公车上书、五四运动、“文革”都在北京酝酿，北京事实上是中国民主运动的发源地。但是作为国家政权象征的北京与地理上的北京是有区别的。这种割裂历史与歪曲中国民主进程的立场和观点当然应该批判，但是，该文中有一点值得肯定的是，北京这座城市在政治风雨际会中确有百年来开中华风气之先的历史地位。虽然这篇文章的观点有值得商榷之处，但

是，它肯定了北京拥有悠久的政治文化历史。

在北京所承载的政治历史遗产方面，《经济学人》的报道是颇为负面的。由于北京有许多政治历史会涉及国家、中央对历史的定论，作为地方政府外宣部门，北京市相关外宣部门的空间有限，因此出现了力有不逮的局面。因此，从北京城市形象塑造角度而言，北京外宣部门较为被动，基本上全由外媒说了算，属于彻底的他塑型领域。在这一领域如何巧妙地化解西方媒体的敌对心理，创造性地做好解释和说服工作，是北京市相关外宣部门的重要职责。由于这一问题涉及意识形态，在说服中是最难实现传播效果的，因此，"扩大共识、求同存异"成为这个方面外宣策略的最佳选择。

城市治理：中国城市社会问题的缩影。《经济学人》在城市治理方面更倾向于将北京塑造成中国当下诸多政治问题的一个缩影，是富有典型性和代表性的个案。《经济学人》的北京城市治理报道例举如下：

2014年5月3日，该刊在中国专栏内刊发文章《知情权：领导人发现适度的透明公开有助于社会的稳定》("Freedom of Information Right to Know Leaders Discover That Some Transparency Can Help Make Society More Stable")。文章回顾了"非典"事件之后中国政府在信息公开方面所做出的努力。文章报道，在2010年北京市个人和社会团体诉相关部门信息公开相关的庭审中，政府部门败诉的案件占此类庭审总数的5%。2012年，政府败诉率达到了18%。文章对中国及北京政府在信息公开方面所做的工作表示了赞赏。

2014年2月22日，时值当年"两会"前夕，国际社会对中国地方政府负债、偿债问题较为关注。《经济学人》在这一期的中国专栏中专门对此进行了报道——《填平财政鸿沟：五花八门的基建仅是地方政府耗巨资的一个方面。哪个省份深陷债务问题?》("Bridging the Fiscal Chasm Fancy Infrastructure Is One Example of Local-Government Largesse. Which Province Is Deepest in Debt as a Result?")。文章称，根据2013年底国家统计局的数据，当年各地方政府借贷规模已经高达109 000亿元，相当于当年中国GDP的近六分之一。债务已经成为中国目前面临的重大问题，引发国际关注。2013年中国各省份中，负债率居前两位的是江苏和广东。但是，这两个省的经济发展速度超过19%。综合考虑负债和经济发展之后，负债水平较高的省份是云南、青海、甘肃以及重庆。不过，收支不抵问题最为严重的是贵州省。文中提到，贵州的债务问题也许并没有想象中得那么严重，因为中国国家统计标准不同，使得贵州的问题较为突出。假如从债务规模与财政之间的比例角度出发，那么债务问题最严重的要数北京。从数据看，北京99.9%的财政收入都花在了偿还债务上。该市也是中国人均负债最高的省份。

《经济学人》关注北京的治安、人权、城市经营（税收、债务）以及领导干部的考核等话题。通过仔细梳理不难发现，该刊将北京作为中国当下城市发展中的一个缩影、典型，以北京的经验、案例、做法作为案例观照当下中国社会发展中遇到的矛盾与不足。从报道的立场来看，在这些话题中，《经济学人》对中国各级政府在信息公开方面的进步表示肯定；对于治安、城市经营以及领导干部考核制度的批评虽然角度有所启发，不过脱离中国实际；但是，在人权方面，如上访、劫访、劳教、强拆等问题上，对于政府的批评十分尖锐。从报道的手法来看，在报道中，《经济学人》引用了官方数据、政府官员的立场发言，但是，在涉及人权的报道中，“一边倒”、不给政府任何说话机会的现象就出现了。

《经济学人》对于北京市的政治方面的报道折射出西方媒体对于中国、北京报道的理念发生了一定的转变。随着中国与西方的交往与接触不断深化，过去那种对中国指手画脚、以己度人的口吻明显减少。我们看到，对于中国的民主进步西方媒体也开始大加赞赏，对中国反恐虽然怀疑，但终究表示同情；对于中国现行管理体制中的矛盾，西方媒体不再囿于意识形态，而是从管理科学的角度出发，在接受中国、北京既有现实的基础上，怀着分析问题、给中国支招的心态写作的文章数量开始大幅攀升；但是，在人权问题上（特别是公民对抗政府的事件中），西方媒体依然坚定地站在“弱者”的立场上，对中国政府、北京市政府进行批评。

这表明，北京市在城市科学管理方面的工作得到了国际媒体的认同，北京市城市管理的宣传起到了重要的作用。西方媒体的意识形态坚冰已经开始融化，在政治科学、管理科学等领域中“姓资姓社”的问题已经开始淡化。但是，在人权等意识形态的核心领域中，西方媒体依然没有松口，毕竟这是涉及“灵魂深处”的价值认同的问题，并非朝夕能发生改变的。

为了应对这种变化，北京市的外宣策略应该进行相应的调整。除了继续对外传播北京城市管理不断科学化之外，还应适时迎难而上，在人权等意识形态问题上掌握主动权。针对外媒关注的事件，适时邀请政法系统、政府相关部门出来澄清，如在“天义客店事件”被外媒热炒期间，邀请司法系统、海淀区相关当事人出面澄清事实真相就十分必要。在人权等问题上，事实是最好的证据。

2. 北京市的经济形象：空租率、保就业，楼市软着陆，航空业育商机

2009—2016年《经济学人》北京报道中涉及经济类的报道共有58篇，是

诸多报道领域中最多的一个方面，报道主要涉及北京就业、房地产市场、航空业发展三大主题。

空租率、保就业。2008年一轮世界性的经济危机由美国的“两房”次贷危机引发，波及全球。在这样的国际、国内形势之下，“稳增长、保就业”成为2009年以来中国经济工作的主要任务和目标。写字楼空租率成为《经济学人》判断北京经济走势的一个重要依据。2009年8月1日，《经济学人》首次提出从各国主要城市的写字楼空租率看经济走势。在题为《陷入债务的高楼大厦：全球商业地产的危机》（“Towers of Debt：The Collapse in Commercial Property”）的文章中，《经济学人》报道地产中介CLSA机构认为，供大于求将严重影响中国写字楼市场。上海写字楼空租率上升32%。机构预测，至2010年，北京、上海的写字楼空租率将分别从当时的22%和17%上涨到35%。经济走势不容乐观。同年8月16日，该刊再次强化写字楼空租率这一概念，以数据图表报道“一年前北京写字楼空租率在全球主要城市中已经最为严重。今年情况有所恶化，空租率达到了23%”。

“春江水暖鸭先知”，将写字楼空租率作为经济发展晴雨表的《经济学人》在2010年8月21日率先吹响“复苏”的“起床号”，在同名的数据图表新闻中，报道亚洲领跑全球经济复苏，写字楼空租率有降低迹象。北京写字楼空租率开始降低，不过仍有17%，排亚洲第一。

在经济下滑阶段中，就业成为社会稳定的一个重要方面。当市场环境恶化时，首当其冲的便是职场中最为弱势的群体：进城务工人员和大学毕业生。2009年1月13日，年关将近，《经济学人》记者奔赴河北辛集，以白描式的报道手法报道了辛集这个首都外来务工人员输送大县在经济危机袭来之下的境况。文中提到，许多务工人员年后将不再返京。2003年“非典”期间、2008年奥运期间，政府强制关停污染企业，外来务工人员只得回家。不过，这并未造成巨大的社会动荡。辛集当地政府也在转化思路，解决本地经济发展的问题。

2009年4月11日，该刊发表报道中国毕业生就业问题的文章《学生们奔赴何方：中国的失业》（“Where Will All the Students Go：Chinese Unemployment”）。文章说，经济危机和扩招导致中国面临巨大的大学生就业压力，仅2009年就有毕业生600万名。中国政府担心由此引发学生运动，施行创业、西部、入伍等各类计划引导学生就业。北京市政府已经实现每村配备两名大学生村官的目标。2008年，1.7万人申请3 000个职位。

2010年6月12日，在题为《社会主义工人：经济聚焦》（“Socialist Workers：Economics Focus”）的报道中，《经济学人》分析了中国劳动力市场格局的变化。上海本田公司工人宣布因劳资双方无法达成涨薪24%的协议而罢工。6月6日，深圳富士康宣布薪水翻倍。中国廉价劳动力时代终结。根据统计数据，中国劳动力数量依然在增长，2010年为9.77亿，2015年将上升至9.93亿。但是，15～24岁年龄层的新劳动力数量在未来十年将缩减30%。随着年龄的增长，务工人员更不愿离开故土。经济学刘易斯拐点已经显现。拐点的到来表现在劳资双方谈判的增加上。北京宣布提高最低工资标准20%。不过，对于拐点是否真的到来，经济学界有不同意见。首先，此轮涨薪是经济危机工薪冻结之后的回调；其次，中国目前依然有近40%的劳动力在农村。政府调查显示，30%的人开始犹豫是否背井离乡进城务工，而两年前是24%。不过，除了工人可以迁徙外，资本亦可迁徙。向中国内陆迁徙之后，资本终究将离开中国。

楼市软着陆。北京的房地产市场是《经济学人》十分关注的话题，在涉及北京经济的报道中有10篇谈到了北京的房地产市场。

2010年1月16日，面对经济增速放缓的中国，《经济学人》驳斥了国际经济学界认为中国将步日本经济发展后尘，盛极而衰的论调。在这篇开宗明义指出中国不会重蹈日本覆辙的题为《不会是另一个错误：中国经济》（"Not Just Another Fake: China's Economy"）的报道中，《经济学人》驳斥了国际上唱衰中国的经济学家所持的中国政府被房地产行业"绑架"的论调。报道认为，中国经济与20世纪80年代日本大发展时期相似，但是，不会出现大的衰退。2009年北京、上海房价急升50%～60%。2008年12月至2009年1月全国70个城市房价上涨，涨幅平均8%。可是，这是2008年价格下降之后的回涨。与上年的收入增幅相比，平均价格实际是下降的。发达国家房价与家庭年收入之比在四到五倍之间。20世纪90年代的日本是18倍，购房者需按揭100年。中国楼市主要依靠现金而非信贷，因此，楼市破产不会对银行信贷系统产生毁灭性破坏。不过，北京、上海房价超过普通人承受能力会引发严重社会问题。

2010年5月29日，《经济学人》以北京通州房地产市场为例，报道中国楼市走向（"Home Truths: China's Property Market"）。北京通州老房待拆。通州是中国楼市的缩影。2009年第一季度中国商品房在建面积达18.7亿平方米，比2008年增长36%。地产与建筑业占中国GDP总额的10%。截至4月，中国70个城市房价攀升12.8%。政府开始干预市场，出台诸多措施为楼市降温，北京不允许购买第三套房。措施出台，通州房价下降13.4%。北上广深房价飞速上涨，在首都购买一套百平方米住宅，要耗费家庭17年收入。然而，中国的房地产能量并未完全释放出来，据测算目前挂牌的二手房数量仅占总量的 20%～30%。贷款买房比例提高，3 月上升 53%，可是相对 GDP 而言贷款率依然仅占 15.3%。可供比较的是美国房贷占 GDP 的 79%。中国房市信贷安全，招行 2009 年贷款总额增长 70%，可是房贷仅占 23%，其他银行这项业务均不满 20%。地方政府对卖地收入的依赖被夸大了，事实上卖地仅占政府收入的 17%。其实真正需要担心的是地方政府借钱盖房，其规模到目前为止仍不清楚。一旦房地产市场不景气，税收无法填补亏空，政府就将破产。研究人员调查了淄博出租车司机的购房行为。在淄博，出租车司机无须贷款便可买房。86%的家庭月供支出低于总收入的 30%。

2012 年 7 月 28 日，《经济学人》以方庄小区为代表，综述中国房地产市场发展未来。北京三环内中国第一个商业住宅小区方庄建成于 20 世纪 90 年代。小区周边有一个公园、一个学校、一家家乐福。开盘时每平方米价格不到 1 500 元，现在却已超过 3 万元。

2013 年 11 月 16 日，《经济学人》报道了这一时期中国、北京房地产市场的乱象。房地产开发商和媒体都开始对房地产泡沫充满担忧。新房房价不断攀升，上海、深圳、北京房价涨幅达 20%。大量人口拥向上海和北京买房，推动两地房价看齐纽约曼哈顿和伦敦中心城区。限购措施对于这种需求的抑制是人为的。上海、深圳最近学习北京将二套房首付提升至 70%。在北京，二套房销售需缴纳 20%的增值税。夫妇们用离婚来避税（“Haunted Housing：Property in China”）。

2014 年 7 月 12 日，在“自由贸易”专栏中，该刊登载《被限制的竞争》（“Free Exchange Competition，Hammered the Risks That Cartels and Collusion Pose to Auctions”），文章从经济学学理角度分析了拍卖制度与寡头经济之间的微妙关系。拍卖的逻辑很简单——价高者得，看的是竞价者心目中标的物的真实价值。出售方最终以最高的价格出让标的，拍卖也使得资源流通到了最珍视它的人的手中。拍卖的形式有很多种，例如“荷兰式”是从最高价逐次递减；“日本式”拍卖则如同打牌，卖家随着每一轮竞价水涨船高。北大与伦敦经济学院的学者从拍卖的角度研究了中国土地的出让。20 世纪 90 年代至 2004 年之前，由于地价过低及官员收受好处之后贱卖土地情况屡有发生，因此，中国政府决定实行公开拍卖制度。地方政府可以选择拍卖的形式。比如，北京和上海选择招标制（秘密标价）。另外两种方式分别为拍卖、挂牌。

2014 年 12 月 20 日，在中国专栏题为《为何动荡？楼市阴云中的银线》（“Housing Why Grumble? A Silver Lining to the Housing Cloud”）的文章中，该刊关注中国楼市软着陆。文章写道：中国房价与中国家庭平均年收入之比从 2010 年的 12 倍下降到 2014 年的 9 倍。城市边缘地区交通等状况得到改善，房价开始趋于合理。该刊绘制了北京、上海等人口超过千万的一线城市的房价可承受评价标准逐年变更曲线。曲线显示，自 2010 年至 2014 年，这类城市的房价不可承受指数从 10 降到了 8。目前，北京等一线城市 100 平方米房价基本上是家庭年收入的 14 倍，中型城市为 8 倍。

2015 年 3 月 21 日，该刊再次在短讯栏目中关注北京楼市价格下行。中国房价自 2011 年来首次出现下降，2 月份跌幅达到 5.7%。北京房价下滑 3.6%，上海下滑 4.7%。

面对"汹涌澎湃"的楼价上升，《经济学人》也报道了中国政府为缓解民生疾苦所采取的努力。2011 年 10 月 15 日，《经济学人》报道了中国廉租房建设情况。数据显示，过去十年来，北京各地的楼房均价上涨了五至十倍。在时任副总理李克强的主持下，北京市政府开始了规模庞大的公租房建设项目。政府报喜，可是民众并不买单。在李的施压下，各地政府努力完成当年 1 000 万套的计划，10 月 19 日，中央中央政府宣布已经完成当年计划的 98%，仅 9 月当月便完成 120 万套。这个数量比美国 2010 年一年的在建私房还多。解决穷困人口居住问题的同时，政府还希望借此以建筑业为龙头刺激经济的发展。3 月，中国政府宣布到 2015 年将建设公租房 360 万套。假如按三口之家计算，这些房子将住下全英国和波兰的人。

航空业育商机。《经济学人》的北京经济报道中，有 4 篇涉及航空业发展的报道。

2014 年 4 月 19 日，《系紧安全带：中国商务机行业潜力巨大》("Business Aviation Fasten Seat Belts：A Potentially Huge Market for Corporate Jets Is Opening Up in China")一文提到，中国的新富阶层不断涌现，而这个国家的商务机居然不到 400 架，远低于巴西和墨西哥的水平。这种现状的存在与政府不无相关。在之前，购买私人飞机被课以重税，按奢侈品征收税款，此外，北京机场中每个时段中仅安排两架次商务机，明显限制了商务机出行的需求。国企反腐之后，商务机客户中国企领导的比例从 15%降至 5%。中国目前仅有 400 个民用机场，与之形成鲜明对比的是美国，拥有 18 000 个机场。不过，值得欣喜的是，中国目前正以每年 10～15 个的速度在兴建机场。目前，中国的私营企业主开始热衷乘坐商务飞机。

2014 年 5 月 10 日，《第六块大陆：在登机前"黄金时间"吸引住人们的大战已经打响》("Airport Shopping the Sixth Continent：The Battle to Catch People in 'the Golden Hour' before They Board Is Getting Ever More Sophisticated")一文指出，自 2009 年来，全球机场免税店的销售业绩增长了 12%。其中大部分要归功于中国这类新兴市场国家的乘客。目前，像欧莱雅等国际

品牌已经开始注意机场免税店的营销。近期，它们针对消费者进行了调查，发现其中 70%～80%的消费者来自中国。免税店的蓬勃发展也推动新的国际贸易形式的发展。亚洲机场免税店的生意总额超过欧洲，2016 年将比欧洲多出一倍。另外，中国最近宣布将允许乘客在上海浦东及北京首都国际机场落地购买免税商品。

2014 年 5 月 17 日，《亚洲廉价航空发展不顺》（“Low-Cost Airlines in Asia：Too Much of a Good Thing after a Binge of Aircraft-Buying and Airline-Founding，It Is Time to Sober Up”）一文报道了北京的新机场建设，称北京传出消息，将斥资 140 亿美元兴建新机场。北京地区的廉价航空在经历大发展之后，将面临洗牌格局。

《经济学人》的北京民生报道中也有关于北京航空的报道。2013 年 8 月 10 日，《拥挤的天空，灰心的乘客：航空业》（“Crowded Skies，Frustrated Passengers：Aviation”）一文称中国严格的军事管制给蓬勃发展的民航事业带来了威胁。平时，北京首都国际机场的起落航班 1 500 架次，是除了亚特兰大机场外世界上第二大繁忙机场。但是，很多航班都延误了。调查显示，中国大城市机场是世界上航班延误率最高的。这个 7 月北京航班准点率仅有 18%。这些情况引发了群众的不满。在停机坪上待飞就被视作准点，这就是 2012 年政府宣布机场起降 75%准时的原因。机场工作人员往往不会给出飞机延误的原因。除了技术和天气原因外，中国飞机的延误还有两个人为因素：首先，空军监管了几乎全部的中国领空。其次，空管不会“见缝插针”。即使在天气情况好的时候，中国飞机的间距也会规定在 6～10 英里之间，而美国是 3 英里。好消息是，几乎所有中国飞机起落都十分安全。20 世纪 90 年代初连续几起飞机失事使得当局对安全问题十分关注。波音公司的数据显示，从 1998 年至 2008 年，中国的空难比美国少一半。过去 20 年来中国市场总量已经增长了 20 倍。总乘客人数世界第二，2004—2012 年间，乘客人数翻了三番，达到 3.19 亿。每年都有新的机场投入使用。目前中国保有民用飞机 2 000 余架。而波音预测在未来 20 年中将会翻倍。

2014 年 8 月 2 日，中国专栏报道《航空依然有禁区军事练习造成航班延误严重》（“Aviation the Sky Is a Limit Military Exercises Contribute to Dreadful Airline Delays”），文章谈到，中国机场航班出了各种延误。7 月 26 日，中国民航宣布华中地区运力下降 65%；7 月 28 日，上海两大机场取消航班 200 架次，120 架次延误 2 小时以上。问题的症结在于中国的领空用于民航开放的航线仅占 30%，而美国是 85%。航空专家认为军方至少还可以压缩十分之一的航线用于民航。即使在天气条件不错的月份里，北京机场的航班准点率也只有50%。

这些报道分别从中国的私人飞机市场孕育无限商机、机场免税店商机、新机场建设以及北京机场的航班准点率4个角度报道了北京市航空业发展的现状及未来。

《经济学人》北京经济方面的报道肯定了中国（北京）楼市调控政策，认为北京的楼市成功实现了软着陆——这是值得我们向其他外媒、向国内媒体推介的一个观点。此外，值得注意的是，《经济学人》是许多概念的原创地，比如汉堡指数。在分析中国（北京）的楼市方面，《经济学人》创造性地使用了“楼价不可承受率”（即百平方米住房总价与家庭年平均总收入之间的比率，也即一个家庭不吃不喝多少年能买一套一百平方米的房）的概念，浅显易懂地反映了北京楼市软着陆的指标。同样，在表现北京经济走势的报道中，《经济学人》创造性地提出了以写字楼空租率为指标判断经济走势。北京外宣部门可以沿用这一指标，并且在今后的外宣工作中创造性地使用自己原创的分析指标来说明北京市的经济运行情况。

总的来说，《经济学人》在世界上塑造的北京经济形象可概括为四句话：城市化发展遭遇瓶颈，模式亟待创新，楼市成功实现软着陆，航空业发展孕育新商机。

3. 北京市的文化形象：有历史、谈政治、讲迷信、有沧桑

与北京深厚的历史文化积淀相比，《经济学人》北京报道中文化类报道占比较小。虽然绝对数量不多，但是内容的张力却值得一提。

关注北京的博物馆。在2013年12月21日的特别报道《中国：热衷博物馆》（“Mad about Museums：China”）一文中，《经济学人》报道中国正在建设上千家博物馆，不过是否有藏品能将它们填满令人疑惑。红砖当代美术博物馆位于北京的五环，外围依然是刚刚城市化的农村，里面设施齐备，但是无藏品。这家博物馆由邢台开发商闫士杰出资建设。哥大教授称，中国正在经历一场博物馆化。不仅北京、上海在建，而且二、三线城市也在建。每天都有博物馆建成，却没有藏品。1949年时中国仅有25家博物馆，在随后的“文革”中大部分被焚毁，藏品四散。目前，每个省份都在建设或扩建已有的博物馆。私人收藏家自建博物馆以显示财富。根据现有的五年规划，中国到2015年将拥有博物馆3 500座。不过，这一目标提前3年就已实现。2012年，451家博物馆开业创下纪录，使得博物馆数达到了3 866个。美国每年新开博物馆20～40个，而且还是在2008年金融危机之前。中国没有公共博物馆的传统，皇帝们在紫禁城的收藏仅供少数人瞻仰。中国文物由于日军占领、蒋

介石运赴台湾有较大流失，所剩之物多存于北京的国家博物馆中。在北京，市政府计划将2008年奥运兴建的奥体公园的一部分建成为文化中心，其中最引人瞩目是中国美术馆新馆。

2014年5月24日，该刊在书评专栏中发表了一篇书评《徜徉中国博物馆》（"Visiting Museums in China Vaut le Detour"）。该文以新书《中国博物馆指南》发布为契机，介绍了中国博物馆的现状。2012年中国新建各类博物馆451座，2011年为350座。文中特别提到北京的故宫与台北"故宫"的历史渊源，以及北京的特色博物馆如太监博物馆，上海的古代妇女缠足博物馆、中国古代性文化博物馆等。

令人难忘却负面的北京奥运。2008年，北京举办了一场"无与伦比"的奥运会，成为世界难以忘怀的记忆之一。《经济学人》同样印象深刻，以至于每有重大体育盛事时，其报道中总不会忘记提及2008年北京奥运。不过，在《经济学人》笔下，北京奥运的"遗产"却是负面的，北京奥运不仅是国家主义的宣示、文化的灾难，而且后奥运时代北京奥运场馆经营不善，造成了巨大的城市运营负担。

2010年，印度承办英联邦运动会。可是，落后的场馆建设、拖沓的组委会筹备使得《经济学人》不由赞叹北京奥运精彩辉煌。本届印度英联邦运动会的主会场尼赫鲁体育场是1982年亚运会场馆，是印度唯一具有大型国际赛事规模的体育场，重建后依然无法与北京具有未来感的鸟巢媲美（"Who Will Bell the Cat? Commonwealth Games in Delhi"）。

2012年，《经济学人》在对伦敦奥运进行详尽报道时，不乏与北京奥运的比较以此为伦敦奥运支招。2010年7月24日，该刊以短新闻配特稿的形式报道奥运城市场馆维护运营方面的情况。文中谈到北京奥运会主会场鸟巢令人叹为观止。鸟巢现在成为旅游胜地，同时也用于其他赛事，如足球赛、竞走比赛等。伦敦奥运之后用好奥运遗产、场馆十分重要。不少城市在这方面做得并不好。鸟巢成为北京奥运一景，可是奥运之后的使用率偏低，仅接待观光客和举办稀奇古怪的音乐会（"Show's Over; Olympic Legacies; Field of Dreams; London's Olympics"）。2011年2月5日，在《奥运场馆》（"Extra Time the Olympic Stadium"）中，该刊再次提及北京奥运的主会场鸟巢主要用于旅游，体育赛事使用率不高。伦敦应该避免这种情况。2011年3月5日，在报道伦敦奥运运动科技新市场时，《经济学人》总结了北京奥运打破的四项世界纪录。同年11月12日，《经济学人》从历届奥运会奥运经济角度出发，为伦敦奥运出谋划策。从巴塞罗那奥运会开始，奥运期间酒店入住率下降已是一个定论。北京奥运期间，酒店入住率下降了39%。过去三届奥运会，人们在悉尼和北京待的时间要比雅典长。2012 年 3 月 3 日，《经济学人》谈到国际体育界反兴奋剂问题，肯定了北京奥运会的成绩，也指出使用药物刺激身体机能古已有之。现代竞技体育的出现改变了人们的观念。兴奋剂与反兴奋剂之间的博弈从没有停歇。在北京奥运期间，有五名运动员被查出服用兴奋剂（“Can the Scientists Keep Up?”）。6 月 6 日，《经济学人》再度发文探讨了如何举办一届令人难忘的奥运（“Little Britain：The Olympics Ceremony”），文中谈到 1984 年洛杉矶奥运会之后开幕式的场面越来越大，2004 年雅典奥运普及了历史，而 2008 年北京奥运中国强调了三大主题——中国秩序、国家创新以及远大抱负。7 月 28 日，伦敦奥运拉开帷幕，《经济学人》刻意将伦敦奥运与四年前的北京奥运进行了一番对比。在两篇报道中（“The London Model：The Olympics”；“The Dismal Dash：Olympionomics”），《经济学人》谈到经济学家试图创建模型分析主办国与奥运金牌之间的关系，最终找到的决定因子是上届奥运奖牌数。8 月 11 日，《经济学人》总结伦敦奥运（“The Joy of the Nudge Olympics：The London ames”），在“拔高”伦敦奥运的同时，不忘贬低北京奥运：每一届奥运会主办国都有不俗的表现，不过采取的手段不同。北京奥运上演了一场令行禁止的游戏，限制当地人开车，在开幕式前发放 1 100 枚增雨弹，以确保会场无雨。

在后奥运时代中，北京不幸屡屡“躺枪”。这次的起因是东京筹备 2022 年奥运会大拆大建引发东京市民不满，集体上街游行示威。2014 年 7 月 12 日，在“亚洲”栏目中，该刊认为 2008 年北京奥运是体育界的盛事，却是文化的灾难。它为破坏一座伟大城市的历史格局，填塞一些毫无人文、历史气息的标志性建筑打开了方便之门。

《经济学人》对奥运的好感自伦敦奥运之后迅速跌至谷底。2016 年 7 月 30 日，在书评专栏中借戴维·戈德布拉特（David Goldblatt）《奥运全球史》（*The Games：A Global History of the Olympics*）一书的出版，对国际奥委会、奥运会进行了一番挖苦。这篇书评中讲到，国际奥组委从建立之初起就十分保守，而奥运在每一个历史关头，总被政府所用。国际奥委会甚至默许各国政府在奥运期间掩藏问题。1996 年亚特兰大奥运期间，无家可归的人被锁了起来；2008 年的北京奥运导致百万非京籍人士没法回家。

在《经济学人》的报道中，北京奥运会已成为“标杆”。《经济学人》充分肯定了北京奥运的建筑设施、宏大场面，但是在论及奥运意义与遗产时，并没有抛开“政治奥运”的视角，每每不忘贬损中国借奥运提升国际影响力、复兴中国民族主义等说辞。在 2008 年奥运的对外宣传中，中国使用了较多的“大国崛起”“民族复兴”之类的话语，“刺伤”了国际社会“单纯”（当然是看似的）的心。

分析 2008 年北京奥运宣传的得失，在 2022 年冬奥会中，北京在外宣工作中应努力做到“内外有别”。“内”依然可以借冬奥会提振国家气势、民族信心；“外”则要注意分寸，尽量突出冬奥会作为“全人类盛事”的特性。简言之，在外宣工作中使用模糊概念，“多务虚，少务实”。

复杂多样的北京文化。2011 年 2 月 5 日，在书评栏目中，该刊详细介绍了美国大都会博物馆“帝王的秘密花园”故宫乾隆文物主题展（“Paradise on Earth：Chinese Imperial Treasure”）。乾隆在西方世界十分知名，他以康熙为榜样，主动退位后写诗、练书法。2 月 1 日，纽约大都会博物馆开始了“帝王的秘密花园”展览。这些藏品均借自北京故宫博物院。

2015 年 4 月 25 日，在书评栏目中，该刊谈到了晚清时期美国在中国掠夺文物的行径。这篇报道题为《早期的中国夺宝》（“Early Treasure-Hunting in China to Have and to Hold”），以新书《中国文物收藏者：百年美国亚洲艺术品搜集史》的出版为话题，谈及受洛克菲勒基金会等机构资助的美国收藏家花了 18 周时间将从敦煌低价收购得来的唐代佛首运抵北京，然后转运回美国。文中还引出一个问题：假如中国人希望美国归还这些文物，美国要开出什么条件呢？不过，《中国文物收藏者》的作者认为，在担心中国民族主义叫嚣之前，我们先得弄清楚“美国人为什么要搜集中国的文物，他们的文物是怎么来的”。

2014 年 6 月 28 日，在读者投书栏目中，宾州大学国际关系学院教授阿瑟·沃尔德伦（Arthur Waldron）专程致函该刊，谈及中国政府实行汉语拼音的历史。文中提到老北京掌故，复兴饭店更名为燕京饭店。

2014 年 6 月 28 日，在财经栏目中，《迷信的投资者》（“Superstitious Investors：Black-Cat Market Irrational Investment Habits Lead to Lower Returns”）一文谈到：在投资资本市场中，投资者事实上并非时时刻刻都是理性的，一些迷信情结往往主导了他们的决策。这种迷信就包括对数字的毫无依据的崇拜，比如北京奥运会开幕定于 8 月 8 日晚 8 点，就是因为汉字“八”的发音与“发”相似。又比如中国有的建筑里三层之上直接是五层。文中认为这些迷信并无大碍。但是在商业决策时，有的迷信却是致命的。

文化是一个民族价值观的软性表达，文化涉及的深度和广度很多时候超出人们的预期。《经济学人》对北京文化形象的塑造很难说有一个统一的立场，对于数字迷信这样的话题，《经济学人》更愿意将它视作无伤大雅的心理情结，当作文化差异；而在文化政治这个层面上（2008 年奥运会），则对中国、对北京大为不满；对于中国及北京文化的苦难历史，则更多的是表示同情。因此，《经济学人》笔下的北京文化形象不妨用四个词概括：有历史、谈政治、讲迷信、有沧桑。

北京的文化是一张通往世界的亮丽的名片，具有独特的魅力。但是，由于文化无所不包，十分多元，外媒究竟选择哪个话题进行报道，又会从哪个点切入，这些问题对外宣工作者而言是无法做到完全心中有数的。对于文化类内容，外宣工作可以从两方面展开：

首先，主动设置议程，吸引外媒关注。近年来，有许多中国概念、中国元素在世界舞台上备受追捧，但是最终多为西方媒体所唾弃，就是没有把握好"度"。比如杂技。中国杂技技艺精深，不亚于"功夫"。可是，过度宣传最终却被西方媒体诟病为摧残少儿的野蛮行径。同样，在宣传北京奥运，举国上下都在为健儿们勇夺金牌欢呼的时候，一旁被冷落的西方媒体自然犯上了"红眼病"。嫉妒之心人皆有之，最终他们的落脚点没有建立在对中国成功举办奥运会的赞扬上，反而说中国成绩是建立在"举国体制"之上的，没有成绩才奇怪呢。外宣工作应从议程设置的角度出发，以我为主，积极推广（甚至要"热炒"）北京文化概念。但是，一定要注意"节制"。

其次，对于外媒关注"防不胜防"的话题，要做好舆情监控工作，适当选取能有一番作为的话题，结合海外热度将话题的主动权争夺回来。北京市的外宣工作要提高与外媒的互动，这种互动不仅仅指请记者来报道，而且还要在议程、报道对象方面，跟踪外媒关注，适时给出回应（无论是驳斥还是进一步推动）。

4. 北京民生：国际城市的"都市病"、计划生育的前生今世、健康成问题及观念有转变

在调查时期内，《经济学人》对北京民生问题的报道居总报道量中的第一位。此外，在消息来源上，"普通民众类"消息来源数位居第二。这说明，《经济学人》十分关注北京当下普通人的生活，希望倾听他们的意见。

聚焦北京的"城市病"。2010 年 9 月 18 日，借南京举办世界城市竞争力论坛的契机，该刊分析了中国城市的竞争力及不足。在题为《扩张中的中国城市》（"Sizing Up China's Cities"）的报道中，《经济学人》报道说，南京将举办本年度世界城市竞争力论坛。可是，这座城市十分守旧，毫无竞争力可言。社科院调查显示南京竞争力在世界 500 城市中排名第 247。上海首次跻身前十。泉州、苏州名次前移 30 多名。美国咨询公司认为，在今后企业更应看重城市而非国家发展。到 2030 年新兴国家中将有 1 000 多个城市人口超 50 万。5 年前，企业布局门店只需在 60 个城市开设门店覆盖 80%以上的中产阶

级便可，到2020年，门店布局不得不扩展到212个城市。上世纪90年代由于小城市发展速度快过大城市，中国的城市发展较为平均。这一时期有190个城市撤县建市，1989年至2005年期间城市人口增加了5 400万。城市平均人口从32.5万下滑至31.3万。研究表明中国仅有2 700万人居住在人口规模超千万的城市中，比起5 800万人的印度及3 200万人的巴西要少得多。虽然上海高楼林立、北京建设至五环，但是中国城市规模依然偏小。中国管理层虽然积极推进城市化，但是对发展超大城市格外谨慎。农民进城容易，但是进大城市难。重工业轻服务的模式也导致城市规模不足。大城市高校聚集，城市扩张具有动力。

2014年12月6日，该刊发表《城市构成的星球》系列文章，在“不断加快的速度”一节中写道，印度城市金奈发展大大超速，最终政府不得不通过税收政策引导在45公里外重建新城。中国的城市发展更为惊人。引入了市场经济之后，城乡之间的联系进一步紧密，最终城市得到了爆炸式发展。城市的发展从人口密度可见一斑，20世纪20年代，芝加哥每公顷土地上人口为59人，如今缩减到16人；墨西哥城人口密度仅是20世纪40年代的一半；北京城20世纪70年代的人口密度为每公顷65人，而如今达到了每公顷425人。但是，随着经济条件的改善，人们不再甘于挤在拥挤不堪的狭小空间中，城市的发展遭遇了空间的限制。不过，由于北京推倒平房大幅修建塔楼，使得空间问题得到了解决，人们的生活空间反而变大了。

2014年4月19日，《经济学人》在头条中发表文章《中国的未来会怎样：中国改变建设和城市经营对于自己及国际社会来说都是件好事》（“Where China's Future Will Happen for the World's Sake, and Its Own, China Needs to Change the Way It Builds and Runs Its Cities”）。文中说：剧作家本杰明·迪斯雷利曾说过，一座伟大的城市是由伟大的思想支撑起来的。罗马代表着征服；耶路撒冷的高塔之上盘旋着的是信仰；雅典孕育了古代世界最为辉煌的艺术。在建设中国的城市时，中国的官员们脑中仅有一个伟大的构想：增长。经历了30年的经济改革之后，中国的城市人口激增了近5亿，是美国加三个英国的人口总数。中国每年新增城市人口是一个宾夕法尼亚州的人口规模。到2030年，中国的城市人口总数将达到10亿，占总人口的70%。城市的稳定，对于未来的中国来说十分重要。上海成为007电影的取景地；成都新世纪全球中心商场中建300米人造沙滩；郑州建成世界第一大高铁站，占地340个足球场大小……不过，这样的城市化方式已经无以为继，就连中国政府也承认这点。世界银行报告中提到，这种模式的矛盾已经显现，发展渐渐失去动力。文中提及，城市的扩张加剧了中国的环境问题。北京如今的汽车保有量已经超过了休斯敦，是这个星球上空气最差的城市。2006 年中国已经超越美国，成为温室气体排放第一大国，现在中国的排放量接近美国的两倍。

同样在这一期中，该刊推出“中国特别报道”。在《城市扩张》(“Urban Sprawl People, Not Paving China's Largest Cities Can Mostly Cope with Population Growth. The Spread of Concrete Is a Bigger Problem”) 一文中，作者指出中国城市扩张速度失控，甚至是远在西南边陲的昆明也亟待“瘦身”。昆明的城市人口仅排在中国城市的中等水平，可是 380 万的人口规模已经堪比美国第二大城市洛杉矶了。到 2019 年末，这个城市的人口预计还将增加 50%。为了控制城市规模的迅速扩张，中国曾在 1989 年时制定城市规划法，要求执行严格的人口控制。十年中北京的人口规模从 700 万增加到了 1 700 万。在 2013 年的一揽子经济改革方案中，中共中央再次强调“要严格控制超大城市的人口规模”。复旦大学、美国康涅狄格大学的三位研究人员指出，事实上中国的城市并非如数据显示得那么拥挤不堪。学者指出，北京的人口密度远未达到东京的规模，北京还有很大的城市发展空间。

在这一期的中国专栏中，《经济学人》发表了题为《中国失败者》(“Disillusioned Office Workers China's Losers Amid Spreading Prosperity, a Generation of Self-Styled Also-Rans Emerges”) 的报道，文中谈到“逃离北上广”现象。该文认为中国一线城市“户口”矛盾突出，包括北京在内，没有达到一定的要求，没有户口不允许买车、买房。在中国中产阶层迅速扩张的同时，一个庞大的城市“二等公民”群体也在扩张。

2015 年 1 月 24 日，《经济学人》再次关注中国的城市化进程。一篇题为《中国的扩张》(“Urbanization: The Great Sprawl of China”) 的报道，矛头直指北京市的城市规划。北京七环路的修建已经覆盖到了河北的廊坊。但是，这种城市规划的背后所体现的只有工程师的意志，很难称得上是成功的规划。中国三十年的城市化造就的是城市中的巨无霸，在中国已有一百多个人口规模超百万的城市。世界人口超千万的 30 个城市中，有 6 个来自中国：上海、北京、重庆、广州、深圳和天津。大城市带来了巨大环境问题，运营成本极高。北京的行车速度不及纽约与新加坡的一半。北京为了解决交通拥堵问题，不仅建设了环线还有各大联络线，并且主要路段均有八车道。看上去合理和完美的规划，却并未起到作用。中国的规划思维不合理问题的关键在于，人们工作的区域依然集中在市中心，所以每到上下班时间该堵还得堵。地铁线路的设计依然还是工程师说了算，普通民众的出行意愿和出行便利很难实现。公交、地铁、火车系统之间各自为政，无法互通。为了改善交通，北京只能通过限行来缓解拥堵。与此同时该市加快了地铁建设，加快了地铁运行速度。但是，为什么不能另辟蹊径呢？比如，让公交车在道路中心绿化带行驶、重建自行车道等。中国的城市规划水平目前仍不尽如人意。

《经济学人》对中国城市化模式的可持续性表示了忧虑，它深深认同中国新一届领导人改变传统城市化建设的思路。在这方面，它所做的更多的是剖析城市问题的根源，为中国支招。在《经济学人》的报道中，北京是当下中国旧有的城市化模式的集中代表，同时它也是旧模式发展瓶颈的最集中体现。在这个话题上，北京市外宣部门有很大的主动作为空间。北京如何塑造城市精神、如何在中国城市化道路上走出新的未来（京津冀一体化），这些新思路、新理念，恰恰是对以《经济学人》为代表的外媒的关注和担忧最好的解答。

首都成“首堵”。北京的交通出行也成为《经济学人》北京报道的重要话题。特别是2010年8月“京藏高速连续拥堵20天”，成为《经济学人》报道的关注重点。2012年8月28日，该刊以两篇短新闻的报道篇幅来对这一事件进行报道。文章报道了现场的情况，北京近郊延绵100公里的拥堵将持续到9月中旬。此次拥堵是由于修路造成的。有经商头脑的当地人已经开始向司机兜售饮料和碗面。

2011年新年，《经济学人》报道北京市政府提出的“治堵新政”引发的社会问题。《北京治堵：拉闸》（“Hitting the Brakes Beijing's Traffic Woes”）报道2010年12月的后三周北京车市火爆。政府将在12月24日后开始采取新的摇号措施，2011年仅放号24万个，仅是现在年均水平的三分之一。新政策仅面向有5年社保、完税证明的人，这样一来有一千万人无法购车。同时政府公务车也被冻结。其目的是缓解北京交通拥堵，该市11月底有车470万辆，比8月增加了6%。交通问题与墨西哥城不相伯仲。1月1日对小汽车的国家补贴即将结束，汽车销售将受影响。

2012年3月24日，《经济学人》报道北京停车难。《没有车位：新的城市问题》（“No Parking：New Urban Problems”）一文指出：北京出现停车难，银枫家园小区一位30岁车主打出红色横幅抗议。十年前购房时，开发商曾承诺以每月三百至八百元价格出租车位。但是，2011年管理方突然要求居民以16.5万元的价格购买停车位，甚至超过了车价。物业的破坏活动激起民愤，最后出动了警察。停车难还导致了堵车、油价上涨以及污染。中国大城市车位一位难求。北京过去十年汽车保有量翻了一倍，达到500万辆，而停车位只有74万个。去年停车费涨了4倍，公联顺达停车管理公司发生30起殴打事件。车多固然是一个问题，但是中国相关立法不健全也是一个因素，法律没有明确规定住宅与停车位之比，留下了灰色地带。

2013 年 9 月 14 日，《经济学人》报道《北京开车》（“Spin the Wheel：Driving in the Capital”）称：北京居民摇到号的概率比中轮盘赌还要低很多。眼看摇号无望，不少人只能走其他渠道。2011 年北京市政府实行摇号制度以来，概率越来越小，从 2011 年的 10∶1，到 2013 年夏天的 80∶1。有三分之一的北京居民无法参与摇号，因为政府要求必须要有北京户口。政府说，如果没有摇号制度的话，北京的拥堵和污染将更加严重。9 月 2 日，政府公布汽车排放新政。8 月媒体报道天津王雪霞（音译）宣称自己手中有 1 000 个号，每个号出租费 1 万元。其他办法则是在河北办号。《北京晚报》认为，北京河北号牌泛滥，削弱了限号限行的成效。

北京市提出，解决拥堵问题要大力发展公共交通事业，而公共交通事业发展中的重要一环是地铁的建设。从 2009 年至 2015 年的六年间，北京地铁的总里程数不断增加，成为政府工作的一个重点。《经济学人》在 2013 年以《向地下发展》系列报道进行了回应：

2013 年 1 月 5 日，《经济学人》报道北京及中国的地铁建设。《向地下发展：地铁系统》（“Going Underground：Metro Systems”）称：世界上的第一条地铁建成于 1863 年 1 月 9 日的伦敦，位于帕丁顿和福明顿之间，计 3.5 英里。彼时，《经济学人》曾发表评论，认为地铁可以缓解路上交通，若运营得当将能盈利。第一点不证自明，第二点百年来都未曾实现。2012 年英国地铁票务收入 20 亿英镑，加上广告等其他进项，勉强抵销 22 亿英镑的系统运营费用。目前世界上有 190 个城市拥有地铁，大部分在发展中国家。2012 年，中国的苏州、昆明、杭州开通地铁。不少城市的地铁里程也在快速扩张，12 月 30 日，北京开通新线 70 公里，将总里程数推高至 442 公里，超过上海成为世界地铁运营最长的城市。到 2020 年，北京规划建设 1 000 公里地铁。中国投资城际高铁的计划并未影响其在地铁方面的投资。

地铁建设的话题在当年的 4 月 27 日被重新提及。《向地下发展：中国的基建热》（“Going Underground：A Continued Infrastructure Boom”）称：并非所有的 900 万人口的城市都需要建设地铁。2012 年杭州还是一个没有地铁的城市，2013 年已经开通。另外两座城市苏州和昆明也于 2013 年开设了第一条地铁。北方的哈尔滨也在筹划第一条地铁的开通。按照中央政府的批复，2020 年中国将有 38 个地铁城市，里程数将达到 6 200 公里。不过，质疑也开始出现。舆论认为，有些地铁建设城市规模小，没有必要建。有专家认为，38 个城市中只有 20 个城市适合建地铁，其他城市建设轻轨就行，昆明和哈尔滨项目实无必要。地铁运营完全依赖政府补贴，实际上是个无底洞。城市管理者好大喜功，不计日后运营成本。即便是大城市，北京、上海和广州的地铁发展速度也令规划者担心。北京到 2013 年有地铁线路 442 公里，过去两年运营耗资 16 亿元，但是票价低廉。批评者认为杭州只需建设轻轨，可是在规划中，该市至少还要建 8 条地铁。

2016 年，北京交通大学教授毛保华因提出征收拥堵费“被死亡”。《经济学人》当年 6 月 18 日的文章《交通扩张》（“The Great Crawl：Traffic”）持同情北京市政府立场的态度。从 2009 年开始，北京和广州就想通过征收拥堵费的方式来缓解拥堵，可是被网友指责懒政、粗暴和贪婪。北京市到 2016 年有机动车 360 万辆，千人机动车保有率从 2000 年起增加了 21 倍。由交通带来的空气污染占大气污染的 30%，已到了不得不采取行动的时候。为了缓解拥堵，北京市地铁建设从 2002 年的 3 条扩张至 2016 年的 18 条，打造了世界上最为庞大的地铁系统。不过，这些措施依然无法满足需求。市政府正在试图测试民众的忍受极限。北京市环保、交通相关部门即将拿出方案。交通的拥堵也与城市规划相关。

户籍制度引关注。2010 年 5 月 8 日，在《无形与沉重的枷锁：中国流动人口》（“Invisible and Heavy Shackles：Migration in China”）一文中，《经济学人》报道称户籍管理制度使得进城务工人员无法得到公平对待。从 1953 年起，中国实行户籍制度，户口成为众多不平等的根源。2009 年开始的全球经济危机推动中国政府进一步进行户口改革，官员们认为这样才能促进城市化，拉动消费。政府允许户籍改革，但是不想激进。户籍改革是牵一发动全身的问题。北京涌现出众多私立学校以解决外来户子女就学问题，但不少学校收费高、条件差。而户口又涉及孩子教育问题。中国农村贫困人口向大城市移民存在严重经济制约。农民无法出售土地，使得他们无法进城，被束缚在土地上；同时，土地也无法集中。重庆等城市开始实行的地票政策使得土地开始集约化。两大因素制约农村发展：农村土地集体所有，归属权不明晰。官员担心失地农民会造成印度式城市贫民窟。此外，政府担心粮食安全，划定土地红线。

2011 年，为了控制人口规模，北京市开始清理地下室、群租房现象。2 月 19 日，《经济学人》在《防空警报：北京的人口控制》（“Air-Raid Warnings：Population Control in Beijing”）一文中报道：“北漂”被赶出地下防空室。北京市交通拥堵、公交拥挤、学校及医疗资源极其紧张，为了应对指责，官员们开始采取措施限制人口总数，将没有技术的人排除在北京之外。12 月，该市宣布关闭所有的地下防空设施、地下室。官方媒体认为此举将影响 100 万人。改革开放以来，北京很少这样限制外来人口。促成政府下定决心的是

2010 年夏天的一次调查显示 2009 年末北京人口已达 1 970 万，比官方数字多了 200 万。7 年前公布的发展规划中，北京市力争在 2020 年实现 1 800 万人口规模。事实上，北京面积几乎有半个比利时大小，远郊区县众多，因此，这个规划数字并不合理。不过，十年来北京的人口从 850 万增加了 1 000 万。10 月，政府决定呼吁中小城市接纳更多流动人口，而大城市则要控制。这进一步坚定了北京的决心。

2011 年 9 月开学季到来，北京不少农民工子弟学校因为硬件不达标、软件不合格而被北京市教育行政部门关闭，引发不少社会不满。《经济学人》记者专程以东坝希望小学为典型，对农民工子弟进城过程中面临的问题进行了报道（“School’s Out Beijing’s Migrant Workers”）。东坝大街上挂着促进城乡和谐的口号，可是在这个夏季，政府却关停 23 家小学。东坝实验小学只有一排平房，原来是一家村办工厂的厂房。政府对学校断水断电，受影响的学生有 1.4 万人。政府给出的理由是，这些学校没有注册，安全没有保障。开学前夕的举动引发抗议，之后政府允许一部分学校复课。政府之前也曾关停农民工子弟学校，不过自 2006 年来还没有规模这么大的。东坝希望小学十分之一的孩子将被父母送回老家。由于城市中缺少教育资源，很多孩子只能待在老家与亲戚住在一起。一些中国人认为，这引发了少年犯罪。数据显示，中国有 2 亿农民工，2 000 万留守儿童。中国的户籍制度将农民工排除在教育和医疗之外。比起北京来，其他城市对农民工的态度更为宽容。2010 年，上海宣布对所有农民工子弟实行免费教育。中央教科院专家表示，北京其实可以容纳 40 万农民工子弟入学。但是，出于对城市人口规模不断扩张的担忧，政府限制了这些福利。

2016 年，随着北京“疏解非首都功能”工作的进一步展开，《经济学人》4 月 3 日的文章对清理大型市场、小商小贩的做法颇有微词（“Urbanization: Megalophobia”）。该刊认为，北京、上海两地政府为了控制人口规模，首先将容易赶走的人赶走。2015 年，北京市表示，规划 2020 年人口规模不超过 2 300 万。也就是说，这几年中，只能净增人口 100 万。目前，北京的居民已与半个比利时相当。对于流动人口而言，没有户口的城市生活本已艰辛。2016 年，国家发布新型城镇化方案。但是，依然要求 16 个特大型城市严格控制人口规模。北京的中产阶层不愿与外地人分享资源。2014 年起，外来人员子女就读需要父母提供各类证明，致使这类儿童入学率下降了 22%。这些措施起到了一定的效果，2015 年，北京流动人口增加 0.5%，是 1998 年来增速最缓的。表面上看，这些城市保护了中产阶层的既得利益，但是，却赶走了劳动力。最终，中产阶层会处于无人为之提供服务的窘境。

2015年，中国宣布实施全面二孩政策。12月19日，《经济学人》对此进行了专门报道。在题为《打破藩篱：国内迁移》（“Shifting Barriers: Internal Migration”）的报道中，《经济学人》说中国的社会管制开始出现松动。首先是2015年10月计划生育政策解冻，现在户籍制度也开始试水。12月12日，中国媒体报道，近年来户口政策的最大调整浮出水面，它的影响将是深远的。新制度下，农民工可以申请城市户口，七千万农民工子弟得以进城与父母团聚，在城市里接受教育。这一政策使得农民工在享有农村户口福利的同时，还可以享受城市服务。社科院2010年的调查显示，90%的农民工不想将户口迁入城市。申请人口规模在50万～100万城市的户口需在当地缴纳社会保险三年，人口规模在100万～500万的城市是五年，超大型城市自己制定方案。中国大约有1 300万“黑户”，12月9日中央宣布他们可以落户，但是，如何落，是否需要缴纳罚款不得而知。政府预测2020年1亿农民工将获得城市户口。不过，大部分农民工都生活在北京这样的超大城市中，根据北京市的改革方案，他们要换身份绝非易事：北京市规定只有年纳税额在10万元以上的人才有资格，对于普通劳动者而言这一标准是无法企及的。

关注中国计划生育政策的变化。2010年8月21日，《经济学人》以“中国青年政治学院教师杨支柱因超生被解聘事件”为话由，对中国的计划生育政策做了详尽的报道（“The Child in Time: Rethinking China's One-Child Policy”）。杨支柱因为超生被开除后，得到了传媒的支持。在中国，反对计生政策的一方越来越有力量。面对庞大的养老压力，目前的一胎政策已显露弊端。多家媒体关注引发社会大讨论。山西翼城实行二胎政策25年，人口没多，性别比例平衡。2007年，卫计委官员表示计划生育政策使中国少生了40%人口。正常代际传承出生率应在2.1，而调查显示中国富裕地区的出生率仅在1.47以下。

2014年5月17日，该刊在中国专栏中发表了一篇题为《为身份而战》（“Bureaucracy Fighting for Identity: People Born Outside Family-Planning Regulations Are Fighting to Obtain Legal Documents That Prove They Exist”）的报道，集中反映北京南郊的李雪（音译）20年来为落户奔走多方无果的案例。李雪属于“黑户”，因为没有户口，她不能就学、就业、结婚，甚至不能买火车票、飞机票。近期，中央政府开始放松对户口的管制，宣布至2020年，将会给1亿进城务工人员城市户口。地方政府（包括北京）在户籍制度上也开始有所调整。根据新华社的报道，山东省自2月以来已经解决了12万“黑户”儿童身份问题，江西南昌也有类似举动。不过，其他省份跟进不怎么积极。

同年6月21日，商业专栏发表《驾驭财富　中国的老龄潮》（“Fosun Riding the Rich, Grey Chinese Wave China’s Largest Private-Sector Conglomerate Has Been a Skilful Surfer of Changing Business Trends”），聚焦中国的老龄化问题。报道称，中美两家投资公司在上海开设了养老院，活动精彩丰富，老人生活安逸，吸引了不少关注的目光。中国投资公司Fosun最初由四名复旦毕业生创办，经过几年打拼成为中国当下最大的私募公司。近年来该公司一直投入养老行业，认为这将成为中国经济的新热点。麦金利全球研究所的分析认为，在未来全球将出现数量庞大的皓首富裕阶层，而在中国则以上海和北京为首。在世界老龄产业十大城市中，中国将占有五席。

《经济学人》认为户籍制度是眼下中国社会不公的重要来源。2011年前后，社会阶层之间的紧张关系达到了顶峰。伴随着新的治国理政思想的贯彻和落实，户籍制度到2015年已经有了松动的迹象。不过，在其中，北京市的形象却极为不佳。无论是清理地下室、群租房，还是“疏解非首都功能”，都被西方媒体烙上了“排斥进城务工人员”（甚至是与中央放开精神不符）的印记。从《经济学人》这类报道立足草根、多从民众中进行典型报道的做法不难看出，北京市在实行和执行这些工作的时候没有做好政策的解读工作，以及后续的配合宣传工作。比如，在“疏解非首都功能”的报道中，我们集中报道了动物园商户、菜贩搬迁河北后得了利，可是广大市民如何就近解决买菜、买衣服难问题，我们的媒体则没有报道。最终一个好政策被西方媒体误读、唱歪成“领导拍拍脑袋，领导不愁吃穿，不食人间烟火”。

关注中国人的健康、医疗改革情况。2014年3月1日，该刊报道北京将实施“史上最为严厉的禁烟条例”。在这篇题为《烟草产业何去何从?》（“The Tobacco Industry Government Coughers Smoking Is on Course to Kill Loom Chinese People This Century. Will the Latest Anti-Smoking Policies Curb It?”）的报道中，《经济学人》称中国有3亿烟民，7亿二手烟受害者。2005年，整个中国的烟草产业规模为2 850亿元，2012年达到7 570亿元。2013年，国务院禁止官员在办公场所、医院、学校及公共交通设施吸烟。国家卫计委正配合国务院推行全国范围内的室内禁烟。但是，目前这些努力收效甚微。近期北京响应联合国卫生署控烟协约要求，开始在室内全面禁烟。

2015年3月21日，该刊再次聚焦禁烟话题。在题为《清洁空气》（“Smoking Clearing the Air”）的报道中，作者提到，中国有3亿烟民。6月1日，北京市即将实施更为严格的控烟措施，公共场所包括酒吧、办公室、体育馆、医院和学校将全面禁烟。违法者将面临最高200元的罚款。北京的新规在全国最为严格，处罚力度也最大。

2012年12月间，《经济学人》密集关注发展中国家糖尿病问题。当年12月15日、22日连续两期中，《经济学人》都报道了中国、北京的糖尿病问题。在《糖尿病：全局》（“Special Report — Obesity the Big Picture”）中，《经济学人》报道说，在北京，办公室白领们簇拥在王府井的快餐店。即便是在家吃饭，肉和油的含量也偏高。这是祖辈珍爱孙辈的好意，却导致了人们越来越胖。而在题为《糖尿病：沉重的健康负担》（“Special Report—Obesity a Heavy Burden：Health Effects”）的报道中，该刊写到在一些国家中，糖尿病护理需求很大，私营企业开始介入。广安门医院南区病号张再兴（音译）患糖尿病30多年，最严重时只能禁食，瞪着月饼瞎着急。如今他是希望工程培训的内分泌专家马莉（音译）的病人。该项目由印第安纳波利斯的礼来制药厂资助。在北京的另一家医院里，护士们正用辉瑞提供的工具测试血糖。病人们在等候结果以便提供给大夫。假如医生们能开辉瑞的立普妥的话，就更好了。辉瑞中国区老板吴晓彬（音译）说将继续投资这类项目，同时培训医生。另一家较为积极的海外药厂是诺华，1994年起，该公司就将中国作为主要市场。近期该公司在北京投资1亿美元兴建了研发中心。自2003年以来，它在中国培训了22万名医生。其产品占据中国糖尿病市场的62%。

2014年3月1日，该刊报道北京郊区超重和肥胖症患者要多于市区。在这篇题为《肥胖的小皇帝》（“Obesity Chubby Little Emperors：Why China Is Under and Over-Nourished at the Same Time”）的报道中，作者称根据调查，中国人口中四分之一的人有超重问题。随着生活条件的不断改善，中国人日常摄入高脂、高糖食物的量不断增加。在中国，成人糖尿病发病率为11.6%，与美国比肩。60岁以上的人口中每五人就有一人患有糖尿病，比例大大高于国际平均水平。城市化使得人们缺少锻炼，没有步行和骑车的机会。《柳叶刀》公布的调查显示，中国男孩糖尿病患病比例为6.9%。此外，还值得注意的是，农村和偏远地区儿童肥胖率要高于发达地区。2012年，公共卫生研究专家根据研究发出警告，北京郊区农民超重、糖尿病患病者人数在急剧上升。

北京的医疗改革方面，《经济学人》不仅关注北京民众看病难的问题，也报道了一段时期以来紧张的医患关系。2009年4月1日，该刊报道北京通州肾病患者因高额医疗费用，集资使用淘汰血液透析机，被政府医疗监管部门取缔。后迫于舆论压力，相关部门宣布为这部分病人免费提供治疗。

2012年，中国陆续发生多起针对医疗单位工作人员的“医闹”、杀医事件。7月21日，《经济学人》在《冷漠的攻击：殴打医生》（“Heartless Attacks：Violence Against Doctors”）中报道，在接连发生病人攻击医护人员的事件之后，中国的医护人员感到不安。根据卫生部门的统计数据显示，2010

年，中国共发生针对医护人员的事件 1.7 万起，比五年前的 1 万起有了大幅增加。英国《柳叶刀》杂志认为中国医护人员正面临危机。哈尔滨杀医事件之后，卫生部要求强化医疗机构治安。4 月 13 日，北京一医生遭禁锢；5 月 12 日，南京一护士被打。“医闹”的背后是病人家属想获得更多的赔偿。即使在城市中，中国医生的月工资也仅有 5 000 元，出门诊和手术有额外绩效。部分医生采取过度医疗，让病人做不必要的检查，开天价药来赚钱。7 月 18 日，卫生部门命令禁止这些行为。《人民日报》网上调查显示，三分之二的网民对杀医事件表示开心。4 月 20 日，北京同仁医院“医闹”的被告被判有期徒刑 15 年，但是这并不能阻挡住“医闹”。

同一天，《经济学人》报道中国新医改方案出台，报道借用时任卫生部部长陈竺的诗句《英雄敢渡津》（“Heroes Dare to Cross：Health-Care Reform”）作为文章的题目。医改方案公布后，卫生部部长陈竺写了一首诗。可是，中国目前的医疗改革并非如此乐观。新医改要求医院和医生切断医药联系。1978 年市场化改革之后，中国医疗费用猛增，当年患者消费就增加了 20%。到了 2001 年，医疗消费以 60%的速度在增长。2000 年世界卫生组织医疗 191 个会员国财政公平排名中将中国列为倒数第四。医疗问题成为国家矛盾的激发点。本轮医改始于 2009 年，三年中花费 1 200 亿元，用于社区医疗中心的建设，同时扩大医保入保人员范围，三年累计增加 1.72 亿人。2011 年，95%的城乡居民拥有各类形式的医疗保险。而 2005 年时，参加医保人数不及三分之一。可是这些都不足以改变根本问题：医院通过卖药维持日常运营。北大研究指出，医院收入中 40%来自卖药，40%～50%来自检验及治疗，政府投入不足 10%。2012 年 6 月 25 日，医药分离改革开始试点。7 月大城市医院开始试点，包括北京友谊医院。新华社社论说，医药分离是中国医疗改革最困难的部分。友谊医院改革的具体做法是增设医事服务费，切断医药关系。医生的服务费从 42 元到 100 元不等。医保基金将补贴 40 元，也就是普通就诊仅需 2 元。不过一位 65 岁的女患者表示，她每月花费上万元看病，新医改没能减轻她的负担。药房没有的药只能上街买。这次改革的最大阻力来自医生，因为开药赚钱和药厂回扣之门被堵上了。北大研究认为，大部分医生是通过灰色收入过上体面生活的。政府若想改革必须先提高医生工资。

关注北京孩子们的教育。2014 年 1 月 4 日，《经济学人》《大学不再面向大众》（“University Admissions Not Educating the Masses：The Proportion of Rural Students at University Has Declined Dramatically”）一文认为，目前中国的大学（特别是一流大学）中农村学生的比例越来越小，正在走精英化趋势。20 世纪 70 年代，习近平就读清华时，清华的寒门子弟为 50%。习亦出身穷苦农村。可是到了 2010 年，这个比例下降到了 17%。教育资源和投入的不平等是造成这一现象的主要原因。2011 年，北京市小学生生均投入达到了 2 万元，而中国中部的河南生均投入仅有 3 000 元。腐败和关系横行也发挥了巨大的作用，高官巨富子弟云集北京。不久前人大招生办主任在出逃前被捕，其涉案金额超过千万元。另外，地域歧视也是一个原因。清华每年在具有 1 亿人口规模的河南招生不足 200 人，而在仅有 1 300 万户籍人口的北京却招收 300 人。

北京儿童的身体健康也成为《经济学人》关注的焦点。2014 年 11 月 8 日的《经济学人》聚焦“小四眼”。在中国，上世纪 70 年代中只有不到三分之一人患有近视。而现在的情况是有五分之四的人需要戴上眼镜，其中五分之一的人患有重度近视。最新的调查显示，中国小学生中有近 40%的孩子近视，是 2000 年的两倍。而美德两国仅有 10%的小学生近视。2012 年北京调查显示，近视与学生花大量时间学习、看平板电脑有关。中国教育不鼓励学生到户外去（“Myopia Losing Focus：Why So Many Chinese Children Wear Glasses”）。

聚焦北京市民思想的变化。2014 年 1 月 25 日，《经济学人》报道中国新富阶层开始热衷脱口秀，这种以嘲讽的口吻抒发不满的方式正在北京流行起来（“Stand-Up Comedy：Joking Aside Comedy Clubs Give Young Chinese Something to Laugh about”）。文中提到，曾在美国主持脱口秀的黄西归国，在央视主持专门节目得到了国内观众的好评。与此同时，北京的一些俱乐部和夜店中开始开设脱口秀环节吸引了不少年轻人。他们以这种方式排遣心中的不满、释放压力。

中国国内媒体大都将民生新闻定位在家长里短、生活服务的报道范围之内，作为知名的国际经济媒体，《经济学人》同样关注民生，因为任何的经济行为都不是数字、数据的堆砌，新闻因为有故事、有人才变得生动。同样，《经济学人》对北京民生的报道是将这座城市置于国际性大都市的大格局中来进行报道的。在城市化问题系列报道中，北京并非主角，而是在众多发展中国家里遭遇城市化矛盾较多城市的一个典型。同样，在航空业的报道中，《经济学人》亦是把这座城市当作一个重要的国际航空港来对待的。《经济学人》想要呈现的是一个国际性大都市北京所面临的问题与挑战。

此外，《经济学人》对于北京民生的关注角度细致入微，话题非常丰富，小到孩子们的视力、糖尿病的发病率，大到教育公平、百姓生活态度的变迁——题材的选择非常多样。

北京有常住人口近 2 000 万，再加上外来务工人员，每天这座城市里都上演着精彩的人生故事。可是，西方新闻媒体不讲求“正面引导”，在天天以深挖社会阴暗面为能事的新闻观引导下，很难确保外媒报道符合中国政府及媒体的新闻观。这就要求我们积极调整对于外宣工作的预期。并非所有的反映当下中国问题的报道都是“刻意污蔑中国、污蔑北京的”，有时，外媒的报道仅是从海外记者的角度、从媒体的立场分析当下的问题，或有可能不全面、不接中国的地气，可是他们的出发点却并不全是“亡我中华之心不死”的。在外宣工作中，要区分“善意”与“恶意”，分而对之，不能简单抡起大棒，一棒子下去将西方媒体全部乱棍打死。对于西方媒体全盘否定、全面敌对的态度，是一种简单粗暴、不负责任的工作态度。

5. 北京环境：一个正视污染问题正致力解决问题的北京

2010年前，《经济学人》对北京环境问题的报道聚焦于水资源紧缺。2010年1月9日，《经济学人》在《中国的水价》（“Bottling It：Water Pricing in China”）一文中，支持北京等地政府通过听证会形式涨水价的做法，批评中国媒体、舆论领袖指责“只涨不降的听证会”的做法。2009年2月至11月，中国消费物价指数下降，各地政府认为是时候调整水价。北京调高商业用水价格25%、居民用水价格8%，并计划到2013年逐年调整，最终提高24%。北京历来缺水，2008年修建引水渠从河北调水。北京市政府从2004年起便未调节过水价。调查显示，该市80%的居民家庭每月用水不超过10吨，涨价影响不大。可是，调价之后，消费物价指数高企，50年一遇大雪造成蔬菜价格猛涨。民众不满，《南方日报》甚至警告水价可能成为新一轮反政府活动的引火桶。国家控制的媒体都对听证会抱有诸多质疑。1998年恢复价格听证以来，各类价格听证只涨不降，被评论员诟病为作秀。

2010年5月22日，《经济学人》在《最后一滴》（“To the Last Drop”）中报道了全球缺水问题。文章介绍了为了缓解北京缺水，河北开闸放水，修建引水渠支援北京。

2010年8月27日，该刊报道中国水污染。中国第三大淡水湖太湖恶臭难闻，政府开始整治。事实上2007年就曾有过这样严重的污染，甚至影响了自来水的供应。但是，太湖幅员辽阔，无法从源头上根治。环保部7月26日数据显示，国家监控的水域中有43.2%的水质为4类，无法直接饮用。比起一年前42.7%的比例有所抬头。

2012年前后，雾霾开始成为《经济学人》北京环境问题报道的焦点，且彼时均较为负面。2012年1月14日，该刊报道：北京近期以来雾霾严重，居民们甚至看不到小区中对面的楼，学校取消户外活动，机场航班停飞。对于那些不相信政府数据的人来说，他们有另一个选择：美国大使馆几年来一直每小时实时更新空气质量指数。中国民众也开始自发监控，不过其数据的可信度却引发争议。1月6日，北京市政府宣布，他们将实时公布细颗粒物数据。此前在这方面中国政府处于失职状态。正是民众的关注迫使政府迅速改变。如今细颗粒物已经成为家喻户晓的词。世界环境问题专家表示，事实上欧洲是从2008年开始关注细颗粒物的，而美国也仅是从六年前才开始监控这一数据的。舆论支持对污染者采取严厉措施，这些得到了国内专家的支持。在即将出台的五年规划中，控制污染成为目标。专家表示，北京市民想要看到成效还得等待时日。美国的空气改善花了25～35年时间。洛杉矶20世纪50年代之后一直监控空气质量。

2012年2月11日，该刊报道：最近几周中国的网民纷纷了解了一个词——细颗粒物。由于公众的施压，政府决定将公布北京等城市的细颗粒物数据。其他城市暂时只能提供可吸入颗粒物的数据。测量的最佳办法其实是通过卫星计算折光率换算污染物浓度。世界卫生组织认为细颗粒物数值超过10即为不健康。耶鲁学者发现大部分中国城市平均浓度在30以上，均不符合标准，北京35，山东、河南50。虽然这一研究还有不少漏洞，但是，中国需要净化空气是毋庸置疑的。

2013年，《经济学人》的北京雾霾报道有了不小的转变。2013年1月19日，该刊以短新闻配合特稿形式报道了北京雾霾（《肮脏的空气》，（“Something in the Air：Wrapped in Smog”））。北京空气质量从“严重”到爆表。大部分城市陷入雾霾包围之中。普通民众与传媒对政府处理空气污染不力怨声载道。上周北京成为全球瞩目的焦点，该市空气质量监控数据严重超标。与此同时，上海亦陷入“霾伏”。中国的空气污染是全国性的。专家说，2013年冬季的超级严寒使煤炭消耗升高。北京的细颗粒物指数已经超过1 000。雾霾引发的健康问题引起人们关注。在过去三十年来，中国肺癌致死率翻了5倍。雾霾也影响了旅游业。北京要求污染企业、建筑工地停工，飞机停飞，政府公务车停驶。政府在这方面的作为包括：提高车辆汽油标准、控制工厂排放、改造城市供热系统、投资新能源。不过，政府也要为多年来忽视环境问题而负责。2012年，北京市政府开始公布细颗粒物数据。当年环保部宣布74个城市加入监测范围。这些举动加上传媒的批评表明，政府没有掩盖这个问题。

伴随着中央领导同志对环境问题的重视，特别是李克强总理在2013年“两会”上“向污染宣战”之后，中国政府在环境治理方面的重磅举措均获得国际媒体的关注。习近平总书记在北京APEC峰会期间直接以“APEC蓝”为话题的开场白，更是引发了全球媒体对北京雾霾的持续关注。

2013 年 8 月 10 日，《经济学人》综合阐述北京环境问题。《灰色的东方》（“The East Is Grey：China and the Environment”）称：中国是世界上污染最严重的国度，同时也是最大的绿色能源投资国。所有的工业化国家都会面临环境转折点。美国是在 1969 年，俄亥俄州凯霍加河着火。第二年，美国环境保护署成立。日本在 20 世纪 70 年代通过了环保法。2013 年 1 月北京的严重雾霾将推动中国迈入这个行列。连续几周时间北京的空气质量甚至比机场吸烟室的还要糟。在暖气流控制下，北京的 200 座火电站和 500 万辆汽车就像盖在被子下一样。细颗粒物指数超过世界卫生组织安全标准的 40 倍。北京在 2008 年曾将小工业全部搬迁至周边省市，可是这并不能令这座“紫禁城”免除雾霾的困扰。6 月中旬，中央政府密集出台相关环境政策。

2014 年 5 月 17 日，《经济学人》在一篇题为《绿色出真招：政府修订环保法》（“Environmental Protection ‘Green Teeth’：The Government Amends Its Environmental Law”）的报道中说，自李克强总理在全国“两会”上宣布向污染开战之后，一年来中国相关法律进行了修订，对污染问题越来越严格。1989 年之后，中国环保法进行了首次修订。虽然北京及周边城市的雾霾问题目前获得的关注最多，可这仅是中国环境问题的一个部分。在中国的农村，水污染、土壤污染问题更为严重。哈佛大学研究者表示，中国目前已经有了较为严格的环境法律，接下来还要进一步解决的便是执法问题。

2015 年 4 月 25 日，在书评专栏中，该刊发文重点推介了《南华早报》前总编辑马克·克利福德的新书《亚洲绿色在路上：亚洲环境问题的商业解决》。在这篇文章中作者指出，亚洲的经济奇迹使得数亿人摆脱了贫困，却消耗了巨大的资源，森林退化，淡水污染，北京的雾霾更是被美国驻华大使馆形容为“糟糕透顶”。此外，亚洲还是全球气候变暖的主要肇事地区。许多人认为，经济发展、公司逐利与环境保护之间的矛盾是无法调和的。但是，马克·克利福德却认为亚洲的商业已经开始“绿”了起来。中国政府 2012—2013 年度投向环保的资金高达 1 250 亿美元，比美国政府的 1 010 亿美元要多出很多来。中国目前是世界最大的风力和太阳能发电国。不过，中央决策敌不过地方保护。地方政府纷纷上马环保项目，最终导致行业过度竞争，世界上最大的太阳能电池生产商尚德太阳能破产就是明证。马克·克利福德认为，在民间商业层面上，亚洲的商人们开始遵守环境立法，按照法律改善自己的经营行为，他们会发现，事实上环保与经营是并行不悖的。

2014 年 7 月 12 日，《经济学人》对北京在治理雾霾方面与国外企业携手合作表示赞赏。《IBM 协助中国预测污染情况》（“Air Quality Big Blue Smoke IBM Is Helping to Predict Pollution”）一文中报道 IBM 公司与北京市政府签署一项为期十年的研究协议，以帮助该市应对污染问题。中国官员承诺在2017年前有效降低细颗粒物浓度四分之一，而IBM的科研人员将利用大数据、超级计算机提供空气质量预报服务。这种预报将为政府关停工厂、限制机动车行驶以及向市民预警提供决策依据。北京目前已有数百个精确的检测站，数据公布真实可靠。不过，IBM认为还应增建更多的检测站。

与其他一味“唱衰”中国、“指责”北京雾霾的媒体不同，《经济学人》更为看重的是中国、北京治理环境问题的措施。2014年8月23日，《经济学人》在《绿色长城》（“Afforestation in China—Great Green Wall—Vast Tree-Planting in Arid Regions Is Failing to Halt the Desert's March”）一文中介绍了目前三北防护林的建设。文中提到：张家口自古以来卫戍北京，如今它还要承担另一项防护任务——防治自蒙古吹袭的风沙。据“绿色空间”的调查，中国目前未受破坏的原生林仅存2%。沙漠化及过度放牧导致土地和土壤退化加速，目前国土面积的四分之一已为沙漠覆盖。为了应对这一问题，自1978年起中国开始建设三北防护林，种植共计660亿棵树木，到2050年工程完工，将造就一条绵延4 500公里的绿色长廊，增加世界森林覆盖面积十分之一。从1997年起，三北防护林的建设进度从5%提升到了12%。在选植方面中国偏向种植能成材的松木等树种。由于在荒漠化地区种植，这类植物往往攫取了更多的地下水资源，破坏当地原生植被系统，反而使得荒漠化进一步加剧。目前，中国政府已经意识到这个问题，着手本地植被恢复。2012年，世界银行专门资助中国宁夏恢复植被。为了保护环境，中国政府自2003年起迁移了45万名内蒙古牧民。

关于新能源方面，《经济学人》积极支持垃圾焚烧发电。与许多NGO反对垃圾焚烧，认为其对环境造成破坏的观点不同，《经济学人》是垃圾焚烧发电技术的积极鼓吹者。在2009年2月28日关于全球垃圾处理产业未来的报道中（“Muck and Brass”），《经济学人》说，国家经济越发达，垃圾量就越多。OECD预测，在未来数年中，富裕国家城市的垃圾量将以每年1.3%的速度增加，至2030年增速才将放缓。其中，印度垃圾增长130%，中国增长200%。中国北上广政府将部分垃圾处理业务分包给私营企业。Veolia及Suez两家公司在发展中国家如中国、摩洛哥积极开拓垃圾处理业务。世界上最大的垃圾能源公司Covanta公司已落户中国。在发达国家中，垃圾处理市场在进一步垄断。由于合约时间超长，即使在经济下滑垃圾产量缩水的情况下，这类公司的收入仍在不断增加。目前垃圾处理最为常用的方式是焚烧，日本与新加坡50%的垃圾被焚烧，中国目前仅有2%，不过计划到2030年实现30%。

在2015年4月25日题为《垃圾焚烧发电：虽然引发民众不满，但是总比就地掩埋好》（“Waste Disposal：Keep the Fires Burning，Waste Incinerators Rile the Public，But Are Much Better than Landfill”）的报道中，《经济学人》肯定中国政府利用垃圾焚烧发电的做法，并且派出记者奔赴上海老港垃圾焚烧发电厂，实地参观排放监控设备。通过专家、技术解释等手段指出，中国民众对垃圾焚烧发电环境影响的评估并不科学，从目前而言，比起就地掩埋污染土壤，垃圾焚烧既能避免土壤破坏又能再生能源，依然是最好的方式。文中提及目前中国吞吐能力最大的三家垃圾焚烧发电厂分别位于上海、北京和杭州。

《经济学人》聚焦北京发展清洁能源。2009年10月24日，《经济学人》报道了中美合作北京太阳宫热电厂。《清洁的代价》（“The Price of Cleanliness”）指出太阳宫热电厂工程是中美合作迎接2008年奥运的示范工程，由5 000名工人夜以继日奋斗8个月完工，使用天然气和美国制造的艺术烟囱，由通用电气负责维护。中国政府在该项目建设中投入近400亿美元。目前，该项目由北京市运营。不过，这家热电厂如果没有联合国清洁发展机构的资助，很难盈利。目前中国70%的电能来自煤炭，为了实现减排承诺，中国唯有采取措施降低煤炭使用量，或者采用新型能源。虽然中国承诺2035年碳排放至峰值，但是，依然存在国际社会如何监管的问题。中美间技术合作存在困难，中国不想美国企业靠技术赚钱，而美国企业则不愿放弃知识产权。

2014年10月25日，该刊在《发电变局：中国致力发展清洁能源》（“Electricity Generational Shift：China Is Developing Clean Sources of Energy”）一文中指出：中国能源供应还未市场化。10月19日，北京马拉松举办时，雾霾超过安全水平14倍。中国意识到要改变依赖煤炭发电的模式。2013年，中国发电产能中可再生能源的比例首次超过石化。煤炭在中国能源消耗中占80%。但是这种努力却受制于国企。清洁能源的一大问题是“上网”。中国电网更倾向于保护火电站。风能、太阳能发电不稳定，但是，技术提升克服了这个问题，现在其占总发电量的10%，而英国只有2%。

2014年9月27日，《经济学人》聚焦当时即将完工的南水北调工程，在题为《中国的水危机：大运河新水道不能解决令人绝望的水资源短缺问题》（“China's Water Crisis：Grand New Canals Vast New Waterways Will Not Solve China's Desperate Water Shortage”）的报道中称，一条蜿蜒1 200公里的水渠即将贯通，届时远在北方的首都北京也能用上长江水。中国领导人将南水北调工程视作解决水资源紧缺的重要举措。但是，由于水质恶化、污染等问题，缺水问题依然没能解决。在南北水资源不平衡的现实下，政府更需要有水资源管理思维。廉价水造成了巨大的浪费，中国要调节水价。

在《经济学人》的报道中，北京市政府并未回避环境污染问题，相反，通过与 IBM 等公司展开国际合作、通过植树造林、通过垃圾焚烧发电等，表现出一个在环境问题上有所作为的政府形象。这里还值得指出的是，《经济学人》的立场很多时候与北京市政府的观点是不谋而合的：在垃圾焚烧、提高水价等问题上，《经济学人》并未简单地从迎合民众思想的角度展开，而是肯定了垃圾焚烧发电是目前最为环保的垃圾处理方式，肯定把水价涨上去才能有效提高水资源利用率问题。

在环境报道方面，《经济学人》报道的角度、立场、观点与中国、北京是一致的。这证明，在环境报道方面北京的外宣工作是卓有成效的。一方面，北京市外宣部门针对外媒关注北京环境问题的特点，有效设置议程，引导外媒认识北京在应对环境问题方面的努力；另一方面，北京外宣的立场和观点赢得了西方精英媒体的部分认同。由此可见，在外宣工作中不回避问题，适度宣传、踏实做事，有时要比“立场坚定斗志强”更能达到说服的效果。有分歧并不可怕，外媒有批评的权利，但是可以用事实来说明北京城市管理的发展与进步。北京外宣工作的重心不是与西方传媒针锋相对，而是通过宣传政府努力取得的成效，向世界传播、向外媒进行说服。外宣工作的本质是先有政府行动再有宣传推广，而不是逞口舌之快，辩一时是非。

6. 两场灾难得同情

《经济学人》北京报道中涉及灾难的有两个事件：2012 年“7・21”暴雨事件；2014 年马航 MH370 航班失联事件。

北京“7・21”暴雨事件。2012 年 7 月 28 日，《经济学人》以短新闻配特稿的方式进行报道。特稿《水深火热：北京的洪水》（“Under Water and Under Fire：Flooding in Beijing”）指出，北京既不靠海也不沿河，却屡屡被淹。2011 年 6 月的强降雨击垮排水系统，淹没道路，造成一片水乡泽国。北京市政府说，7 月 21 日的这场洪水是 1951 年有气象记录以来最大的一次，造成 37 人死亡。不过，民间认为死亡人数远不止 37 人。公众质疑摩天大楼、奥运场馆之外，本该花在基础设施建设上的钱都去了哪里。这篇文章纵横古今：北京靠近戈壁，几个世纪来都发愁如何引水入京。13 世纪时，郭守敬就开始筹划南方运河。排涝一直被忽视了。过去一千年中，这座城市发生过 100 多次严重的洪灾，1626 年和 1890 年的两场后果最为严重。20 世纪 50 年代的苏联规划方案大都以管道而非沟渠为主，影响了排洪。加上河道年久失修拥堵严重，就只能依赖这些中苏关系的遗存了。这场灾难展现了北京居民的良好素质：打开家门、打开单位大门为那些有需要的人提供帮助，使用社交媒体组织救援，免费为滞留机场的乘客提供顺风车。网上有不少汽车司机帮忙解救熄火摩托、拉拽熄火车辆的照片。

2015 年 8 月 8 日，该刊再以一篇《城中之海：城市的内涝》（“At Sea in the City：Urban Floods”）特稿，探讨北京“7・21”暴雨给中国城市建设与管理带来的教训。“7・21”事件之后，普通民众，甚至国家控制的媒体也参与到了对北京市政府不满的表达中来。解决这个问题耗费资金。7 月 28 日，李克强表示将致力解决排水问题。未来三年十大城市将花费 350 亿元专门用于排涝设施的升级。北京计划建设若干地下蓄水库，每个将花费 1 亿元。另一条思路是习近平提出的“海绵城市”，将雨水吸收住，而不是直接进入排水系统。通过人行道铺设锁水地砖，70％的水可以保存下来。

与国内媒体一片指责声浪不同，《经济学人》在对“7・21”暴雨成灾的报道中，并没有一味渲染市民的不满。相反，它首先从历史的角度指出，城市排水系统规划的漏洞与北京所处环境及历代治水思路有着莫大联系。灾难已然造成，中国政府、北京政府顶着民众的不满努力纠正不足，习近平、李克强两位领导人治涝有思路。此外，在报道中《经济学人》肯定了北京市民在面对灾难时体现的良好素质，通过细节展现了北京市民的精神风貌。虽然从灾难本身而言，暴雨给北京市带来了巨大的损失，可是，从舆论而言，“危机”被转化成了“转机”，无论是北京市政府还是北京民众都在国际舞台上得到了一次正面的展示。这是绝佳的“帮忙”报道。不过，这些报道却未见相关部门创造性地应用于自己的公关活动中，甚为可惜。

马航 MH370 航班失联事件。共有 3 篇报道：2014 年 3 月 22 日的《寂静之声：马航航班失联证明航空信息系统该升级了》（“The Sound of Silence：The Disappearance of a Malaysia Airlines Passenger Jet Shows How Air-Traffic Communications Need to Be Updated”）、3 月 29 日的《MH370 航班失联，还能找到吗?》（“Flight MH370：Lost and Will It Ever Be Found?”）以及 5 月 10 日的《MH370 的地缘政治：马航失宠，中国入替》（“The Geopolitics of MH370：Having Bashed Malaysia Over the Missing Flight，China Is Now Making Up”）。在这些报道中，关于北京市、北京市民的报道主要集中在三个方面：失联航班乘客大多为中国人；家属不满马来西亚方面的处置方法，聚集在北京马方驻华大使馆前示威；中国政府怂恿家属与民众对马来西亚政府表示不满。基本观点是北京的各大媒体散布阴谋论。

马航 MH370 航班失联事件既是一个国际灾难事件，同时也涉及了国家的外交、军事、航空、海上搜救等多个领域。由于这一时期关于失联事件的报道更多的是将其视作一个国际事件，因此，北京本市的报道并不多。不过，这里需要指出的是，由于北京城市地位的独特性，既担负首都的政治、外交等功能，又是国际性大都市，多套管理体制同时运行，通过多年的行政磨合已经明确了各自管理的边界，各司其职，有助于提高管理的效率。但是，同时，这种模式容易造成“各人自扫门前雪，莫管他人瓦上霜”的弊病。表现在新闻宣传中，因为航班失联事件主要对口外交领域，且有中央口径需要，北京市宣传口各系统就容易出现“坐、等、靠”中央机关、中央媒体的心态。其实，在条块分割的格局之下，北京市的外宣和媒体工作还是有一定的空间的。例如，组织报道失联航班中北京籍乘客的故事，探访乘客家属，报道北京市在服务家属等方面做出的努力等。在这一事件的报道中，北京视角的缺位值得引起重视。

通过对《经济学人》北京报道“政治、经济、文化、民生、环境、灾难”六大报道主题的梳理，发现《经济学人》并不符合中国对外媒的“刻板印象”——极尽所能唱衰、抹黑北京。相反，它对北京的发展与改革有肯定、有支持，也有批评。

五、观点与立场的耦合

通过对于《经济学人》2009—2016 年涉华报道、北京报道的细致梳理，本文描绘了《经济学人》杂志中所呈现的北京“镜像”。之所以称之为“镜像”，是因为其所反映的并非全然是真相。“新闻真实”、“事件真实”和“事实真实”三者中，新闻只能追求新闻真实，想要让新闻承担最为本质的事实真实是苛责。《经济学人》做不到，世界上任何媒体都做不到。也正因为此，在分析外媒涉华报道时，便更需要仔细梳理出哪些观点符合中国实际，哪些观点有所偏差。

本文通过对比《经济学人》杂志报道角度、观点立场与中国、北京市政府“报道口径”（议程设置）的关系出发，得出“报道角度耦合率”（即在报道同一题材话题时，《经济学人》的报道角度是否与中国媒体报道角度、中国（北京）政府宣传口径一致）、“观点立场耦合率”（即《经济学人》在报道中其立场与观点是否与中国媒体报道角度、中国（北京）政府宣传一致），希望从这两个指标出发，考察北京市外宣工作成效。

一般而言，有什么样的报道角度必然伴随着相应的观点立场。报道角度与中国传媒、北京市政府宣传耦合，那么观点与立场的耦合度就高；报道角度与中国传媒、北京市政府宣传相反，得出的结论、观点立场就容易走向另一个极端。报道角度耦合度与观点立场耦合度负相关的现象属于个案。

这种耦合现象的出现除了中国传媒、北京市政府宣传的努力之外，更为重要的影响因素依然是“是否符合《经济学人》固有的立场和态度”。作为一份在国际上享有盛誉，以鲜明的“新保守主义”立场为特色的百年大刊，《经济学人》秉持着“大市场、小政府”、积极推动世界经济一体化的立场。因此，在经济报道中，中国（北京）政府简政放权、发挥市场作用的举措往往得到其大力追捧，这种报道不仅令保守的西方学者侧目，甚至会引起中国人的警惕，“《经济学人》不是在‘捧杀’中国吧”。可是，中国毕竟有自己独特的国情，中国的市场经济依然要发挥政府的作用。因此，当《经济学人》认为中国（北京）政府对经济干预过度之时，“棒杀”便劈头盖脸而来。其实，这正是《经济学人》这本刊物的特点：坚持自己的理念，颇有“撞了南墙也不回头”的“迂”。将《经济学人》的所有报道都简单归结为“怀有不可告人、妄图颠覆中华”的做法，在外宣工作中显得“简单粗暴”。国际舆论对中国的“捧杀”和“棒杀”客观存在。完全偏听偏信一家“固执得可爱”的外媒，也无法掌握国际舆论的全貌。习近平总书记在庆祝中国共产党成立 95 周年大会上提出的“四个自信”（坚持中国特色社会主义道路自信、理论自信、制度自信、文化自信）将是“拨开迷雾”指导舆情工作的有力基础。秉持这“四个自信”，将其运用到日常外媒舆情研判中，就有了判断纷乱的国际舆论现象的“主心骨”。无论是“真赞美”还是“假赞美真捧杀”，就都有了依据。

一种城市形象传播的视角

——2009—2016 年 CNN 北京报道

郭之恩

在 2004 年的北京城市总体规划中，北京市的定位是“政治中心、文化中心，是世界著名古都和现代国际城市”。2014 年 2 月 25 日，习近平总书记视察北京，进一步明确提出，还要将北京建设成为科技创新的城市。2014 年 3 月 24 日，时任北京市市长王安顺在中国发展高层论坛表示，将牢牢地把握首都是全国的政治中心、文化中心、对外交流中心和科技创新中心的城市战略定位，要坚持问题导向，全面深化改革，加快建立特大城市可持续发展的体制机制，努力把北京建设成为国际一流的和谐宜居之都。有专家表示，“实际上‘十二五’已经开始强化北京科技创新的城市定位了。现在只是进一步落实”。

中国人民大学金元浦教授曾指出，21 世纪是世界城市大竞争的时代。“就城市而言，大竞争时代是指当今世界范围和亚洲范围内国际化大都市之间的竞争和较量。”① 随着中国经济的不断增长和世界影响力的不断提升，2010 年，国务院提出要将北京建设成为世界城市，上海、广州被赋予建设国际大都市的重任。

从中央到北京市都明确将北京定位在国际性都市的建设目标之上，特别是在习近平总书记 2014 年 2 月 25 日视察北京之后，北京的城市建设理念得到了进一步的明确。可是，什么是国际大都市，建设国际大都市都有哪些标准？关于这些问题的讨论至今没有定论。在论及本文主题前，我们有必要先对这些问题进行一番梳理。

一、世界城市大竞争的时代：城市形象战略的重要性

理解国际大都市概念的关键点是“影响力”问题。

---

① 金元浦. 大竞争时代的城市形象（上）[J]. 北京规划建设，2005（5）：130.

1915年，苏格兰城市规划师格迪斯最早提出“国际大都市”概念。至今关于国际大都市还没有形成一个公认的定义，国际上有代表性的解释有两种：

英国地理学家、规划师彼得·霍尔将这一概念解释为，对全世界或大多数国家发生全球性经济、政治、文化影响的国际第一流大都市。他认为世界城市应具备以下特征：（1）通常是主要的政治权力中心；（2）国家的贸易中心；（3）主要银行的所在地和国家金融中心；（4）各类人才聚集的中心；（5）信息汇集和传播的地方；（6）不仅是大的人口中心，而且集中了相当比例的富裕阶层人口；（7）随着制造业贸易向更广阔的市场扩展，娱乐业成为世界城市的另一种主要产业部门。

美国学者米尔顿·弗里德曼提出了七项衡量世界城市的标准：（1）主要的金融中心；（2）跨国公司总部所在地；（3）国际性机构的集中地；（4）第三产业高度增长；（5）主要制造业中心（具有国际意义的加工工业等）；（6）世界交通的重要枢纽（尤指港口与国际航空港）；（7）城市人口达到一定标准。

国内对于“国际大都市”有两种代表性观点：其一认为，所谓国际大都市，是指那些有较强经济实力、优越的地理位置、良好的服务功能、一定的跨国公司和金融总部，并对世界和地区经济起控制作用的城市。其二认为，国际化指的是大都市的性质、功能和地位、作用，具体表现为三个特征：一是拥有雄厚的经济实力，位列世界经济、贸易、金融中心之一，对世界经济有相当竞争力和影响力；二是经济运行完全按国际惯例，并有很高的办事效率；三是第三产业高度发达，综合服务功能强。

大都市的“大”，指的是其规模、容量和结构、形象，也有三个特点：一是除了城市本身的人口面积外，还要有向外延伸的广泛空间即经济区域，形成大城市连绵区；二是除了城市具有跨国公司总部外，还要有庞大的企业集团、中介组织和相当的资产存量、要素存量和内外贸易额；三是除了城市的一般基础设施外，还要有显示现代化的公用事业、商住楼群和生态环境。

不难看出，传统的“国际大都市”概念重视经济和基础设施建设，追求规模和集群效应的痕迹十分明显。

金元浦教授认为，21世纪世界城市的竞争是基于文化的一种博弈。在一定的硬件基础上，“软件活力”或“软实力”成为竞争的主要“筹码”。成功的城市将是文化的城市[①]。这种视角将文化视作城市竞争的重要维度。

在这种城市发展的竞争之中，世界都市的博弈可以从四个方面展开：

① 金元浦. 大竞争时代的城市形象（上）[J]. 北京规划建设，2005（5）：130.

“创意都市”是原创力时代的核心竞争力。也就是说，在 21 世纪的国际都市的竞争中，创意产业将成为新的经济支柱。所谓“创意产业”具有三个基点：一是与文化——艺术、设计、体育和传媒行业相关；二是它是新创业的有新的文化创意和运作方式的企业；三是从事创意工作的雇员人数超过先前同类行业 10%。

“网络都市”是数字化时代内容产业的高端展开。也即在科技设施、技术手段和传播交互方式——即工具的问题逐步解决之后，传播什么或发送什么就显得极为重要了——也就是内容的生产。

“华彩都市”是注意力经济时代的城市形象再塑。

“舒适都市”是体验经济时代的生存格调。在当代，体验已经逐渐成为继农业经济、工业经济和服务经济之后的一种经济形态。体验就是以服务为舞台、以商品为道具，围绕消费者创造出值得消费者回忆的活动①。

金元浦教授认为，当代城市经营就是要通过自我形象魅力的展示，使公众对其产生良好的心理认同，并产生巨大的马太效应。受到这种传播的影响，公众或团体在面临与该城市有关的活动时，就会做出有利于该城市的倾向性选择，无形之中提高了城市的竞争能力。

城市形象战略是城市理念、城市环境、城市行为和城市视觉标志的综合构成体，策划、实施与树立城市形象是一项促进城市发展的注意力产业。这一产业将产生巨大的效益，产生难以估量的经济推动力，创造出城市的增值价值②。

二、城市形象传播的框架与策略

城市形象的传播在新世纪已经提升到战略高度。在传播研究中，城市形象传播脱胎于国家形象传播，可将城市形象传播当作国家形象传播的子系统。

学者何国平认为，城市形象是人们对城市的主观看法、观念及由此形成的可视具象或镜像，由精神形象（信念、理念等）、行为形象与视觉表象（形象与识别系统等）三个层次组成。从功能看，城市具备安居、乐业、教育、

---

① 金元浦. 大竞争时代的城市形象（下）[J]. 北京规划建设，2005（6）：134.
② 同①85.

娱乐、文化归属、管理和对外交流等基本社会职能；从意向看，城市形象需要激发和维系人们对城市的积极想象。因此，城市形象传播是城市功能定位能动意愿的主动扩散和城市形象元素的整合传播①。

不同城市形象传播的整体战略与具体策略存在显著差异。原因在于城市形象元素及其提炼整合方式不同。“城市形象元素”是城市的历史文化积淀、遗存和集体文化记忆，以及城市物质文明的发展水平与精神文明的状况和追求等汇聚而成的纵横贯通的识别性符号与共识性话语，它们是构成城市形象传播的叙事个性、叙事素材和叙事策略的资源库。城市形象塑造的成败取决于社会对城市形象的认知、城市机会的发现、城市个性的塑造、历史文化的珍视和文化意识的回归等。城市形象传播是城市功能定位和城市形象元素资源库的复调叙事与多维扩散。由此形成城市形象传播的总体范式，是在城市定位与城市形象元素的二元张力中充分利用自塑与他塑的传播与建构合力，形成优选方案。城市形象传播必须充分认识到他者认同和自我认同的同一性与对抗性、建构性与解构性矛盾，充分利用“自塑”与“他塑”、“塑形”与“矫形”、“自传”与“他传”的博弈与共谋所释放的正面、积极的传播效能。

在此基础上，何国平建构了一个分析城市形象传播策略的“金字塔结构”（见图 1）。

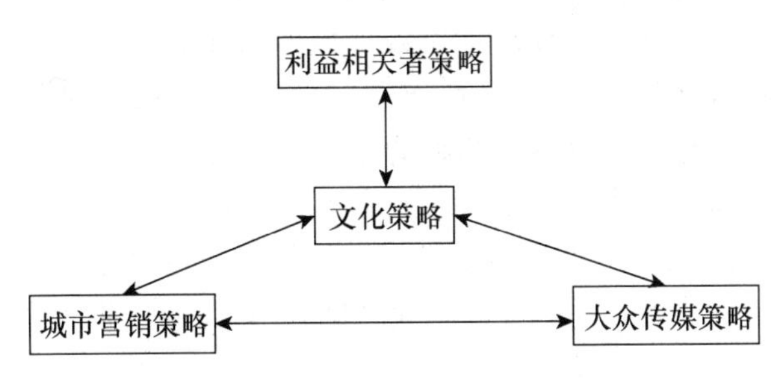

图 1　城市形象传播策略金字塔

在这个金字塔中，大众传媒策略借鉴国家形象传播，中国人民大学刘小燕教授将其操作大致分为自塑、他塑和合塑三种类型。

自塑法，即本国媒体塑造本国城市的形象，是一种带有自我感情和围绕自我意志的构建方法。它不仅体现一个城市的自我认可和自我评价，而且在此基础上扬长避短：或者只讲“好话”不讲“坏话”或少讲“坏话”；或者“反话”正说，以负面报道的手法使其产生积极的正面效应。当某市的媒体在

① 何国平. 城市形象传播：框架与策略［J］. 现代传播，2010（8）：13.

国际舞台上声音足够大，影响力足够强时，自塑法能很好地发挥作用。

自塑法的实质是利用“媒介事件”塑造城市形象，不仅体现了媒介的议题设置功能，还体现了媒介策划手段的综合运用。愈来愈多的城市设法寻求国际目光的注视，提升城市的国际声望，申办全球性媒介事件（如奥运会、联合国政府首脑会议、区域性政府首脑会议、历史事件的纪念活动、和平环境保护协定的签字仪式、王室婚典等）被视为塑造城市形象的上佳策略。

他塑法，就是一种外来评价和认可，是一种出自他人感情和他人意志的构建法。既然是别国媒体塑造他国城市形象，取决于意识形态架构和利益关系，这就使媒体不可能在任何时候、任何事件上都保持其独立与公正，只有在不损害自身（包括媒体本身和所属国家城市）利益和朋友利益时才可做到较为公正。否则，就有被歪曲、被丑化的可能。他塑法的主导权基本掌握在媒体强国手里。他塑法的实质是他国媒体利用新闻生产中的议程设置来塑造城市形象。某国媒体根据宣传需要（或者说从一定的“利益关系”和意识形态出发），或客观中立地报道，或将一个城市的某一方面有意“放大”，或者用“移花接木”的手法给某城市冠以一些“名目”，使之成为社会话题，从而形成公众对该城市形象的认识、定位和把握。

合塑法，就是自塑法和他塑法相结合，既然是本国媒体和国际媒体共同塑造一个城市形象，显然它要求本国媒体的声音足以与国际媒体的声音相抗衡，当二者的声音接近和谐（一致）时，“合塑”笔下的城市形象就接近城市本体。但事实上，这种“合塑”的和谐是极少数的。“合塑”的一致，有时也并不能反映一个城市的本真面貌，它取决于一个城市是否具有策动“反宣传”的能力，促使国际媒体不得不转变态度，附和自己的声音。然而，在绝大多数情况下，二者的声音不是你“高”我“低”，就是南辕北辙①。

三、研究思路与研究方法

21 世纪国际都市的竞争将从“创意都市”“网络都市”“华彩都市”“舒适都市”四个维度展开。其中“创意都市”聚焦国际都市的产业转型；“网络都市”将网络作为国际都市新的基础设施；“舒适都市”着眼于居民与城市之间

① 刘小燕. 关于传媒塑造国家形象的思考 [J]. 国际新闻界，2002 (6)：61-66.

的关系；“华彩都市”则强调国际都市影响力的辐射，是城市的“软实力”。由此，城市形象塑造提升到战略高度。

从城市形象塑造理论的角度，城市形象的出现首先依赖明晰的城市定位；其次在于提取不同的城市形象元素；再次，依赖具体实施中的策略（包括文化策略、城市营销策略、利益相关者策略以及大众传媒策略）。

作为世界城市的北京，在2014年习近平总书记视察之后，城市定位进一步明确：北京将建成为全国的政治中心、文化中心、对外交流中心和科技创新中心，国际一流的和谐宜居之都①。

本文考察的是在具有明确城市定位、具有鲜明城市形象元素的情况下，北京城市形象的塑造。在这个问题框架下，本研究聚焦城市形象塑造中的传媒策略，以2009—2016年CNN对北京的报道为样本，综合多项新闻内容分析指标提炼CNN报道中的北京城市形象元素，通过自塑法、他塑法及合塑法分析CNN北京形象的塑造方法。

四、调查发现与分析

2009—2016年，CNN共发布关于北京的报道123条（见表1）。

表1　2009—2016年CNN北京报道量　单位：条

2009年	2010年	2011年	2012年	2013年	2014年	2015年	2016年	总计
2	0	11	18	29	20	28	15	123

由于西方媒体习惯以“北京”指称中国政府，本研究在内容分析时将涉及北京市的报道与涉及国家层面的报道严格区分开来。例如：2016年2月29日，CNN的报道《北京增加刺激手段提升经济》中提到中国央行降低商业银行存款准备率0.5个百分点，降至17%。北京仍有不少刺激经济的手段。此处的“北京”意指中央政府，因此，此处属于涉华报道，而非北京报道，不属于本文的研究范围。

从图2可见，CNN北京报道涉及的话题有时政、经济、环境、民生等。

① 曲茹，邵云．北京城市形象及文化符号的受众认知分析：以在京外国留学生为例［J］．对外传播，2015（4）：48-51.

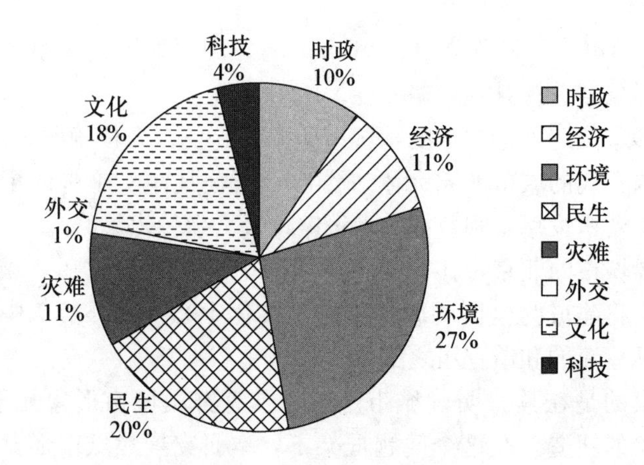

图 2　2009—2016 年 CNN 北京报道主题分布图

1. 环境报道："双峰"现象值得推敲

就环境报道而言，历年 33 条报道均与细颗粒物、雾霾相关。具体到历年报道量：2011 年 3 条、2012 年 2 条、2013 年 11 条、2014 年 5 条、2015 年 9 条、2016 年 3 条（见图 3）。

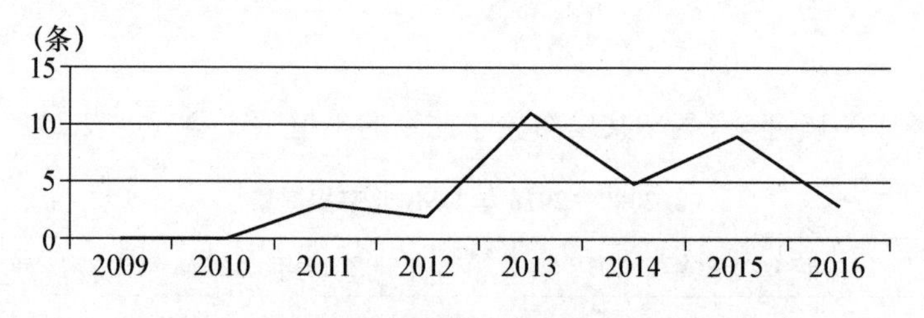

图 3　CNN 北京环境报道量历年变化图

从图 3 中不难发现，CNN 北京环境（雾霾）报道呈现井喷与持续关注现象。总体而言，CNN 北京环境（雾霾）报道显现出"双峰"现象。

第一阶段：2011 年 10 月底，网友通过当时方兴未艾的新浪微博账号转载美国驻华大使馆爆料，"北京空气质量指数 439，细颗粒物浓度 408.0，空气有毒害……"随后，历经空气质量标准之争、内政外交之争。2013 年 1 月 14—31 日间，CNN 连发 11 篇报道指出北京空气质量糟糕。如：1 月 14 日，《绿色和平组织谈北京毒霾》《北京的污染恶化了》《北京遭遇糟糕空气》。1 月 17 日，《应对糟糕污染，北京开始采取措施》。1 月 19 日，更是以新闻当事人第一人称叙述的方式发表网友对北京空气污染的吐槽——《生活在北京的毒霾天里》。1 月 29 日，《北京再度陷入雾霾》。1 月 30 日，《污染之下，北京唯有采用灌装空气》。1 月 31 日，《北京雾霾成因》。

从内容分析的角度看，在这一时期 CNN 北京环境（雾霾）报道的关键词是“雾霾”（hazardous smog）、“污染”（pollution）和“严重”（terrible）。在这段时间中，CNN 综合使用视频、图片、网络多媒体呈现等形式来突出北京雾霾的严重性。此外，在报道手法上，既有普通的事实报道，也有专家分析、普通民众吐槽等深度报道。

在这一时期，北京被打上“糟糕”的标签，霾锁京城，市民不满，政府仅能消极应对。1 月 17 日，在题为《应对糟糕污染，北京开始采取措施》的视频连线报道中，CNN 报道说，虽然政府一直声称自 2008 年奥运会之后北京的空气质量稳步提升，可是，普通市民却认为污染实际在日益加重。面对空气指数爆表，政府只能呼吁市民减少户外活动。

不难发现这一时期 CNN 所塑造的北京形象是极为负面的，没有任何北京城市管理方的行动，甚至连有关方面采取的措施也被打上了“消极”“被动”“无奈”之举的烙印。此时，北京形象的塑造是典型的他塑法，其主动权和主导权被 CNN 牢牢把控住。

第二阶段：CNN 北京环境（雾霾）报道在 2014 年“沉寂”一年之后，在 2015 年又开始活跃起来。与 2013 年关注年初（1 月）不同，2015 年 CNN 对北京雾霾的报道主要集中在年尾（12 月）。12 月 7 日，CNN 视频报道北京发布当年首个红色空气预警。报道中说，北京市政府发布红色预警之后，许多设施将被关闭，学校停课，工地停工，汽车限行。12 月 9 日，CNN 驻京记者发回霾锁京城的延时摄像画面，反映了雾霾从无到有的全过程。12 月 18 日，CNN 报道北京再次拉响红色预警。与 2013 年长篇累牍解读北京雾霾前因后果不同，这次的报道显得“力不从心”。这篇报道仅仅以事实报道的方式介绍了本次雾霾细颗粒物指标超 250，是世界卫生组织标准的 10 倍。政府呼吁市民待在室内。2016 年 1 月 22 日，CNN 报道北京市政府响应家长的要求，决定在中小学中安装空气净化设施。

从内容分析的角度看，在这一时期 CNN 北京环境（雾霾）报道的关键词是“雾霾”（smog）、“红色预警”（red alert），虽然在报道中或出现 hazardous 一词，但是，已经不再成为其重点。在这段时间中，CNN 报道手段有所更新，使用了延时摄像的手法，对霾起霾散做了跟踪。

在这一时期，CNN 的北京报道中虽然有对雾霾问题的不满，但是北京城市管理者（北京市政府）的形象开始有了变化。以“红色预警”（red alert）为报道中心的背后，实际上是肯定了政府在雾霾问题上的作为。此外，2015 年的报道与 2013 年报道的另一重大区别是，在 2013 年的报道中，CNN 的雾霾数据基本只采信美国大使馆的发布。而在 2015 年的雾霾报道中，CNN 更多采信北京市环保部门的数据，虽然也会采用美国大使馆的数据作为印证，但是，基本上对北京市相关部门的数据还是认可的。

通过这样的视角进行分析，不难看出，在这一时期 CNN 所塑造的北京形象虽然依然是“霾锁帝都”，但是其内涵已经发生了一定的变化。无论中央以及北京市政府 2014 年以来所采取的治霾措施成效如何，它已经深刻地影响了 CNN 对北京的形象建构。虽然 CNN 没有对中国、北京市政府“歌功颂德”，但是在 2015 年、2016 年的报道中，其立场也不再是决然地大加鞭挞。

在 2015 年 CNN 的 9 条报道中，至少 4 条报道援引了新华社消息作为雾霾的权威数据。CNN 从事实层面上援引中国媒体雾霾数值、政府措施，可见中国（北京）媒体在这方面确实发挥了一定的作用。但是，北京城市形象建构的主动权依然掌握在 CNN 的手中。中国（北京）媒体的内容在 CNN 的报道中仅是作为事实性信息存在的。促使 CNN 改变北京环境（雾霾）报道立场的根本原因还是在于政府的作为赢得了 CNN 的部分认同。这里，我们不能持媒介中心论的思考方式。所以，这一时期北京形象的塑造依然是他塑法。

2. 文化报道：城市形象及文化符号众多

在本研究的调查期间，CNN 对北京的文化类报道共计 22 篇，占报道总量的 18%。其内容涵盖北京的历史（北京站小史、北京历史街区、“文革”记忆、市井文化）、风俗（北京小吃）、建筑（鸟巢）、博物馆（退役球员在京开办博物馆、国博）、体育盛事（中网、世界锦标赛、申办冬奥会）、文化活动（国际交响乐、爵士乐、马戏团）、北京风光。

与曲茹等对在京外国留学生调查结论相似，CNN 亦将故宫、长城、胡同、天安门、四合院、京剧、烤鸭、鸟巢、天坛、水立方等作为北京城市形象及文化符号。在 CNN 的报道中，北京具有悠久的历史文化、丰富的人文和自然景观，建筑林立，博物馆众多。

值得一提的是，北京举办了众多的文化和体育盛事。在城市形象传播策略的“金字塔结构”中，举办具有世界影响的文化和体育盛事属于“城市营销策略”的范畴。何国平认为，体育演艺营销包括体育赛事和演艺娱乐表演两个大部分。体育赛事不仅包括职业的竞技性体育比赛、业余的全民健身类体育活动，还包括体育俱乐部、场馆、球迷组织、体育支撑产业等。演艺娱乐表演包括各类给人带来轻松与愉悦的演出、娱乐活动，既可以是你演我看式的“娱人”表演，也可以是参与型的“娱己”体验①。北京在这方面无疑具有

① 何国平. 城市形象传播：框架与策略 [J]. 现代传播，2010 (8)：13-17.

无可比拟的优势。

3. 民生报道：光怪陆离的都市生活

CNN 对北京的民生类报道共计 24 篇，占报道总量的 20%。民生类报道内容较为庞杂，包含北京市民的市井生活、个人奋斗、离奇八卦。

从不名一文到亿万富翁的女性的发家史、三环飞车十三少、厕所弃婴、公关噱头“斯巴达三百勇士”涉嫌扰乱公安被叫停、北京穆斯林的一天、北京全面禁烟、蚁族生活、房价、就业、新公厕规范、小伙用吸尘器治雾霾等，这些均是 CNN 在民生话题上对北京的关注。

与世界上其他的大都市一样，北京的市民生活也是丰富多彩的。在这个城市中，有个人奋斗的励志故事，也有打拼向上的底层生活；有房价、就业的现代压力，也有固守文化静逸超脱的宗教生活；行为艺术、飞车夺命……一幅光怪陆离的北京市井社会画面在 CNN 的报道中尽收眼底。

4. 其他报道

CNN 对北京经济的报道共计 13 篇，占报道总量的 11%。主要报道中国富裕阶层热衷移民海外、美国人北京创业、北京亿万富翁（十亿级别）人数超越纽约、北京国际车展、北京物价、北京地价创新高等。

CNN 对北京的灾难类报道共计 13 篇，占报道总量的 11%。主要关注 2009 年北京饭店火灾、2011 年北京地铁电梯事故、2012 年“7・21”特大暴雨、2013 年首都机场冀中星爆炸案、北京路怒症。

CNN 对北京的科技类报道共计 5 篇，占报道总量的 4%。主要关注网传北京出现飞碟（UFO）、硅谷北京创业潮、北京智能城市建设等。

五、对北京城市形象传播的启示

CNN 的报道更多借助电子媒介（电视、网站），讲求“短、平、快”。虽然在互联网及移动媒体的快速发展挤压之下，传统电视也开始向深度迈进，但其程度依然不及平面媒体。在城市形象塑造方面，对于 CNN 这类强调时效和报道覆盖面、综合性较强的媒体，掌握一些策略事实上更容易实现北京形象的合塑。从 2009—2016 年 CNN 北京报道的内容分析发现，其塑造的北京形象可用五个关键词概括：环境问题迫切待解、历史厚重、文化精彩、现代城市、新兴都市。

(1) 从 CNN 北京报道的稿件构成看，CNN 大部分报道均以消息性的普通报道、图片为主，两者合计占比达 74%（见图 4）。因此，做好城市营销，做好媒体公关便能吸引这类媒体的关注。虽然公关活动无法决定 CNN 报道的最终立场，但是我们却能有效引导记者关注什么。

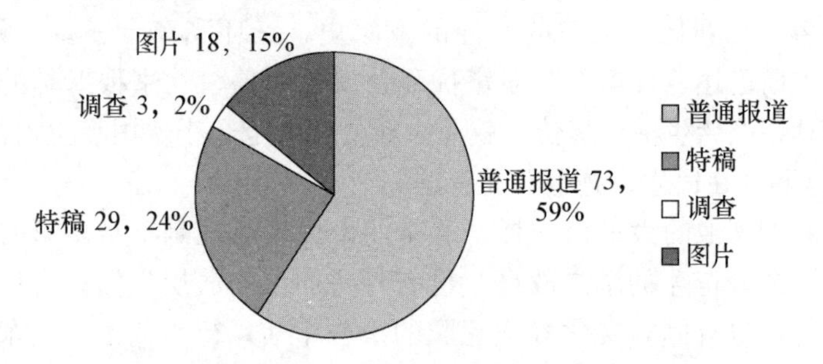

图 4　2009—2016 年 CNN 北京报道体裁分布图

作为一种策略思维和沟通技巧，公关注重组织与组织、组织与公众之间的有效沟通、仔细倾听和互动反馈，是组织形象管理的有效手段。城市的公共物品属性使城市形象公关成为城市营销的主动行为。公关营销因方式差异化、对象针对性和效果预见性而成为城市形象传播的重要形式，分为常规公关与危机公关两种类型。常规公关通过开展和参与有意义的公众活动或社会公益活动，配合强有力的针对性宣传报道来提升城市及其政府的形象，主要有积极参与救灾、扶贫、对口支援、环境保护等有益于公众、社会、人类的事业。危机公关是指城市发生危机或突发事件后，通过危机管理化解矛盾和危机，挽救和修复城市负面形象，以获得外界的谅解和好感①。

(2) 从 CNN 报道的消息来源和消息出处的角度来看，CNN 在北京报道中更依赖政府部门作为自己的消息来源，其中联系最为紧密的是美国驻华大使馆、北京市环保局、北京市卫计委、北京市教委；其通讯社消息来源则均出自新华社；广播消息来源出自中国国际广播电台；电视为 CCTV-NEWS；报纸的消息来源有《环球时报》（英文版）、《中国日报》、《南华早报》以及《京华时报》；网络方面，CNN 更多采纳搜狐、微博、微信的信息。北京市相关部门的信息发布逐步影响着 CNN，环保局、卫计委和教委的信息公开工作已经对外媒产生了一定的影响。北京在这方面的工作成果是值得肯定的。

在对驻京外媒机构（汤森路透驻京办事处）外籍人员的访谈中，驻外记者亦对这方面工作有更高期待。外媒记者认为，在目前，政府信息的获取途

① 何国平．城市形象传播：框架与策略［J］．现代传播，2010（8）：13-17．

径较为多元，官方网站更新及时，新闻发布会制度完善，提供的信息业已完备。不过，他们认为，目前在华、在京采访仍有诸多不便。例如，对政府官员、政府工作人员个人的约访较为困难。目前，中国的政府信息公开，政府公关工作注重权威信息发布，并且已经具有一定影响。不过，相较西方新闻发言制度、政府公关活动，我们缺失了一个“交朋友”的环节——也就是与记者的人际交往环节。这种状况造成外媒记者普遍对中国的新闻发言人、政府官员没有好感，感觉距离较远。要塑造正面的北京城市形象需要依靠外媒记者的“版面”和“麦克风”。除了“职务行为”之外，我们的政府官员、政府工作人员在坚持国家、北京利益的同时，是否能与外媒记者建立良好的人际关系是城市形象传播下一个亟须攻克的难关。要想实现真正意义上的合塑，人际影响不可忽视。

（3）在中央和北京市政府层面上，北京的城市定位是明确的。可是，在外媒的报道中，北京的城市形象元素却较为庞杂，故宫、长城、胡同、天安门、四合院、京剧、烤鸭、鸟巢、天坛、水立方，虽然均是北京的名胜，可是并不足以形成一个统一的形象。从整合营销传播的角度而言，这种夹杂历史、人文、文化的形象元素客观上会削弱北京作为一个世界都市的整体形象。这方面需要相关部门继续提炼、精简北京元素。在城市营销方面，北京还需向纽约等城市学习。如纽约在城市 CIS 设计上别具特色，“I ♥ New York”的设计巧妙避开了城市形象元素的复杂，风靡世界。

（4）借力互联网建立内外联动的北京城市形象传播体制。CNN 等外媒十分关注互联网对人们日常生活的影响。社交媒体（微博、微信）快速普及后，现实时空被进一步压缩，新的传播终端使受众的单一身份转变为传受二元复合身份。就传播格局而言，城市形象传播需要拓展内外联动的媒体运作思路，建立现代传播体系。在多元信息环境中，任何单一的，即便是具有垄断性传播优势的主导媒介也不是全能的。内外联动的总体思路是，通过“走出去”、“请进来”与“走进去”的渐进、组合手段，以“软实力＋巧实力”借力发力，最大限度地实现有效覆盖与有效接收①。

① 何国平．城市形象传播：框架与策略［J］．现代传播，2010（8）：13-17．

专题报告篇

APEC峰会期间外媒关于北京雾霾报道的话语分析

张海华　曹忆蕾

一、研究背景

媒介话语既是社会面貌的体现，也是社会发展的建构力量，这一点在涉及国计民生的重大公共事件舆论传播中尤为突出。近年来越来越频繁出现，且旷日持久的雾霾现象无疑是当前中国议事日程上的重要一项，关注中外媒体对于雾霾现象的话语建构，关注多种媒介话语的沟通和互动，是研究媒介话语运作和公共事件舆情的一个难得契机。

国内外媒体对于中国雾霾现象的关注始于2011年，其核心议题是由“雾”到“霾”的命名转变以及细颗粒物的数据公开过程。而雾霾报道真正成为关注热点是在2013年初，北京气象局首次发布雾霾橙色预警。2013年1月份内，中国出现了4次雾霾天气。我国中东部地区雾霾天气多发、频发，雾霾波及25个省份、100多个大中型城市。全国平均雾霾天数达29.9天，创52年来之最。雾霾成为年度关键词，被媒介广泛使用，“雾霾”“细颗粒物”也成了搜索热词，同时“雾霾”议题引发了媒体报道和媒介研究的广泛关注。2013年1月12日晚，笼罩着半个中国的雾霾天气首次登上央视《新闻联播》头条，该节目呼吁公车减少出行、市民少开车多主动做出低碳环保行为。面对严重雾霾天，环保局机构人员在新闻发布会上介绍了燃煤、机动车、工业、扬尘等污染源是造成此次严重污染的主要原因。对于雾霾报道的分析研究也于2013年成为学术热点，这和媒体聚焦的时间基本吻合。

外媒对于中国雾霾议题的大量关注也是始于2013年。将检索时间段设定为2009年1月1日—2016年12月31日，对《纽约时报》和《华盛顿邮报》的官方网站分别使用“China & smog”为关键词进行检索，然后在检索所得的报道中继续用“Beijing & smog”为关键词进行二次检索，这样得出两组数据，对比如图1所示。从图中可以清晰地看出，对于中国的雾霾报道主要集中于针对北京的雾霾报道。尤其是2013年以来，报道数量较多的几个年份，北京雾霾报道的数量占据了整个关于雾霾报道数量的80%以上。虽然样本并非完全重合，但基本上可以得出结论：两家报纸对中国雾霾问题的聚焦点就是北京。

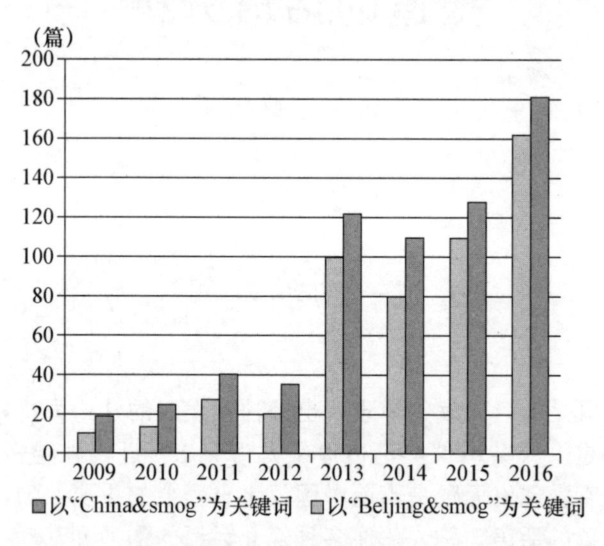

图1 《华盛顿邮报》《纽约时报》关于“中国雾霾”和“北京雾霾”的报道数量比较图

而且值得注意的是，在这些报道的标题中大量出现“北京”字样。《纽约时报》一家媒体中就有31条以北京为标题的雾霾议题报道，《华盛顿邮报》有20条。可见外媒对于北京雾霾情况的关注程度非常之高。很多报道直接在标题中点明了北京雾霾的严重程度，如《华盛顿邮报》2013年的报道《北京的雾霾危机》（“Smog Crisis in Beijing”）、《雾霾污染窒息北京》（“Smog Pollution Chokes Beijing”）。再比如《纽约时报》2013年1月12日的报道《北京的雾霾指数爆表，达到糟糕透顶的755》（“On Scale of 0 to 500, Beijing's Air Quality Tops ‘Crazy Bad’ at 755”）。在这则报道的标题中，作者用“crazy bad”（糟糕透顶）来形容当天远超出0～500测量范围的雾霾程度。而在这篇报道的正文之中，记者写道：“北京美国大使馆安装的空气质量监测装置监测到了极其恐怖的数据”。这里对细颗粒物数据起修饰作用的形容词是“极其恐怖”。

由此不难理解，2014年APEC峰会在北京召开期间，北京的雾霾情况自然会成为中外媒体关注和热议的话题。APEC的全称是Asia-Pacific Economic Cooperation，即“亚洲太平洋经济合作组织”，本届峰会于2014年11月10

日至11日在北京市怀柔区雁栖湖举行，是第22次领导人非正式会议，这也是APEC峰会继2001年在上海举办后时隔13年再一次在中国举办。美国总统奥巴马、俄罗斯总统普京、日本首相安倍晋三、韩国总统朴槿惠等多国首脑受邀出席会议。国际会议是中国对外展示国家形象建设的窗口，也是维护清洁、友好、文明的国家形象的重要时机，是对外宣传工作的重点内容。2014年中国APEC峰会，这一特殊时间点赋予了北京雾霾议题更多的政治意义与敏感色彩。

从2014年10月份开始，外媒的报道开始为北京的雾霾天气担忧，不少报道开始质疑北京是否能办好一届空气指数达标的国际性会议。而此后中国政府强调，要保障APEC会议期间的空气质量达标，京津冀区域采取了一系列“史上最严”措施，包括应急减排、机动车限行与管控、燃煤和工业企业停限产、工地停工、调休放假、加强城市道路保洁等。这些超常规的治理手段同样引发了外媒的报道热潮。在政府的超常规手段治理下，11月3日上午8时，北京市城六区细颗粒物浓度为每立方米37微克，接近一级优水平。网络热议北京出现的“短暂蓝天”，“APEC蓝”迅速发酵为一个现象级话题。外媒对中国政府通过非常规手段治理出来的“APEC蓝”非常关注，超常规治理措施对民众生产、生活造成的影响也是外媒着力报道的热门话题。在以中国为中心的语境下，中国一直是礼仪之邦，关注自身形象，以清洁、友好、文明的面貌接待外宾，是对宾客尊重的地主之谊。而在以西方话语为中心的外媒报道语境下，中国的行为则被解读成另一种中国特色，中国一直以“经济在前，环保在后”的形象示人，政府举措在外媒解读中则有利用行政权力的粉饰之嫌。

国家环保形象直接影响着中国与他国的政治外交与经济贸易。在国内雾霾环境议题不断凸显的背景下，APEC期间，外媒关于中国雾霾问题的报道因其政治性、敏感性，成为研究外媒如何报道中国的切入点。研究外媒对中国风险性议题的报道规律，对未来中国国家形象、首都形象的塑造、优化具有参考与借鉴意义。

二、研究综述

1. 关于雾霾报道的研究

在中国知网数据库“全文”中搜索“雾霾报道”，在新闻与传播学科中共有相关论文40余篇。经过初步分类可以看出，前人对于雾霾的研究主要集中于以下三类：

第一类侧重于环境新闻或者从健康传播的角度入手。新闻传播学界对于雾霾议题的关注很大程度上统摄于环境新闻研究的分支。环境新闻起源于美国 19 世纪的资源保护运动，并逐步发展成熟。西方学者对环境新闻的研究，大多集中于环境传播或科学传播领域，关注媒体在环境事件中的作用。有学者认为，我国在环境新闻领域的探索尚处于刚刚起步的阶段，“国内研究以环境新闻理论研究为主，也不乏从新闻业务的角度总结环境报道或科学传播经验研究”。而就雾霾报道的研究而言，很多文献体现了上述特点，主要是从健康传播的角度入手，选择环境保护类行业报纸作为研究对象，研究方法大多为进行个案研究，如刘春城的《〈中国环境报〉对雾霾议题的框架分析》、周婕的《健康传播视野下雾霾报道的实践与反思》等。

第二类是雾霾报道的策略研究。这类研究往往选择的研究对象是有一定影响力的非专业环境报道的媒体，展开国内媒体关于雾霾的报道的个案研究，总结我国新闻媒体针对雾霾天气的报道规律以及新闻报道如何推进环境改善的建议，如李浩鸣、史公军的《中国主流报纸雾霾报道的框架建构——基于〈人民日报〉2006 年至 2013 年报道的内容分析》、张扬的《京沪穗三地雾霾报道的框架分析——以〈北京晚报〉、〈新民晚报〉、〈羊城晚报〉为例》、彭耕耘的《从雾霾报道看气象新闻的拓展》等。

第三类则是其中数目最多的，以雾霾报道与国家形象为研究取向的文献。从主题上来看，此类研究大多数的意图在于考察外媒报道是否存在意识形态的立场偏颇，是否对中国的国家形象造成不利影响。分析的对象基本是纸质媒体，具体涉及《纽约日报》《华盛顿邮报》等美国重量级媒体，而作为中外媒体比较的参照物往往是《人民日报》等官方媒体。如阴卫芝、唐远清的《外媒对北京雾霾报道的负面基调引发的反思》、魏世传的《浅析〈纽约时报〉中国雾霾报道的特点与启示》。这类研究大多集中性地认为外媒并没有客观、如实地报道中国雾霾问题，而是带着对中国政治制度的固有偏见剖析中国环境问题，带有较大程度的夸张、渲染成分。在这类研究中，亦有不同结论，比如姚荣华的《框架建构下美媒对中国雾霾的报道研究——以美国纸媒对中国雾霾报道为例》中便提出：美国媒体对中国的报道与以往固定的价值观和模式相较下有了新趋向，呈现出报道数量增加、国家主义立场凸显和态度更加客观的趋势。

正是基于这样的研究矛盾，本研究认为，对外媒涉及中国雾霾议题的报道的研究还需要进一步多元化和立体化，既需要更为细致地观察外媒对中国雾霾报道的特点、规律，对其报道趋势与价值趋向进行客观、理性的梳理与分析，同时也应当从更为宏观的视野着眼，以更为科学的研究方法为路径。

2. 已有研究的方法

就方法而言，多数研究以内容分析为主。理论依据基本上是使用框架理论。“框架”这一概念最早由人类学家贝特森（Gregory Bateson，1955）提出。1974 年美国社会学家戈夫曼（Erving Goffman）在《框架分析》（*Framing Analysis*）一书中提出框架理论，并将其引入文化社会学，他认为框架“是人们利用认识和解释社会经验的一种认知结构，它能使框架使用者定位、感知、确定和标签那些看似无穷多的具体事实”。20 世纪 70 年代末 80 年代初，框架理论逐渐被新闻传播学理论所采纳，学者甘姆桑（Gammson）在前人的基础上进一步指出框架定义可分为两类：一类指“界限”，也就包含了取舍的意思，代表了取材的范围；另一类是“架构”——人们以此来诠释外在的世界。恩特曼（R. M. Entman）则认为新闻报道的框架涉及选择和凸显，就是把事件中认为需要的部分挑选出来，“框架某一事件就是选择感知事实的某些部分，并将它们凸显在传播的文本当中，通过这种方式传达对某种问题的界定、因果解释、道德判断以及处理建议”。学者陈阳指出，由戈夫曼发展出来的框架分析目前已经应用在传播学研究中的新闻生产、媒介内容以及传播效果三个领域。复旦大学的黄旦教授认为，框架理论的中心问题是媒介的生产，而媒介怎样反映现实、建构意义以及规范人们的认识，最终要通过文本内容或话语——媒介产品的形式来实现。

现有的关于雾霾报道的大量研究将框架分析作为研究方法，其中一些得出了比较有价值的结论。比如，一些对比类的研究认为：外媒关于中国雾霾的报道依然以负面为主，将中国的环境问题归咎于政府一味追求经济高速发展，在治理方面束手无策；而《人民日报》注重正面报道，强调措施和应对。由此可见，外媒和国内媒体是两种不同的报道框架。就消息源而论，外媒更加立体，除了官方消息源之外，还有各行各业的民众；而《人民日报》主要以官员和学者为采访对象。这种统计和比较往往会具有强烈的反差，如果没有给出深入系统的分析，或者运用不当，很可能就会形成境外媒体和国内媒体报道内容的直接对比，容易轻易得出简单化的结论。

而事实上，雾霾议题并不仅仅是新闻报道中的环境议题，它牵扯到各种利益主体的话语争夺。所谓的话语，是“不受句子语法约束的在一定语境下表达完整语义的自然语言”。在语言的实际使用中，话语的意义需要密切联系语境来确定，语境一方面对文本的意义解释起到一定的限定作用，另一方面又作为一种生产性的话语元素参与到文本意义的直接建构当中。而这正是需要仔细研究新闻生产的一个重要原因。新闻作为一种话语，不仅仅是事实的陈述，在对雾霾此类环境议题的报道过程中，新闻话语的文本生产还受到政治、经济和个人意志、价值观念等诸多因素的制约。正如葛兰西的文化霸权理论指出的，知识并不是对外界的纯客观反映，知识体现了人们对外部世界加以改造的意图和热情，因此知识总是与行动联系在一起，这种行动总是有立场的，即使是号称具有“价值中立”的科学和新闻也是如此。

法国哲学家米歇尔·福柯将“话语”引入社会科学领域，认为话语不仅反映和描述社会事物与社会关系，还“建构”社会事物与社会关系。福柯指出权力是由话语建构并且巩固的。所以，新闻作为一种话语，必然会反映出一定的权力观。近年来，中国新闻传播领域中出现了对于“80后”“富二代”“农民工”“艾滋孤儿”等现象的话语研究，从话语建构观的角度揭示出了话语生产背后的话语机制和权力关系。而为本研究提供空间的是，在分析外媒雾霾议题报道的规律手法方面话语分析的应用还比较少见。综合以上文献梳理，本研究认为话语分析是可以尝试的稀缺研究角度。因而在内容分析基础上，本研究还将尝试用话语分析的方法，探索外媒话语的建构规律，以及其与官方话语和民间话语的互动机制。在资料整理的基础上，同时结合具体文本和相关理论进一步深层剖析不同话语对于“雾霾”的建构过程及其背后的权力机制。

本研究认为研究当前的舆论及媒介报道内容，不能仅局限于文本本身，而是应该立足于大的社会转型背景，从更为宏观的角度着手，才能揭示出现象之间的内在关联。就中外雾霾报道而言，中国媒体对于雾霾现象的建构已经出现官方和民间两种话语：一种是以国内官方媒体的报道内容为体现的官方话语，此类话语注重政策推进，关注问题的长期解决途径。而另外一种是以网络媒介言论为代表的民间话语，该类型则呈现多元的话语特征，一方面更多地将注意力集中于某些具体目标的实现，另一方面则体现出了显著的情绪表达和调侃特点。以新浪微博为例，在推动细颗粒物数据公开的舆论讨论中，两个方面的取向都十分明显。外媒报道中对于雾霾议题的官方话语和民间话语都有不同程度的互文，这是对于外媒雾霾议题话语分析的一个重要方面。

三、研究方法

1. 案例研究

本研究以案例分析作为主要方法，聚集研究范围内已经发生的主要重大事件。雾霾报道的出现和发展主要围绕四个重要事件节点：（1）细颗粒物数据之争；（2）2013 年首次全国范围的严重雾霾；（3）APEC 会议；（4）2015 年底北京首次启动红色预警。而其中关于 APEC 峰会期间的讨论尤其引起了本研究的关注，一方面是由于前文所谈及的会议的国际性质和形象属性，另一方面则是由于 APEC 会议期间就雾霾议题形成了明显的话语分界。在这期间形成了关于“APEC 蓝”、政府治理雾霾的限制措施等多个子议题。通过对这些子议题的研究，可以发现各种话语的建构规律以及话语之间彼此关联互动的相关机制。可以说这是考察官方话语、民间话语以及外媒话语的一个典型案例。

2. 内容分析

本研究借助了 Google News 报纸检索，以“China air pollution & APEC”和“China smog & APEC”为关键词交叉检索，选取时间段主要为 2014 年 10 月至 2014 年 12 月，选择具有代表性、影响力较大的外国媒体报道，如路透社、美联社、《纽约时报》、BBC 等媒体，获得外媒在 APEC 期间对雾霾报道的有效样本 62 份。研究从报道主题、报道倾向、新闻信源三个指标进行内容分析。

报道主题是新闻报道的主要内容。本文将主题分为六类，分别是：（1）雾霾天气的发展状况；（2）雾霾的责任归因；（3）雾霾的社会影响；（4）雾霾的治理措施，比如政府采取的治理措施、发布的治理措施方案；（5）专家学者意见；（6）雾霾下的应对策略，比如民众的保护措施、政府层面的雾霾预警等。

报道倾向即为新闻报道文本内容所体现出的媒体的态度和思想倾向，本文将报道倾向分为三类：正面、负面、中性。正面的报道倾向表现为报道的基调是积极向上的，且带有宣传的色彩，强调雾霾天气的自然因素、雾霾天气会好转以及政府采取的应对措施，报道能为中国形象加分；负面的报道倾向表现为强调造成雾霾的人为因素、天气进一步恶化以及雾霾给社会带来的负面影响，给中国形象带来的负面影响；中性的报道倾向表现为报道内容不带有明显的主观感情及倾向，常见的客观事实描述报道可归于此类。

新闻信源，指报道中体现出的消息出处，具体分为八个类别：政府机构及官员、国外媒体、国内媒体、国际 NGO、国内 NGO、公司企业家、网络评论、市民采访。

3. 话语分析

本研究尝试以备受关注的“雾霾”为话语对象，试图以话语理论为基石，以话语分析的方法为依托，重点关注近几年与雾霾有关的重大事件，关注官方话语和民间话语以及外媒话语在污染程度、造成影响、探究成因、解决措施几个方面的不同建构，分析不同话语对中国雾霾问题现象的建构特征，考察不同话语间的关联和互动。

需要说明的是，对雾霾话语建构的分析并不是要证明某种建构的正误，或者说明其合理性，而是要揭示话语建构变化的背后各种社会条件、权力关系的变化，以及更为重要的是分析在话语实践过程中，话语主体如何将这种话语建构原则进行贯彻，其背后体现了怎样的文化差异。

就理论价值而言，本研究试图建立系统的中外媒介报道分析框架，以数据发掘为技术支撑，做到方法更为科学客观，避免以往文本研究中经常出现的就内容论内容的分析方法；以案例为载体，联系起传统媒体以及社交媒体等多种媒介形态的报道内容，避免以往涉外报道分析中常见的只针对平面媒体的单一分析手法，探索立体的、互文的内容分析方法。

就应用价值而言，本研究秉承理论联系实际的方针，以总结实践和指导实践为目标，以实际需求为导向，力图使研究成果具有多重意义：一方面，对于国内媒体和宣传部门而言，境外媒体报道的规律和特点研究可以为我们对外介绍中国国情、解读中国道路、阐释中国特色提供可借鉴的视角和方法，为各地区外宣工作提供理论支持和借鉴；另一方面，从宏观层面来看，本研究也将为政府决策提供理论依据，并力图在提高议题设置能力、争夺国际话语权、讲好中国故事等方面提供建议和参考，因而具有重要的理论和实践价值。

四、研究发现

关于 APEC 峰会最早的一篇北京雾霾报道，是 2014 年 4 月份来自路透社的《APEC 峰会前北京加紧雾霾治理》，文章对北京糟糕的天气状况感到担忧，并且质疑中国政府治理措施并未起效。会议前外媒关于中国雾霾报道达 31 篇，占总数的 50.00%；会议期间，即 11 月 10 日至 11 日，两天内报道达 14 篇，占 22.58%；APEC 会议结束后至 12 月底，相关报道仍有 17 篇，占 27.42%。如图 2 所示，APEC 会议两天的外媒报道数量激增，达 14 篇，为报道数量的峰值。10 月初以及 11 月初，北京遭遇雾霾天气，外媒的报道数量也略有增加。会议结束后，外媒依然有相关的持续性报道。

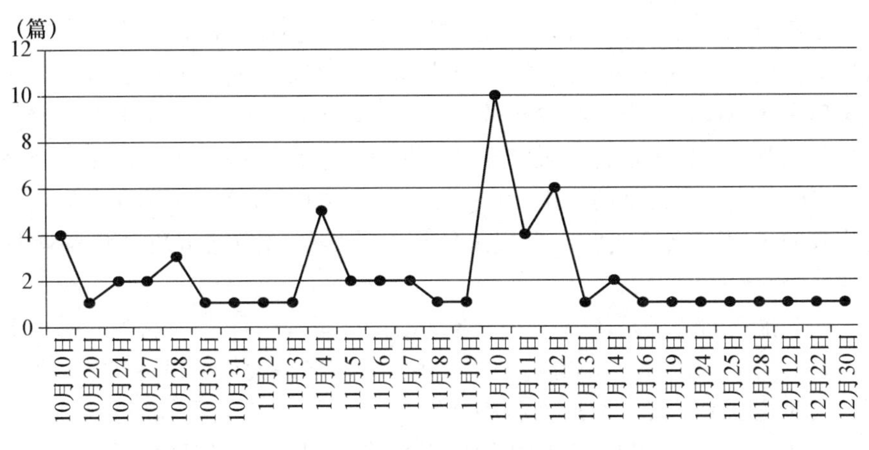

图 2　APEC 峰会前后外媒关于中国雾霾报道量变化图

1. 报道主题分析

根据恩特曼对气候变化主题的划分方式，结合外媒报道文本，本研究将雾霾的报道主题建构为雾霾发展状况、责任归因、社会影响、治理措施、应对策略及其他六个类目。从报道主题来看，外媒报道最多是“治理措施”，共 48 篇（77.42%）。报道对“雾霾发展状况”（16.12%）、“责任归因”（4.83%）、“社会影响”（6.45%）、“应对策略”（6.45%）等主题关注度比较低。

出现这样的主题关注走向，主要原因是为了确保 APEC 峰会期间北京的天气状况良好，政府采取了多种措施治理大气污染，而具体措施、措施实施的效果，以及措施对经济发展的影响，对普通民众的生产、生活的影响，成为外媒关注的焦点。外媒在报道中反映出中国社会对治理雾霾的迫切要求。同时，在国际会议召开之际，中国政府的非常规治理手段为此话题带来了争议性。

2. 报道倾向分析

本文将外媒新闻报道的理念和基调作为判断外媒对雾霾报道所持态度的标准。通过分析报道内容的中心思想，建立正面、负面、中立三种类目。其中，正面报道 5 篇（占 8.06%），负面报道 28 篇（占 45.16%），中立报道 29 篇（占 46.77%）。

正面报道的 5 篇，集中从政策方面表现中国解决空气污染的决心和信心。政府能继续实施 APEC 期间的治理办法，推行保护措施，同时，就能源结构做出改善与调整，从依赖煤炭转变为主要依赖可持续能源，减少二氧化碳等气体的排放。CNN于11月12日相继发表两篇类似报道，其中题为《中美达成全球变化协议，致力于减少排放》的新闻，报道APEC期间中美制定的排放协议以及中国即将推行的最严格的环保法，表示中国有实力在保持经济发展的同时控制空气污染的恶化。10月28日，CNBC发表《中国能办好一场没有雾霾的APEC会议吗?》，在报道结尾，该媒体对中国解决环境问题抱有希望。

中立报道的特点是，以中立、客观的态度呈现事件，在观点的引用上也平衡正反面。“天气是影响雾霾的重要因素。现实是大范围解决雾霾问题失败了，同时这也预示着中国所面临的问题是多么艰巨。”这是《卫报》11月10日刊登的一篇题为《APEC：中国为北京屏蔽美国测量空气质量指数》的文章的结尾段。文章引用《华盛顿邮报》说法，报道了智能手机和中国网站不能正常显示来自美国大使馆测量的空气质量指数。中国官方数据显示“轻度污染”，而美国数据显示是“非常不健康”。报道引用了北京官方的态度：“美国数据并不准确，因为它仅仅基于北京一点测量。”而在结尾，报道表示这段时间天气原因给治理雾霾带来了困难，同时可见中国政府所面临的艰难与挑战。相较于同类题材的报道，报道倾向性并不明显，呈现多方观点平衡文章的基调。

负面报道仍占有相当大的比例，这类报道往往将中国塑造成一个矫饰门面、浮于面子工程的国家，因为国际会议期间采取的暂时、强制措施给民众的生产、生活带了诸多不便。同时会议期间化工企业、钢铁企业限产停产，直接导致产量下滑，中国陷在经济发展与环境保护的双重枷锁中，“抓经济而忽视环境”的不平衡形象也在一些报道中有所显露。在负面报道中有4篇新闻报道了APEC会议过后雾霾再度笼罩北京等华北地区，“短暂的‘APEC蓝’之后，北京面临空气污染问题仍然严重”。值得注意的是，对于雾霾报道的分析并不是要简单地认为所有负面消息都是在“妖魔化”中国形象，毕竟在北京，雾霾问题是不可忽视的客观存在，雾霾问题本身就具有负面特征。将雾霾报道作为一种媒介话语，分析它的建构方式，才是本研究关注的重点。

3. 新闻信源分析

新闻信源常被看成新闻框架的重要变项，也被认为是意识形态形成过程中的关键步骤。根据统计数据发现，62篇报道中共有335个信源。

特鲁波（Trumbo）在对气候变化议题的报道研究中发现，媒体在引用科学家作为信源时，报道的内容往往多是气候变化的原因和问题，而引用政治家和特殊利益团体作为信源时，报道的内容则多是气候变化的评判及补救措施。

通过对 APEC 峰会期间外媒关于中国雾霾的报道进行分析，可以发现外媒援引以官方政府机构信源较多，这是与现今中国综合国力的增强、政治影响力的扩大息息相关的。西方媒体在处理中国敏感话题时更加谨慎，以剔除不必要的风险。62 篇报道中引用来自新华社的消息源达 22 次，引用国务院副总理张高丽原话“确保 APEC 峰会期间的空气质量是‘大气污染防治工作的重中之重’”达 10 次。

观点的呈现取决于报道的价值取向。学者、专家的意见多出现于环境学、生态学、经济学、气象学、法学等与议题相关的学科领域。10 月 20 日，发表在《洛杉矶时报》上的一篇题为《雾霾笼罩了北京马拉松赛，APEC 期间可能散去》的报道，引用了澎湃新闻对中国某环境专家的采访。针对政府在 APEC 期间的暂时、强制治理雾霾的措施，该专家表示，“2008 年奥运期间与之后北京的空气质量差别就是最好的例子，这种特殊的治理方式并不能从根本上解决雾霾问题”。《彭博商业周刊》在 10 月 28 日发表的题为《政府提醒市民在 APEC 前逃离北京》报道中，引用交通银行首席经济学家连平的观点，“中国总是比其他国家有更激进的措施预防来自国际事件中的不利影响，维护自身形象”。

市民采访、网络评论在新闻信源中占了不小的比重。在微博、微信等社交媒体流行的时代，个体关于国家宏观、重大议题的讨论以及评价成为外媒衡量事件的考量对象之一。就网上热议的“APEC 蓝”，多家媒体引用了来自中国新浪微博上的网民评论。11 月 10 日，《华盛顿邮报》上一篇题为《中国政府没能完全治理好雾霾，最后关闭空气质量指数》报道，引用新浪微博上的一则评论，“这不是天空蓝，也不是海洋蓝；这不是普鲁士蓝，也不是蒂芙尼蓝；前几年，这是奥林匹克蓝，现在它是‘APEC 蓝’”。APEC 期间出现短暂的蓝天，这一变化是与雾霾问题的日常化有关的。环境问题与每一个生命个体的日常生活紧密相连，民间声音脱离宏观讨论，透视出环境问题对个体产生的影响。研究也发现，其他利益群体的观点呈现则较少，引用公司企业家的信息源有 10 次，多为化工企业、钢铁企业的负责人，在 APEC 期间，他们被要求停产。

在雾霾议题上，信源的呈现体现了外媒报道的政治化、专业化、民间化的倾向。这种趋向是由雾霾报道所承担的多重属性决定的。以目前中国的经济实力与国际影响力，外媒采取更加保守的报道方式，使得观点的呈现较之以往更加客观、中立、专业。而环境议题的日常性，决定了民众的看法更为重要，这关系到宏观体制下每一个个体生命。外媒善于将宏观的环境问题具象到现实生活中的生命体验，通过讲述普通人的经历和感受来完成新闻叙事。

五、核心议题的话语建构

根据以上对2014年中国APEC峰会期间外媒的报道分析，可将外媒对北京雾霾的核心报道议题分为三类：

1. 政府非常规治理手段

为保证APEC会议期间的空气质量达标，京津冀区域采取了一系列“史上最严”措施，包括机动车限行与管控、燃煤和工业企业停限产、工地停工、加强城市道路保洁、调休放假等一系列超常规手段。外媒以“政府非常规治理手段”为议题的报道共26篇，占总报道量的41.93%。

针对政府的治理措施，多家媒体进行了详细的解读。比如，《南华早报》10月10日发表《北京APEC期间调休，计划减少污染》，路透社10月24日发表《新华社：中国在APEC期间关闭工厂遏制北京污染》，ABC 10月27日发表《北京关闭工厂、调休，为APEC峰会确保空气质量》，《彭博商业周刊》10月28日发表《政府提醒市民在APEC前逃离北京》，《纽约时报》11月3日发表《中国正在准备一场“APEC战”》等，针对政府措施进行逐条解释或是单条重点解释。

外媒对政府措施的评价态度偏向负面、消极。媒体称这次措施效仿了2008年奥运会模式。11月8日，《外交政策》发表的报道《北京的天空真的蓝了，但不是为我们的》，这样评价政府的强制措施，“为了确保APEC峰会间北京的空气达标，政府采取的措施有些合理，有些过于极端”。11月7日，《纽约时报》刊登了《在北京，干净形象背后的真实生活》，在报道中用“严格的”“彻底的”“细小的”“无聊的”来形容中央政府的治理手段。

而在治理之外，中国表现出的另一面又与此价值产生矛盾。《华尔街日报》11月11日发布一篇题为《中国为APEC会议燃放环保型烟花》的报道。报道称，烟花设计师蔡国强向中国官方媒体表示，“这种烟花对空气污染百分百没有毒害”。但是，对于中国一方面致力于突击治理北京空气，一方面为了晚宴燃放烟花的矛盾举动，外媒表示不解。

“上有政策，下有对策”的现象依然存在。《华盛顿邮报》11 月 10 日发表的《中国政府没能完全治理好雾霾，最后关闭空气质量指数》，揭露了在 APEC 峰会前，一些工厂加紧生产来弥补会议期间停产、限产带来的损失，从而造成了会议开始前的 10 月份糟糕天气的爆发。10 月 5 日，BBC 的报道《中国称 APEC 期间的措施并没有完成》引用了中国环保部官网上的一则通知。该通知显示，在 APEC 期间，仍有许多工厂没有遵循规定停产、限产，仍然存在超标排放的现象。

显然，APEC 期间中国的治理措施是暂时的，而对于长期的可持续发展，这样的手段是不适用的，外媒对中国的投入及未来环境的长远发展提出疑问。11 月 5 日，BBC 发表《中国媒体：污染与 APEC 峰会》，引用了新华社的一篇报道节选：“APEC 只有几天的时间，但是为了这几天的蓝天，我们投入了大量的人力、资金。当会议结束了，我们还能保持干净的蓝天吗？”

政府非常规的治理措施不仅带来了“APEC 蓝”，同时对人们的生产、生活也造成了影响。11 月 10 日，《赫芬顿邮报》就此影响发表了《APEC 峰会期间，7 件你不能做的事情》，报道从婚庆、烟花燃放、出行、调休放假、上学、医院就诊、焚烧纸制品等七方面，阐释强制措施给人们生产、生活所带来的不便。

2. 屏蔽美国大使馆空气测量数据

11 月 10 日，中国官方环境网站 Beijing-air. com 发出了一则通知：接上级指示，本月空气质量数据以北京环保局公布的数值为准。随后，有外媒报道，中国当局已要求所有媒体及应用程序，停止提供由美国大使馆监测的北京空气污染数据。

根据统计，11 月 10 日至 11 日会议期间的 14 篇报道中有 8 篇报道涉及“政府屏蔽美国大使馆空气测量数据”议题，比如《华盛顿邮报》的《中国政府没能完全治理好雾霾，最后关闭空气质量指数》、《卫报》的《APEC：中国停止提供美国大使馆监测的北京空气污染数据》、《华尔街周报》的《随着奥巴马入住，北京屏蔽来自美国大使馆的空气测量数据》等。

《彭博商业周刊》在 11 月 11 日的题为《中国因为 APEC 前空气污染治理失败，关闭美国大使馆测量空气质量数据》的报道中，将中国政府的行为视为治理空气污染失败的结果。报道采访到手机软件《全国空气质量指数》的创始人王均，王均表示这是应政府当局要求屏蔽数据，“我也没有办法”。在中国，大多数的应用程序和网站每天都会提供由北京市环境保护监测中心和美国大使馆分别监测的空气质量指数。该报道将两方测量的数据进行对比，发现美方显示细颗粒物指数为 289，中方数据为 255。报道称："通常，美方提供的数据会显示出城市污染指数更高，而且也被认为具有更高的可信度。"这一结论在 BBC、《华盛顿邮报》的报道中亦有所体现。

在此类报道中，媒体对于政府的做法引用了来自网络上的讽刺评论。《华盛顿邮报》11 月 10 日发表的题为《中国政府没能完全治理好雾霾，最后关闭空气质量指数》的报道中，以"但是没有人是傻子"评价政府行为，带有强烈的嘲讽意味。其引用的网上评论更是具有讽刺意味："我们发现了解决雾霾的好方法——我们再也不用担心北京的空气污染了"，"我们不能解决雾霾问题，但是我们可以控制雾霾报道"。

3. "APEC 蓝"

从 10 月份糟糕的雾霾天气到会议期间短暂的蓝天，再到会议后雾霾再次来袭，APEC 峰会前后的天气变化是外媒关注的重点。峰会期间在北京出现的蓝天被中国网民调侃为"APEC 蓝"，而"APEC 蓝"是中国政府非常规手段治理的产物，这引起网络的热议，也是外媒报道的焦点。在 62 份样本中，提及"APEC 蓝"的样本达 15 个，占 24.19%。

对于政府治理的结果，《国际财经时报》表示，"北京治理效果惊人，网民称 APEC 期间出现的蓝天为'APEC 蓝'"。多家媒体定义"APEC 蓝"象征"美丽且短暂的事情，有些并不真实"。外媒较多地引用网络上讽刺性的负面评论。比如《华盛顿邮报》11 月 10 日发表的《中国政府没能完全治理好雾霾，最后关闭空气质量指数》引用"他并不是真的爱上你，这就是 APEC 蓝"，"他爱上你了，像 12 月周末的雾霾天一样不真实"。一些人重新解读 APEC，称之为"Air Pollution Eventually Controlled"（环境污染终于被控制住了）。

在会议结束后，有三家媒体报道了雾霾再次来袭的消息，分别是 BBC、美联社以及《南华早报》。11 月 19 日，BBC 在《APEC 过后雾霾再度笼罩北京华北》中称，"APEC 过后，北京及周边雾霾天气有反弹趋势；19 日至 20 日白天，北京南部局部地区将有重度霾"。这篇报道的末尾还引用国家主席习近平在 APEC 峰会上的发言，"希望并相信通过不懈的努力，'APEC 蓝'能够保持下去"。《南华早报》11 月 16 日的报道《会议结束后，北京雾霾天取代了"APEC 蓝"》，导语这样表述：在多国领导人离开北京后，首都臭名昭著的污染又席卷而来，赶走了蓝天。工厂再次开工，汽车重新上路。该报道同样引用了微博上的评论："重新呼吸到雾霾，我整个人立刻好了起来。"网络评论带有着戏谑、夸张和渲染的色彩，在报道中的引用也使得报道观点具有讽刺意味。

六、外媒雾霾报道的话语特征分析

综合以上论述，不难发现外媒在中国承办 APEC 峰会期间的关注点依然主要集中在负面议题上，比如前文提到的对于管控政策的质疑，民众对于“APEC 蓝”的抱怨和调侃。考察外媒的雾霾报道，可以总结出以下四点：“波特金”式的国家形象、官方与民间的二元对立、雾霾议题与政治高度关联、抱怨与戏谑。

1．“波特金”式的中国形象

11 月 10 日，在线新闻杂志《外交官》在题为《中国污染：北京上空的蓝天》的报道中形容中国是一个“波特金村”。18 世纪末，波特金为取悦女皇叶卡捷琳娜二世，下令在她巡游经过的地方搭建了许多造型悦目的假村庄，“波特金村”由此表示“矫饰的门面、气度不凡的虚假外表”。这篇报道表示，APEC 期间北京的蓝天是非常罕见的，这绝不是偶然，而是中央政府突击整治的结果。

《洛杉矶时报》11 月 4 日发表了一篇题为《中国 APEC 期间的治理手段还北京一个蓝天》的报道。报道对北京“波特金”式的形象提出疑问，批评政府为了干净的街道将摊贩、小食店拆除。“我们并不需要这样表面、暂时的干净，中国人不会喜欢，外国人也不会喜欢的。”

《华盛顿邮报》11 月 10 日发表的题为《中国政府没能完全治理好雾霾，最后关闭空气质量指数》的报道，引用了两方市民的观点：一方感谢 APEC 给他们来带了蓝天和交通的便利；另一方则表示政府在其他时候治理雾霾并没有成功。

11 月 2 日，中国《环球时报》发表社评《蓝天不光是中国献给 APEC 的哈达》表示，“中国人传统上重视迎客，APEC 期间采取一些特殊措施，尽量减少雾霾天，大多数人恐怕不会觉得这不正常”。在中国的传统价值观中，中国政府的特殊措施是代表中国人好客、热情；在西方媒体的报道中，则有“看重外宾的表扬”的倾向。而一个被建构出来的“波特金”式的中国形象，是为了迎合西方，还是约束自我？外国媒体的解读表现出西方中心论的权力话语，东方形象永远是西方为了确立自身而塑造的象征，与东方真实的面貌关系并不大。

2. 官方与民间的二元对立

“每一年的 11 月 7 日，朱女士都会带着一大捆纸菊花前往八宝山革命公墓，祭奠自己的丈夫和父母。作为中国的传统，纸菊花是用来焚烧给亲人的。”

11 月 7 日，《纽约时报》刊登了一篇题为《在北京，干净形象背后的真实生活》的报道，开头记录了一位女士前往八宝山公墓祭奠亲人的故事。但是朱女士被禁止焚烧任何纸制品。这是 APEC 期间的规定：两周内，白天禁止焚烧任何东西。报道称这项举措是“严格的”“彻底的”“无聊的”，又是“令人困惑的”。一些居民非常生气，“这些都是过度反应，非常可笑”。报道随后从民众生产、生活的各个方面体现政府的治理措施所带来的不便。报道引用官方媒体的申明：为了更好的生活环境，北京市民要体谅这些举措带来的不便。

报道还引用了来自新华社报道的一则故事，因为会前几天就要封闭不能回家，APEC 峰会会场的服务员屈女士不得早早地给孩子断奶。屈女士告诉新华社记者，“我很珍惜这次机会，然而孩子才一岁，还没断奶。冷不丁断奶自己心里有些受不了。前几天晚上，想到即将断奶，我还哭了一场，说舍不得孩子。老公安慰我说没事，特别理解我。我觉得有些个人的困难就自己消化吧”。

11 月 4 日，Quartz 的一篇题为《APEC 前，北京治理空气污染惨败》的新闻报道称，为了不破坏目标，放缓增长，有些工厂事先增加产量。官方媒体报道称这个过程是“调整生产”。这转而可能加剧了 10 月份的空气污染，该月的污染确实非常严重。并且会议期间的焰火表演引发了民众的不满，称其为“只准州官放火，不准百姓点灯”。北京市民表示政府的措施给出行带来了诸多不便，市民在社交网络上发泄不满，表示政府不在乎本地群众的健康，反而更关心外宾的肺。

标准化的国家话语载体是公文、报纸和宣传标语。在 62 篇报道中，有 4 处引用标语，如“合作、双赢、发展、繁荣”“确保 APEC 峰会安全，禁止燃烧”“欢迎 APEC，出彩北京人”“出彩北京人，支持 APEC”。境外媒体通过这些话语的表述展现国家对民众的支配力。

外媒在报道中建构了一种官方话语与民间话语的冲突，这是两种价值观的冲突。一方面，官方话语展现的是一种盛大的、集体的、整齐的、意志一致的和极端服从的国家形象，而这也符合西方国家对中国的想象。另一方面，通过市民的采访、网民的评论，有外媒也建构了一套民间话语——充斥着对政府的不满、愤怒，同时在国家机器面前表露出无奈与服从，亦有“上有政策，下有对策”的狡黠。这种矛盾被放置于国家诉求与民众诉求的对立中，“牺牲小我、成全大我”的报道逻辑依然是外媒在中国事件报道中所热衷的。

以关于“APEC 蓝”议题的报道为例，可以清晰地看出外媒建构了一个完全不同于中国官方的话语场。2014 年 11 月 10 日，国家主席习近平在 APEC 欢迎宴会上致辞：“这几天北京空气质量好，是我们有关地方和部门共同努力的结果，来之不易。我要感谢各位，也感谢这次会议，让我们下了更大的决心，来保护生态环境，有利于我们今后把生态环境保护工作做得更好。也有人说，现在北京的蓝天是‘APEC 蓝’，美好而短暂，过了这一阵就没了，我希望并相信通过不懈的努力，‘APEC 蓝’能够保持下去”。

同一时期官方媒体代表《人民日报》的论调是：“中国进入举世瞩目的‘APEC 时间’，风起云涌的政治议题还在酝酿，头顶上的蓝天就已抢占头条。连日来，北京等 6 省市区采取的一系列措施逐渐显效，北京空气质量明显好转。晴天一碧、晴空万里、云卷云舒，互联网上、朋友圈里，‘APEC 蓝’迅速成为热词。‘APEC 蓝’与重霾天气形成鲜明对比，它向整个社会表明：不用北风劲吹，无需暴雨猛打，只要下定决心、采取措施、联防共治，‘雾霾是可以治理的’。这极大地提振了整个社会的治霾信心。”

仔细分析不难看出官方媒体的这段话体现出以下三重含义：解决雾霾问题是长期任务，但政府的措施起到了效果；人民群众信心鼓舞；京津冀等几个省市在雾霾问题的处理方面是通力合作的关系。

外媒在报道中国 APEC 期间雾霾现象的时候，基本上摒弃了中国官方话语的几个论调，而是倾向于从负面寻找自己的报道材料：（1）政府未能有效控制雾霾，目前只是暂时好转，甚至是为形象工程而做的表面功夫。（2）人民群众抱怨一系列措施干扰了自己的正常生活，对政府有意见。（3）北京占用了周边省份的大量资源，并对其形成了干扰。

由此可以清晰地看到两种不同的舆论话语。外媒不会轻易接受中国官方的雾霾话语建构，反而对民间话语的表达展现得更为充分，因为往往民间话语中存在更多他们感兴趣的元素。如果按照以往意识形态的角度来理解，就会得出西方媒体有意丑化中国的国家形象的结论，从而形成无法化解的对立两级。甚至有学者将外媒对雾霾现象的负面报道归咎于国内媒体报道不当，他们认为国内舆论对于雾霾现象报道的内容过于丰富，从而给外媒以攻击中国政府和环境的材料。本研究认为在互联网络日益发达的传播环境下，对内宣传与对外宣传很难再有清晰的界限。所谓对内宣传也因为网民的舆论表达而变得难以用一刀切的强硬管理方式来完成，否则会给网络舆论以口舌。对于雾霾现象的报道不是因为内部报道太多导致了外媒的攻击，而是因为内部报道还没有有效地实现舆论引导权。

3. 雾霾议题与政治高度关联

话语分析的一个重要维度就是关注话语如何建立事物之间的关联。正如美国学者詹姆斯·保罗·吉在其著作《话语分析导论：理论与方法》中所指出的：事情并不总是彼此存在着内在的联系或相关，我们得建立这种联系。即使事情之间看起来存在着内在的联系或相关，我们也可以用语言来打破或削弱这种联系。因而他认为话语分析的一个重要问题就是：这段话如何在事物之间建立或断开联系，如何使事物彼此相关或不相关。

APEC 期间外媒的中国雾霾报道，不仅仅是环境报道，更多的价值取向左右了外媒的报道。外媒将事件放置在多种背景下报道，表现出雾霾议题与政治的高度关联性，具体体现为：

（1）雾霾治理与执政能力的关联。

12 月 22 日，路透社发表了一篇题为《中国河北 11 月钢铁产量下降 13%》的报道，根据官方数据，由于 APEC 期间政府要求化工、钢铁等重污染企业停产、限产，中国钢铁产量最大的省份河北 11 月钢铁产量比上一个月下降 13%。英国《金融时报》12 月 12 日发表报道《“APEC 蓝”导致中国经济削减》，其中评价道，“上个月经济的放缓说明，中国必须在快速但不健康的经济发展和更干净的空气、水、土壤之间做出选择”。

11 月 25 日，福布斯在题为《中国承诺至 2030 年实现永久 APEC 蓝》的报道中，引用《人民日报》的评论，“《人民日报》更加直接。这个党的喉舌在题为《“APEC 蓝”，还是经济增长》的报道中称：现在政府的治理措施还不是可持续的，并且所要承受的经济代价太高。整个社会都在经济增长和环境保护中动摇，这对于政府和公众来说是巨大的挑战”。

11 月 10 日，在线新闻杂志《外交官》在题为《中国污染：北京上空的蓝天》的报道中分析雾霾可能给中国带来的危害：外资流失、国人移民以及执政党信用破产。该报道表示，近三十年来，中国经济快速发展，同时人们忽视了这种极快且危险增长的背后的代价。中国人民不再为粮食发愁，他们的需求已经发生变化。但因为糟糕的天气原因，近五年来，中国哮喘案例增加 40%。这些可能会导致政府的信用破产。

（2）雾霾治理与政治透明、信息公开的关联。

外媒在关于雾霾议题的报道中，经常将其与政治进行关联，最经常建立的联系是政治不公开、信息不透明。《纽约时报》此前的报道经常使用的报道手法是将雾霾信息的公开程度作为政治透明的一个体现。"几年来，中国政府不对外公布细颗粒物数据。但是许多北京市民在互联网上查阅由美国大使馆每小时公布的细颗粒物数据。由于来自民众的压力，一些城市开始公开细颗粒物数据。北京是在 2012 年 1 月份开始公开的，今年新华社也开始报道中国 74 个城市的细颗粒物数据。"而当中国媒体公开报道污染的严重情况时，《纽约时报》的报道则以嘲讽的口气写道：2013 年 1 月曾有过媒体的大规模关于雾霾的报道，《中国媒体批评空气污染尺度空前》指出，"中国媒体全都在大肆报道这一事件，其非比寻常的透明度与北京今日的阴霾形成了反差"。2013 年 11 月 10 日，《纽约时报》发布《北京政府屏蔽空气监控数据》，报道称在雾霾严重的情况下，空气质量指数爆表，但是此时北京政府却屏蔽了监控数据。诸如此类将雾霾信息公开与政治透明度相关联的文章数不胜数。

（3）以民众不满作为政党公信力下降的标志。

在 2013 年 1 月 29 日《纽约时报》的报道《雾霾、谎言与外交》中，一位专家认为，如果中国环境问题得不到妥善解决，将威胁到执政党的政权。

2013 年初，中国多个城市爆发严重雾霾天气，《纽约时报》曾连续多次进行报道，其在报道《在中国，民众对政府充斥着不信任》中提出，"越来越多的中国人对共产党的信任度下降，他们希望政府能公开透明信息，否则难以判断官员是否贪污，是否履行了自己的指责。习近平在十八大上宣布，严厉打击贪污，以及允许官方媒体深层报道环境污染问题"。将雾霾与"执政党威信""民众的信任度""政府信息公开""官员贪腐"等议题相关联是外媒对于中国报道的一种常用的手法。

在 APEC 期间，外媒关于中国雾霾的报道依然延续了这种惯性，分析环境与政治的关系，体现了外媒对中国政治议题和环境议题的双重关注。国家、民族立场赋予了环境议题更多的新闻价值，成为主流媒介话语。

4. 抱怨与戏谑

外媒多引用网络上的评论内容，从而形成了具有丰富的网络文化特征的话语建构方式。网民负面情绪的表达主要有两种：一种是以抱怨、抗议的态度进行表达，另一种则是以调侃戏谑的态度。

BBC 在 2014 年 11 月 10 日的报道中（《APEC 期间北京日常生活被打断》）使用了相当多网友的评论：在 APEC 期间，北京实施了一套非常规手段，引起了民众的抱怨。一位北京市民在微博上抱怨，"四天前，我们家停水了，但是修理工却不能修理水管，因为挖掘工作会使尘土飞扬，影响到 APEC 会议的召开"。另有人抱怨正常生活被干扰，"APEC 已经影响到我的日常生活，因为一切有关公共服务的事务都失控了，包括领薪水。我的薪水要在 APEC 结束后的一两天才到，近期银行也关闭了”。

很多外媒报道引用了中国的一句古话：“只准州官放火，不准百姓点灯。”比如一篇文章中的引用：一位博客主写道，没有任何事情有所改变。另一位表示，这是“只准州官放火，不准百姓点灯”的现代版。此类官民对立模式的话语方式十分常见，此外外媒还引用了大量的调侃戏谑风格的网民言论。

七、结论与讨论

在 2014 年 APEC 峰会期间，外媒对于北京雾霾议题的关注依然承袭了以往的意识形态视角，一方面对于雾霾的关注主要并不是在于雾霾的成因和解决雾霾的途径，而是更多地在关注市民的抗议行为以及网络抱怨和调侃。另一方面主要引申出的潜在话语是政府制定政策的铁腕以及严密的言论控制。这些话语并不陌生，在外媒的其他主题报道中曾经屡次出现。

对于外媒的研究往往容易陷入一个僵局，这些话语建构方式不为宣传口径左右，甚至不受官方话语的影响。就外媒的立场而言，雾霾现象本身是一个负面议题，因而获取负面信息是新闻报道的专业主义立场所在；而就中国宣传部门的立场来看，国际会议的召开是维护国家形象的重要时机。两者的立场差异十分明显。长期从事跨文化传播研究的学者单波指出：“与传统传播学追求同质化的传播效果不同，跨文化传播指向的是异质融合的传播效果，也就是在差异中进行文化意义的分享。”所以放弃将外媒作为假想敌的思路，可以尝试从西方新闻文化的角度进行对其报道进行解读。

2014 年中国 APEC 峰会已经顺利闭幕，但是中国与雾霾的战役还在持续上演。在 APEC 峰会整个大环境内，会议期间的天气变化、政府治理空气污染的措施、“APEC 蓝”现象，都为外媒报道提供了丰富的素材，在报道数量、内容和逻辑上提供了新的研究视角。外媒在 APEC 期间建构中国雾霾议题的报道有以下亮点：

（1）雾霾报道处理谨慎、客观，但是仍以负面报道为主。正面报道数量有所增加，中立报道比重较大。值得注意的是，外媒开始关注中国治理政策的完善，展示出中国对治理空气污染的决心与信心，即使这是一项艰巨的挑战。从新闻信源的引用来看，以政府机关、官方媒体以及专家、学者为信源的报道较多，可见报道态度更加中立、专业。但是负面报道仍占有一半的比重，一些批评性的报道将中国塑造成一个“波特金”式徒有其表的形象或是“先经济发展后治理”的落后形象。

（2）报道中官方话语与民间话语的对立。在针对政府措施、“APEC蓝”等具体议题讨论时，外媒较多引用了市民采访以及网络评论，建构起国家诉求与民间诉求的冲突，集体主义下“牺牲小我，成全大我”的牺牲精神仍是外媒热衷报道的中国式特色思维。

（3）环境议题与政治、经济等其他新闻价值相关联。外媒将环境议题和政治议题、经济议题结合起来，将环境议题置于多重背景下，赋予报道更多新闻价值。同时，国家、民族立场先行于环境议题，凸显媒体报道中的西方思维。

（4）外媒多引用网络舆论，从而形成了具有丰富的网络文化特征的话语建构方式。网民负面情绪的表达主要有两种：一种是以抱怨、抗议的态度进行表达，另一种则是以调侃戏谑的态度。

综上所述，外媒在APEC峰会期间对于北京雾霾议题的报道和以往报道中国的基调具有很大程度上的延续性和一致性，话语建构的基本范式没有改变。外媒建构了一个“客观的批评者”的身份和立场，一方面对于民众的报道主要是对政府不信任、不满意，批评的议题主要是政府决策的武断、信息不透明、言论控制；另一方面，外媒的报道内容大多是关于政府治理措施的，但是对于雾霾问题的成因探讨和解决途径的探讨关注得非常少。可见外媒将自己定位为秩序的监督者、对于北京雾霾问题冷眼相待的旁观者，从此次APEC峰会其对中国的报道来看，表现得尤为突出。通过这种报道手法，外媒其实是在完成某种意义上的社会身份确认。美国学者詹姆斯·保罗·吉在《话语分析导论：理论与方法》中指出，所谓“身份”，是指以不同的方式参加不同的社会群体、文化和机构，比如成为“好学生”、成为“狂热的观鸟者”、成为“主流政治家”、成为“强硬警察”，以及成为（视频）“玩家”的方式等。在这个过程中，我们可以看到语言的使用无处不在，且往往与“政治”相关。外媒在进行全世界范围报道的同时，正是在进行着某种身份建构，这种身份体现为一个中立的、客观的而且具有洞察力和批判色彩的专业媒介组织形象。

通过对APEC峰会期间外媒对北京雾霾议题的话语分析，我们发现对于雾霾议题的报道，不能将目光仅仅停留在环境问题上，而应将民众的行动、国家与民众的关系作为更为宏观的背景进行考量。以往对舆论的引导和控制方式在制度上给外媒一直强调的所谓专业主义报道手法提供了大量素材，这种做法的弊端在于无法将鼓励民众参与实现中外媒体对话这些积极元素统筹进制度管理之中。

如今，中国空气污染问题依然严重，中国政府和媒体对内应加强治理力度，提升民众的环保意识，建设生态文明；对外应加强国际交流，表现中国在环境治理问题上的决心和勇气，确保自身的话语权和舆论影响力。

学者单波在《新闻传播学的跨文化转向》中多次提到“对话式新闻”的概念，把它定义为“人与人之间、不同民族、不同文化之间信息的自由流通”，“通过沟通来了解敌人的想法和敌人的逻辑，以发掘新的事实和想法”，而且“是指多样的新闻和多样的观点呈现在同一张报纸或同一个卫星频道上，而不是出现在不同的报纸或不同的电视频道”。其用意在于通过对话新闻，让不同文化和意识形态的人们进行自由的双向交流。在这种“对话性”视野里，媒介伦理产生了新的意义。

强调对话并不是指要完全放弃意识形态立场，而是要在意识形态和文化之间寻求一种艺术的平衡，而其中需要对外宣传部门掌握的则是一种平衡的艺术。具体而言，需要尽可能地在国内掌握文化的主导权，掌握舆论的主导权。掌握主导权并不是说要统一口径，而是需要有差异化的声音存在，需要有不同意见和言论，需要有畅通的渠道进行表达。而要实现这些愿景更多地需要依靠官方话语转变以往的宣传思路，以知识生产和信息传递为核心任务，以人民群众更易接纳的话语方式进行传播，那么跨文化的新闻传播也才有可能水到渠成，并取得更加正向的传播效果。

美国主流媒体视野中的北京人形象（2009—2016）

张海华　郭梦迪

一、研究背景

作为中国的首都，北京对于全国，乃至全世界来说意义重大。习近平总书记提出："坚持和强化首都全国政治中心、文化中心、国际交往中心、科技创新中心的核心功能，深入实施人文北京、科技北京、绿色北京战略，努力把北京建设成为国际一流的和谐宜居之都。"在拥有诸多头衔的同时，北京自然吸引了世界的目光。随着2008年北京成功举办奥运会和中国国际地位的不断提升，北京也越来越受到国际主流媒体的广泛关注，它既是中国历史文化名城的典范，同时也是中国现代化城市的代表。总而言之，北京已经成为展现中国面貌的核心窗口。

美国学者李普曼提出的拟态环境理论深刻地揭示着一个日常规律：人们在亲身体验一个事物之前往往通过媒介先对其产生了认识。从马可·波罗开始，异域来的先驱者们以游记的方式记录和传播他们对中国都城的印象。这些关于北京之行的记载，也成为国外受众最早感受这个古老东方古都的仅有途径。曾多次游历和长期旅居中国的法国作家谢阁兰这样描写1909年他初次到达北京的印象："我的行程先是经过香港，英国式的，不是我要找到的；然后是上海，美国味的；再就是顺着长江到汉口，以为可到了中国，但岸上的建筑仍然是早已很熟的德国或英国或别的。最后我们上了开往北京的火车，坐了30个小时，才真正终于到了中国。北京才是中国，整个中华大地都凝聚在这里。"

如今，很多非虚构写作的作者将目光投向北京，越来越多的国际人士开始以纪实的方式关注这座东方城市。比如曾经为《纽约时报》《时代周刊》《华尔街日报》等诸多知名媒体撰稿的作家迈克尔·麦尔将自己在北京胡同中的所见所闻，以及对转型中的北京的思考写进自己的作品——《再会，老北京：一座转型的城，一段正在消逝的老街生活》。这些写作者所关心的不仅仅是政治、经济，还有浸透在这座城市灵魂和血液之中的城市文化。大众媒体的报道也是非虚构文本中的重要一支。有人说新闻是正在发生的历史，那么大众媒体上的相关报道则是北京当下情况和变化的最直接记录者，对于那些没有机会亲身来到北京的国外受众来说，本国大众媒体上报道的内容是他们了解遥远的东方首都的一条便捷途径。

在国外媒体的诸多描述中，北京文化是不可或缺的一个面向。对于北京文化，中国内外普遍有着传统与现代两个面向的理解。一方面北京作为中国拥有千年历史的文化名城，是世界著名古都，承担着传承历史文化遗产的责任；另一方面，北京 2008 年承办奥运会以来给世界留下了一个现代的都市印象，奥运是中国走向世界、展现现代化和飞速发展成果的一个重要窗口。传统与现代的文化阐释同样出现在各种北京文化的相关文献中。如《北京文化蓝皮书》中将文化建设分为三类：历史文化名城；公共文化服务；文化创意产业。与此相对应，对于北京文化的各个方面都有相关的媒介内容和学术研究成果出现，比如对于历史文化名城的报道涵盖了紫禁城、北京建筑等方面；而公共文化方面则包含剧院、公园、博物馆等建设；文化创意产业也有相应的研究。

但是这些分类和研究忽略了文化概念中一个重要的方面。英国文化学者雷蒙德·威廉斯认为文化是一种生活方式，在北京居住和生活的人才是展现北京文化的一个重要媒介面向，北京居民和北京人是北京形象的一个核心要素。因为人们对于一个城市的认识，归根结底要体现在这个城市的居民身上，他们如何生活，他们的精神面貌如何，他们的遭遇和故事，他们的喜怒哀乐和生老病死，这些才是一个城市的血肉和灵魂。然而，相关研究却鲜有所见。外媒是从什么角度关注北京居民的，它们在这些报道中所体现出的面貌如何，他们在报道中的具体生活是什么样的？外媒报道是否体现出了北京的地方特色？外媒报道如何建立起北京生活与民族国家、政治治理之间的关联？这些问题值得仔细探究。

二、研究综述

1. 媒介形象

学者王朋进在《“媒介形象”研究的理论背景、历史脉络和发展趋势》一文中指出：在媒介化社会，媒介形象是认识外部世界的重要桥梁、渠道和参照。对于媒介形象的理论建构最早可以追溯到李普曼，早在20世纪20年代，美国新闻工作者李普曼就在其所著的《公众舆论》一书中提出了“拟态环境”的概念。它是大众媒介通过对象征性事件或信息进行选择和加工、重新加以结构化以后向人们提示的环境。拟态环境有如下特点：一方面，拟态环境不是现实环境“镜子式”的摹写，不是“真”的客观环境，或多或少与现实环境存在偏离。另一方面，拟态环境并非与现实环境完全割裂，而是以现实环境为原始蓝本。李普曼认为，在大众传播极为发达的现代社会，人们的行为与三种意义上的“现实”发生着密切的联系：一是实际存在着的不以人的意志为转移的“客观现实”；二是传播媒介经过有选择地加工后提示的“象征性现实”（即拟态环境）；三是存在于人们意识中的“关于外部世界的图像”，即“主观现实”。人们的“主观现实”是在他们对客观现实的认识的基础上形成的，而这种认识在很大程度上需要经过媒体搭建的“象征性现实”的中介。经过这种中介后形成的“主观现实”，已经不可能是对客观现实“镜子式”的反映，而是产生了一定的偏移，成为一种“拟态”的现实。因而大众媒介在国家形象塑造过程中起着至关重要的“映象”的作用。在跨文化传播过程中，“映象”的作用更为重要。

在实践层面，很多研究针对的是媒介形象的运作机制。美国学者托马斯·博克在其著作《大洋彼岸的中国幻梦——美国精英的中国观》中指出，美国的民众并无可靠的渠道了解中国的实际情况。美国的媒体和官方舆论“设定了关于中国的认识、思想以及解释”，然后传达给美国民众，民众对这些看法的接受和认同最终将支持统治阶级的利益。而萨义德则在《东方学》中强调了异域想象与现实权力之间的关系，体现了“东西方之间力量关系的模式”，“论说东方的话语模式”。这些研究说明媒介形象不是一成不变的，西方媒体中的中国媒介形象也是个动态过程，它的生成与演变不仅仅是纯粹的观念与文化问题，还涉及东西方话语能力的较量和世界格局的结构变化。

2. 文化与北京城市形象

文化在北京的对外形象建构中举足轻重。一直以来，学者们在研究北京形象时普遍从文化形象入手，通过在CNKI上检索关键词“北京形象”，可以发现，从“影视、文学作品”及“奥运”两个方面来分析北京形象是当下研究的主流方向。很多学者在研究北京形象传播的时候得出了相似的结论。如张英进（2007）与赵园（2002）发现深厚的文化和政治传统构成了北京城市最突出的一面。曲茹、邵云（2015）在对留学生的调查中，给出了几个关键词选项："文化之都"、"金融中心"、"国际城市"、"时尚都会"、"历史名城"、"科技创新之地"、"山水之城"及"政治中心"。从数据统计来看，留学生对"文化之都"的认知程度最高（78.38%），其次为"政治中心"（56.35%），而对"山水之城"的认知度比较低（5.44%）。由此可见，北京浓郁的文化氛围给留学生留下了深刻的印象。丰富的文化资源是北京最独特的标志，已然成为这座城市走向世界的名片。"文化是一个民族的全部性格和偏好"，北京城市形象的对外传播归根到底还是城市文化的传播。

城市文化最终要具象到一些特定的媒介符号。一说到北京的文化，人们往往会联想到各种历史文化符号。这些内容是一座城市固有的且很大程度上是独有的资源，非常适合挖掘和反复表达。但就文化的立体展现来看，需要一定程度的与时俱进。从2013年学者王丽雅名为《中国文化符号在海外传播现状初探》的研究成果中可以发现：在海外，人们认知较为充分的依然是长城、中国功夫、中国烹调、阴阳图等这类已经有了一定认知基础的较为传统的文化符号，而对当下的生活符号、教育符号等认知非常不充分。近年来，关注北京文化因子的讨论逐渐增多，这和研究中的讨论热点相吻合。2008年北京奥运会成功举办之后，《新京报》发表了一组文章讨论代表北京这座城市形象的"北京符号"。参与讨论的人提到了各种各样的符号：建筑、服饰、文化和语言。在历史印迹被不断强化的文化传播过程中，一方面人们对于北京存在一种古老神秘的幻想和期许，另一方面，人们对于北京这座现代化城市的印象也越来越概念化了，文化的概念实际上在这个过程中很大程度上被窄化了。

3. 媒介中的北京人形象

北京人形象更多出现在中国的文学作品之中。学者高春光在《论老舍作品中的京味城市文化》一文中指出，以老舍为代表的作家塑造的北京人物形象，是那些生长在皇城根下的"老北京人"的生活状态，他们具有鲜明的文化特征：重视讲究礼仪文化、官样文化。作家在作品中往往隐含着对于国民性的深刻思考。20世纪八九十年代，作家们对"老北京人"的形象进行了充分的描绘，他们总的特点是：仁义善良。以王朔为代表的"新京派"文学中大量地描写了北京的新市民文化和塑造了大批的新市民形象。新市民"那五""顽主""贫嘴张大民"等，都成了北京市民文化的代表。而进入新时期，"新北京人"形象不仅包括社会转型期的新富人、踏入商场官场的新贵，还包括物质丰盛、精神匮乏的城市现代人群，他们喜欢张扬个性。学者张华强在研究京味文学时总结出了作品中最常展现出的北京人形象，他们善良、敦厚、古道热肠、爱面子、重礼数、“大爷劲儿”、善侃。

以上“老北京人”、“新京派”和“新北京人”三种不同年代的作品都不约而同地把沉潜于社会底层、最容易被忽视的小人物作为京味文学绝对的关注中心，执着于描绘这些小人物的酸甜苦辣、喜怒哀乐。但这些内容与以往所常见于域外的媒介内容迥异。以上文学作品中的北京人形象往往局限于城市的原有居民，近年来，更为现代、多元的关于北京人形象的讨论越来越多。北京居民是这座城市的血肉和灵魂，他们也是北京文化的核心载体。以往大众对于北京这座城市的形象多从文化资源的角度来看待，如今，北京人也代表了另外一种北京形象。

本文力图从考察外媒关于北京人和北京居民的报道入手，从关注人的视角来考察外媒对北京城市形象的建构。

三、研究方法

1. 研究对象的选择

本文以两家美国主流日报——《纽约时报》和《华盛顿邮报》关于北京的报道（图表中简称分别为“NYT”和“WP”）为研究对象。《纽约时报》一直享有“档案记录报”的美誉；《华盛顿邮报》则是美国华盛顿哥伦比亚特区规模最大、资格最老的报纸，在美国享有广泛的声誉和影响力。这两家媒体对于中国北京的关注度明显超过其他媒体，无论在报道数量还是影响力（被转载数量）方面，表现都非常突出。

2. 抽样方法

北京人是北京生活的主体，无论是传统还是现代、进步还是落后，外媒报道和记载的北京人都是北京生活的重要载体。

本研究聚焦 2009 年 1 月 1 日至 2016 年 12 月 31 日期间的报道文本，在 LexisNexis Academic 学术大全数据库中以“北京人”（Beijinger）和“北京居民”（Beijing resident）为关键词进行交叉检索。剔除重复和与研究主旨不具有关联性的文章，所得样本共 105 篇，其中《纽约时报》75 篇，《华盛顿邮报》30 篇。

四、研究发现

1. 报道数量分布

在具体展开文本分析之前，本研究先对 1995—2016 年整体报道数量进行了测量。从报道量的时间分布来看，两家报纸有很明显的相似之处（见图 1）。

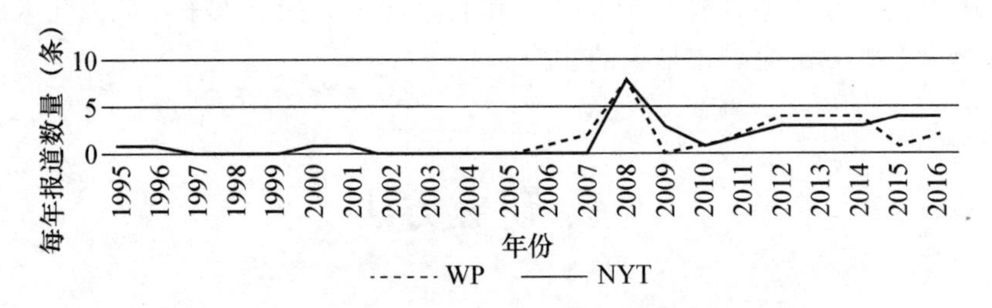

图 1　1995—2016 年两报关于北京人的报道量分布图

2000 年之前，《纽约时报》对北京人偶有关注，《华盛顿邮报》从 2006 年之后对北京人保持持续关注。2008 年，两报对于北京人的报道数量都显著增多，这和北京作为奥运会主办方的地位息息相关。奥运之后，相关报道数量大幅度回落，关注度有所下降，但是 2009—2016 年间，样本量依然高于 2008 年奥运之前的平均分布。这说明自 2008 年北京成功举办奥运会之后，国外媒体对于北京对关注度依然存在余晕效应，很多外国媒体将目光投向这座国际化大都市。

2. 选题类别分布

按照政治、经济、文化体育、社会民生四个选题类别对 105 篇报道进行分类，如图 2 所示。

（1）政治仍是重点，经济类议题较少。

在关于北京人和北京居民的报道中，政治依然是较为重要的内容。相关报道通常围绕着重大的政治议题展开，人物作为政策影响的客体，以例证的角色出现。一些报道涉及人权问题，但报道口径往往是“北京人不大关心人权问题”。

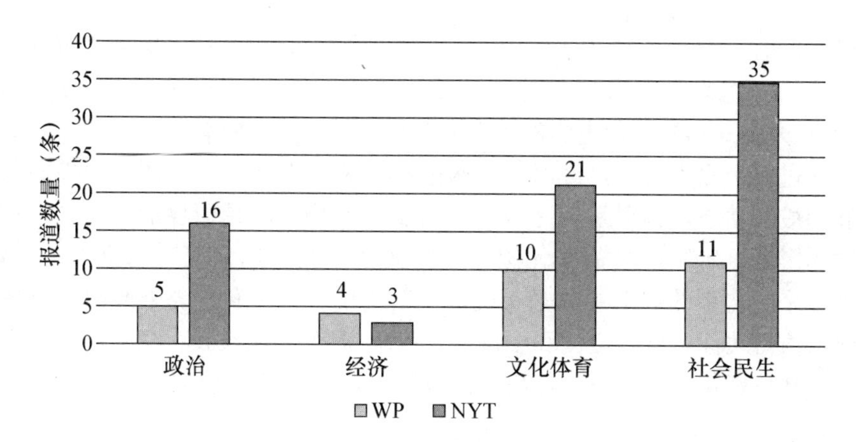

图 2　2009—2016 年两报北京居民报道选题分布图

经济类的议题相对较少，一部分是关于微观经济的，尤其是一些关于北京生活成本的报道。还有一些是关于北京的房价，报道主旨一般是说北京一些居民买不起房。说明国外受众希望了解北京的生活成本，并与本国生活成本进行对比。这类议题是外媒持续关注的内容。

（2）社会民生类数量突出。

105 条样本中，有 46 条是关于民生的。这些议题关注的角度非常细微，有相当一部分是社会新闻，比如狗主人眼看着爱犬被打死之类，以及计划生育政策放开后民众的反应，看来计划生育政策依然是外媒中国报道的重要关注点。外媒通过采访当事人的方式，将北京居民的生活状态展现出来。同时也通过当事人的表达，来建构政府、国家政策在民众的日常生活中起到的作用。

（3）文化体育是关注热点。

文化体育主题的报道数量也很多，例举如下：

2009 年 11 月 13 日，《华盛顿邮报》刊登了一篇题为《北京惊喜："首都之音"》的报道。文章中描述了旅居北京的一位美国摄影师，在北京用照相机记录下了很多目前活跃于北京摇滚第一线的乐队，写成了一本书叫《首都之音》。

2015 年 8 月 15 日，《纽约时报》刊登了一篇题为《中国电影人挣脱束缚走向洛迦诺电影节》的报道。文章中提到曾经旅居北京的 Shelly Kracier 在洛迦诺电影节上对参展的中国独立电影帮助很多。

2009 年 1 月 24 日，《纽约时报》刊登了一篇题为《Hip - Hop 也是中国制造》的报道。文章对中国说唱界的先驱之一隐藏乐队进行了详细描述。

2014 年 2 月 14 日，《华盛顿邮报》刊登了一篇题为《在浮华城市下的绚烂谎言》的报道。文章中剖析了电影《北京爱情故事》，认为导演兼编剧陈思诚和他的工作人员们共同编造了一个在北京这座城市里关于爱情的谎言。“《北京爱情故事》这部电影的重点大概是北京而不是爱情。”

通过以上几篇报道，可以看出两报极其关注电影、音乐两个门类的行业发展和最新动态，特别是当这些行业的发展趋势是超越国界的时候，比如参加国际影展、乐队成员的多元国籍等。文章正文引用大段对当事人的采访，呈现出来的北京的生活主体是年轻的、时尚的、国际化的。外媒报道选题的着眼点值得关注，这一方面和中国“90 后”群体的成长壮大息息相关，另一方面，从传播策略来看，体育和文化是最容易进行跨文化传播和交流的主题。

3. 身份和语境

从身份和讨论的语境来看，报道中大量涉及的北京人并不是北京的名人或者文化名流，而是作为北京人或者北京居民的人群整体（见图 3）。比如在一篇关于方言在中国首都北京消失的报道中，北京居民就是一个整体，“一项研究表明，有 49%的在北京出生的‘80 后’居民更愿意说普通话，而不是北京方言”。又如在报道央视配楼失火事件时，北京居民是一个被信息封锁的整体，报道称：“北京居民想在网上、电视上或者新闻上查看关于失火的消息都很困难。”又如在有关国庆的报道中，当被问及为什么热爱自己的祖国时，“北京居民谈论国家经济的繁荣、国际地位的上升以及五千年源远流长的历史文化和民族的团结”。此处的北京居民也是一个整体。再如在报道北京雾霾状况和空气污染严重的话题时，北京居民也会作为一个整体出现，“北京人已经能够在恶劣的环境下习以为常地生活”。在这些报道中，作为整体集合概念的北京人和北京居民多数情况下只是一个概括，并不具有清晰的能指和所指对应关系，逻辑上也并不前后连贯。比如有的报道中称“随着生活水平的提高，北京人也越来越重视环境问题”。但是在其他报道中又会出现北京人对于环保的随意行为，比如“即使已经禁止市民燃烧物品，因为那会使本就污染的空气再雪上加霜，北京市民还是会在清明节的晚上到路边烧纸”。

除了群体之外，一些个体还作为单独的采访对象出现（见图 4）。很多接受采访的个体，或是就某个议题发表看法，或是作为某种政策的被动影响者出现，多是随机裹挟入事件和报道中的，并不是因为人物本身的独特而引起外媒关注。比如一位在 e 租宝公司工作的 32 岁北京市民杨帆（化名）发表对非法集资事件的看法，又如一位还没有给违规生育的第二个孩子上户口的 45 岁北京市民只提供了他的姓氏而拒绝告知全名。他们中大多数人不具有知名度和社会地位，只是作为普通人讲述自己在新闻事件中的故事。比如“李匡涵（音

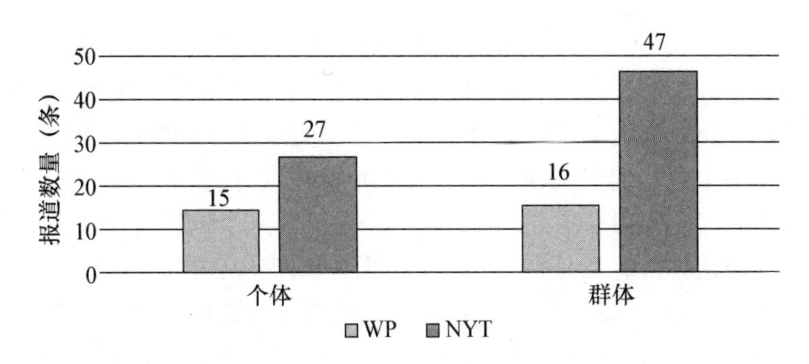

图 3　2009—2016 年两报北京居民报道对象分类图

译)，一位旅居台湾、新加坡、纽约的北京人表示，中国是为数不多的在新年期间允许燃放烟花的地区之一"；"一位北京居民王乐（化名）说自己曾经也被别人人肉搜索过，认为在现实生活中伤害别人与在别人背后进行指摘只有一线之隔"；"北京居民雷娜在网上买菜，说网上卖的蔬菜很新鲜"；"一名不愿意透露姓名的陈先生表示政府因为举办 APEC 所做的一切都是过度反应"。

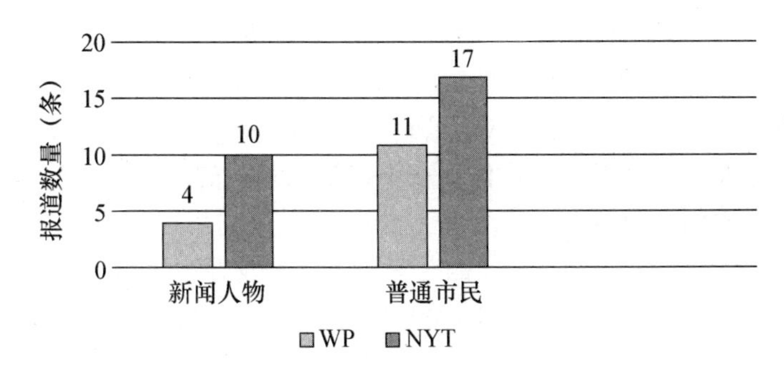

图 4　2009—2016 年两报北京人报道中的个体身份分析图

本研究将个体报道对象界定为新闻人物和普通居民两类。其中普通市民是指和报道主旨相关的采访对象，但相关度不是很高，采访具有随机性；新闻人物是指新闻事件的核心人物，或者具有一定知名度和社会地位的知名报道对象，本研究涉及的报道中最引人注目的要数潘石屹和马布里。《纽约时报》在 2013 年初曾经在一个月内三次报道潘石屹的网络呼吁。比如 2013 年 1 月 20 日，记者在文章《在中国，民众对政府充斥着不信任》中写道："在环境问题上，商业巨头潘石屹呼吁政府公开细颗粒物指数。上周，在微博上，关于北京空气的评论达 690 万条，空气指数的评论达 670 万条，细颗粒物的评论达 480 万条。"而与此内容相呼应的背景信息是越来越多的中国民众对执政党的信任度降低。

2013 年 1 月 29 日，《纽约时报》的报道称，雾霾又一次席卷了中国，北京被重污染空气笼罩，许多人戴起了口罩。潘石屹在微博上发起了“清洁空气”行动，有超过 3 万人响应。不难看出潘石屹在推动细颗粒物信息公开的过程中，是整个运动的舆论领导者，《纽约时报》在报道中详细说明了他的代表性和影响力。1 月 31 日，《纽约时报》题为《北京采取措施防止污染问题更加严重》的报道称，北京是在 2012 年早期公布细颗粒物数据，以回应北京居民要求公开信息的。2013 年，还有 74 个城市将公布数据。呼吁信息公开的是商业巨头潘石屹。这里潘石屹的名字作为一个背景信息，和他领导的“清洁空气”行动被又一次提出。显然，作者的隐含话语是，北京政府的表率是在北京民众，尤其是名人的呼吁和推动下完成的。

而对于马布里的报道则是完全不同的情感色彩。文章标题为《篮球明星马布里获得中国“绿卡”》，非常简洁，内容却并不只是一条简讯。正文详细介绍了马布里在中国北京的生活经历和职业经历，在叙述马布里与这座城市的关系时，报道称：“一尊雕像，一部根据他的经历制作的音乐剧，以及一系列邮票，这些是他已经在享受的荣耀。去年，北京市市长还授予了他‘荣誉市民’称号，表彰他对这座城市的球队做出的贡献。”

报道详细描述了马布里与喜欢他的北京球迷之间的互动。一个网名为“刘朋－Bryan”的用户写道：“Good to have ya not only as Duck player～but Real Beijing 人儿!”（太好了，你现在不仅是北京队的球员，还是真正的北京人儿了!）又比如：微博上一个名叫“Shuo _ Xs”的用户写道：“我和爸爸会在电视上看你的每一场比赛。”“因为有你，北京队现在有了希望，我和爸爸也有了更多可以聊的话题。我们的关系更近了。永远支持你。”报道大量引用这些接近于亲密聊天的留言，颇具人情味特征，态度亲切。这种特点在外媒对于北京生活的报道中并不常见。

此外还有 3 篇提到个体身份的报道，都是讨论中国人权问题的。其中 2 篇提及当年在上海袭警的北京人杨佳，多年前的刑事案件被作为背景重新提出来，这是外媒报道的一个重要手法。还有 1 篇提到了因为参与非法组织活动而遭到监禁，向外界发出求助信的某服刑人员。

4. 碎片化的北京人形象

透过这些零碎纷乱的报道，可以勾勒出外媒镜像中北京人的大致形象：

（1）困境中消极逃避的北京人。

大量的报道展现了北京居民面临的具体困难和问题。其中雾霾是目前报道中提到的北京市民最常见也最主要的困境。《华盛顿邮报》2013 年 4 月 5 日的一篇报道《北京人重新思考他们的雾霾生活》（“Beijing Residents Rethink Life in the Big Smoke”）称：因为雾霾的关系，北京当地的居民选择离开北京去别的城市生活。

北京人对于雾霾问题严重性的回避，还在其他一些报道中有所体现。典型的情况是北京人将雾霾作为调侃的作料、自嘲的笑料、段子手的原料，而不是一个关乎生命的问题而拿出来去寻找对策。比如一篇报道中提到，北京人对上海人讲笑话说“我们北京人开窗就能抽免费烟”。

对逃离北京，虽然很多人没有明确的计划，但是念头已经在心中滋生：“目前并没有关于逃离北京的统计数据，而且许多人仍旧渴望来北京工作。但是离开北京的议论，已经在这个首都，以及中国的微博和育儿论坛上变得愈加紧迫。中国人还在讨论去西藏、海南和福建等所谓的‘好空气目的地’度假。”

唯一的例外是 2013 年 9 月 1 日《纽约时报》刊登的一篇题为《在严重的雾霾中关注排放物成了中国的一线希望》的报道，提到的人物是名叫姜克隽的国家能源协会的一名研究员，他提倡国家减少温室气体的排放。他说国民对有害空气的愤怒已经动摇了政府的观念，而政府曾经一直认为污染是走向繁荣的必要代价。他预计中国的温室气体排放量将在 2025 年达到最高值。他一直在和政府尝试交流，希望政府能够采纳他的意见。“姜克隽可能是北京居民里还对这个被雾霾淹没的城市抱有一线希望的人之一。”

可见外媒对于北京人的报道大多是从他们消极回避、无奈、玩世不恭、调侃的方面出发，而积极与雾霾抗争的个体，寻求解决之道的个人和组织，他们的言说和行动还不是外媒关注的重点。

值得关注的是，很多报道还提到了雾霾对于北京涉外交往活动的影响。在一篇报道中，作者列举了多个因为雾霾而拒绝在北京工作的外籍人士的故事。“现在，在中国居住九年之后，达菲决定要离开中国，她指出的主要理由有污染和交通问题。驻北京的外国人，甚至在中国以外的外国人当中，很多都在进行这样的考虑。”

而不愿驻留在北京工作的另外一个重要因素是外籍工作人员更担心孩子的生活。一对有一名幼子的美国夫妇，在考虑一家基金会驻北京的高级职位时就讨论了污染问题。污染也是他们最终拒绝这个职位的原因之一。安可顾问公司（APCO Worldwide）北京办公室高级顾问麦健陆（James McGregor）表示，他听说一位家有幼子的美国外交官拒绝了调任北京的机会。文章还提到了在北京工作的外籍人员可以获得经济奖励的比例，并指明这部分奖金的主要目的是作为空气污染的经济补偿。“美国国务院（State Department）会对驻北京人员发放相当于工资的 15%的奖金，这笔奖金的部分存在原因就是污染。其他中国城市的艰苦津贴在 20%～30%不等，这些城市也饱受恶劣空气的困扰。但上海除外，上海的艰苦津贴为 10%。”

（2）对政府不满的市民。

大量报道体现了市民对于政府的不满，这种不满在以往的报道中并不少见。如《华盛顿邮报》2008 年的一篇报道称，北京人在网络上抱怨举办奥运会带来的不便。《纽约时报》2008 年的一篇类似的报道也报道了北京人在网络上匿名抱怨奥运会给他们带来的负面影响。在后奥运时代，这种不满和对立在两家媒体的报道中延续，只是问题更多地变为了雾霾相关议题。《华盛顿邮报》2012 年的一篇报道称：因为对政府的不信任，许多北京人“翻墙”在推特等平台上关注美国方面发布的关于北京市污染指数的数据。2013 年初北京出现严重雾霾期间，《华盛顿邮报》一篇报道的标题直接指出市民对政府的不满——《北京市民、媒体受够了持续的雾霾和政府的不作为》。

《华盛顿邮报》2014 年的一篇报道称：“虽然北京实施限号措施，但北京人上有政策下有对策。”对于政府政策不满，北京市民一般以消极抵抗的形式予以应对，买更多的车而不是乘坐公共交通工具来避免拥堵。

同样典型的还有《纽约时报》2014 年的一篇报道：一位姓陈的北京居民表示担心政府运用新的计划生育政策作为诱饵来吸引他们上钩以便处以罚款，因而不敢向有关部门为第二个孩子申报户口。报道中市民对于政府的不信任，往往以直接引语出现。在这个案例中北京居民“resident”与北京政府“government”是对立的两级，是需要斗智斗勇的矛盾体。关于计划生育的议题，即使在政府放开二孩生育控制的情形下，报道的取向和口味依然延续了以往人权报道的负面指向，在报道的手法和细节处理方面和以往的报道如出一辙。

对这一观点的集中体现是 2014 年北京举办 APEC 峰会期间的市民态度。《APEC 期间北京日常生活被打断》指出，在 APEC 期间，北京实施了一套非常规手段，引起了民众的抱怨。外媒记者往往通过转述市民的抱怨和气愤口吻来表述政府非常规政策给市民日常生活带来的不便。比如：“一位北京市民在微博上抱怨，四天前，我们家停水了，但是修理工却不能修理水管，因为挖掘工作会使尘土飞扬，影响到 APEC 会议的召开。”还有人抱怨正常生活被干扰，“APEC 已经影响到我的日常生活，因为一切有关公共服务的事务都失控了，包括领薪水。我的薪水要在 APEC 结束后的一两天才到，近期银行也关闭了”。

对政府最为严重的挑战不仅仅是生活不便和政策上的不配合，还有对于政府治理雾霾成效的不满，和此议题高度相关的是北京儿童的生活质量和健康问题。

2013年4月22日，《纽约时报》刊登《在中国，呼吸成为童年生活的风险》一文，报道了由于北京糟糕的天气，小孩出现了咳嗽等状况。对此，父母非常担忧，采取了配备空气清洁器、禁止孩子外出、佩戴口罩等保护措施。报道中例举了国外的三项研究，表示孩子长期暴露在高污染的空气中对身心造成危害，比如肺部受损，容易焦虑、不安、注意力分散，发育迟缓等。文章还引述了中国官方媒体新华社的报道，“1月份雾霾最严重的时候，北京儿童医院一天接受9 000个病例，一半为呼吸道疾病”。报道中采访了一些发展团队，他们对中国执政党失去信心，因为他们意识到领导人并没有做到确保孩子的健康和安全。一位北京居民表示，“我不信任政府治理雾霾的保证”。

（3）现状有待改进的北京人。

2013年4月，《华盛顿邮报》的报道《北京市民重新思考雾霾生活》（“Beijing Residents Rethink Life in the Big Smoke”）聚集北京市民最关注的议题：雾霾中的儿童。“在北京和其他城市，致命污染物的水平高达指导值极限的40倍，这已经吓坏了父母，使他们采取措施，极大地改变了孩子们在城市中生活的常态。父母把他们的儿子和女儿关在家中，即便这意味着令他们疏远朋友。学校取消了户外活动和郊游。收入水平较高的父母，则基于空气过滤系统来选择学校，而一些国际学校在运动场上建起了体积巨大、外观前卫的穹顶来确保呼吸健康。”

北京的改进还体现在关于北京禁烟令的报道中，2015年6月2日，《纽约时报》报道了北京开始实行禁烟，但北京市民对这一禁令能否施行保持怀疑态度。报道称“中国媒体称赞该禁令十分必要，可以防止公众接触危险的二手烟，但许多北京市民对规定能否落实表示怀疑。北京市政府曾经两次发布禁烟令——分别是在1996年和2008年奥运会之前——每一次都被人们普遍无视，在酒店大堂、公共卫生间和健身房的更衣室，仍然烟雾弥漫”。这篇文章详细解释了香烟对于中国人的意义：“在中国，香烟称得上一种全体国民消遣物，对于男性尤其如此。婚礼的宴席上往往会为客人准备香烟，成堆地摆在碟子里。长期以来，装在纸盒里的昂贵品牌香烟一直是馈赠或者讨好官员的佳品。”同时报道也指出香烟的经济价值：“吸烟对中国经济也十分重要：一个国家垄断产业制造了世界上三分之一的香烟，在政府财政收入中占很大比重”。通过两次禁烟失败的背景参照加之香烟对于国人的文化意义和对于政府的经济价值，可以看出这篇报道的态度是对北京新一轮禁烟政策的谨慎质疑。

（4）务实的北京市民。

2013年，《华盛顿邮报》一篇报道中称，一名北京青年在接受电视采访时表现出对“9·11”事件的“欣喜”之情和对本·拉登的敬佩之情，当被问到对美国的看法时，却说自己很喜欢美国，如果有机会留在那里的话就不会回国了，表现出一边口头反美一边挖空心思想去美国生活的态度。这篇报道通过对照的手法，虽然并未直接公开宣称这个北京青年的虚伪，但是会给读者留下其言行不一的印象。就像《华盛顿邮报》在2008年7月13日的报道（“Shanghai，A Star in Eclipse”）中对于上海和北京的对比，作者写道：“北京人像是上海人的乡下弟兄，他们虽然热心但是自大、粗鲁，在他们落满灰尘的胡同里喝着酒。”类似的报道还有2008年对于北京人大声说话的情况介绍（“Travel Basics：Beijing”）。作者可能过于主观，但受众接收到的北京形象往往就在于媒体不经意使用的几个形容词。

2015年2月17日，《纽约时报》报道《虽然雪少，北京依然申办2022年冬季奥运会》（“Shortage of Snow Aside，China Jumps into Bid for 2022 Winter Games”），文章称“2008年为了建设夏季奥运会不少可怜的北京市民被强行搬迁的历史还历历在目，不少人担心此次2022年冬奥会会历史重演”。可以体会出作者的隐含意图：北京举行大型体育赛事会对北京居民带来损害和负面影响。而2015年8月1日另外一篇关于北京申办冬奥会的报道则称：“一些北京市民向往新鲜的空气，希望借由举办冬奥会，政府能够加大力度改善环境质量。还有一些市民希望通过旅游业及一些投资能够促进当地的经济。”

类似的逻辑也出现在雾霾议题的报道中。先描述了在北京生活所要面对的污染困境，很多北京居民处于忧伤和失望之中，然后话锋一转，“或许北京人更在意的是他们在股市中的投资和收益”。在这些报道中，北京人体现出的形象是务实的，甚至不惜以健康和牺牲一些自由选择为代价。

五、结论与讨论

研究发现，两家媒体对于北京居民的报道是零散的。为躲避雾霾去海南三亚买房的北京人，因为超生而不敢去给孩子上户口的北京居民，“翻墙”查看细颗粒物指数的北京市民，在公共汽车上宁可低头看手机也不看比赛的北京乘客……他们像一块块拼图，组成了外媒对于北京人生活的展示，同时这也成为全球英语新闻阅读者们管窥北京这个城市面貌的窗口。面对外媒对于北京人形象片面、偏颇的“外塑”，中国媒体特别是北京媒体可从三点出发，加强对北京人形象的“自塑”。

1. 针对负面报道进行对话沟通

仅从报道指向来看，无论《纽约时报》还是《华盛顿邮报》，负面报道的比重都远远高于正面报道，两家媒体的倾向性和选择性十分明显。比如两家媒体都大量地报道了北京的环境污染、交通拥堵、居民健康受损等问题。这和外媒的报道传统，以及长期对中国报道形成的问题式报道框架分不开。在一些具体的报道中还往往用意识形态的眼光来看待市民情绪和政策执行之间的矛盾，通过文本造成两者的两元对立，用市民的无奈和消极抵抗为衬托，以塑造政府不考虑民众、政策不够人性化等等一系列负面形象。这些负面报道与美国主流媒体的对华认知密不可分。

实事求是地观察目前北京面临的困境，有些问题在一定程度上客观存在，并且应该引起北京的管理层和政策制定者的高度重视。在问题方面开诚布公可能是与外媒进行对话的第一步。而对话与沟通则是接下来更为重要和艰巨的工作。国外受众对于国际报道中的各种偏颇也有所警觉。有研究显示：对于国际媒体有关北京报道的倾向性，根据受访者的个人感受，49.6%的受访者认为国际媒体所呈现出的是“客观中立”的北京形象；而 37.6% 的受访者认为，国际媒体呈现出来的是“负面消极”的北京形象；仅有 12.8% 的受众认为呈现出来的北京形象是“正面积极”的。

一些游记类的非硬新闻的文章往往态度更为中立和友好。此时，外媒的目的不是在于批评，而是在于提供各种经验借鉴，以为中国发展出路提供多种参照和可能性。虽然这种报道并不是直接而简单地表扬北京的成就，但是在字里行间可以看出外媒对北京的发展是认可的，甚至是正面赞扬的。其参照自身国家路径提出的意见和建议是相对中肯的。因此在以开放和对话为前提的沟通思路下，外媒报道其实已经从以往单纯的负面批评转为以批评、感受和提建议等方式多维立体地来表现北京。这是很好的趋势，可以借鉴并加以推动。

2. 凸显北京的文化形象要更多地关注市民生活

北京在中国人心目中担任着很多重要角色，在各种辉煌的头衔之下，国内媒体建构的往往是一个各行各业日益兴旺、传统文化丰富多彩、名胜古迹独具魅力的北京。然而在外媒视域中，北京并没有成为一个文化整体，换言之，北京没有作为一个有个性、有高识别度的文化都市出现在世界受众面前。外媒对于北京的认识往往是细碎的，北京的历史文化并没有被很好地传达给受众。外媒的报道视角是寻找新奇，将北京作为一个异域文化的代表进行呈现，这些报道其实就是对于他者文化的观察和界定。究竟什么样的内容可以出现在这些报道中？答案往往是那些能够满足读者猎奇心态的文化现象。

北京的传统文化对世界受众来说魅力十足，其中又以皇家建筑、京味饮食文化、民俗和戏曲文化最受欢迎，这些都是对外传播中要善于利用的文化形象。在传播这些文化面向的同时，本研究发现在一篇《纽约时报》的专栏文章中，作者写出了自己初次到北京的复杂感受。他看到了满街的人流，有点混乱的交通，同时他也看到了街头拐角处屏气凝神、认真思索的下象棋的人，还有无论是清晨和傍晚，总在各个公园里锻炼的人。公园文化给他的印象十分深刻，他感觉到了北京不同于其他现代都市的一些特点。另外一些报道中会展现北京人的民俗，比如赛龙舟，记者在赛龙舟现场观察到各种有意思的民间现象。还有一篇报道讲述了北京市民如何在冬天疯狂储存大白菜。在该篇报道中，作者写道：一些有些年纪的北京市民甚至将储存大白菜作为一种信仰。这些报道的作者其实担当了北京文化对外传播的中介人，通过他们的眼光、他们的口吻、他们的笔触，呈现给国外受众的是更容易被接纳的新鲜的异域生活。这些报道内容着眼于北京社会生活中的日常文化，其传播效果和我们对外大力宣传北京悠久历史文化的作用相辅相成，可以互为补充。

3. 人物的魅力

体育类话题在 2008 年之后依然是这两家媒体都十分关注的领域，尤其是关于马布里拿到中国“绿卡”，获得永久居留权的新闻更是被两家媒体争相报道，可见名人效应和娱乐明星效应在吸引国外媒体方面收效显著。在引导境外舆论过程中，不妨利用名人效应，甚至适当地增强幽默和娱乐元素。有魅力的人可以跨越语言障碍，成为跨文化沟通的桥梁。比如 20 岁的北京姑娘冯珊珊在 LPGA 锦标赛上表现抢眼。文艺体育明星可以更好地拉近北京与国外受众的心理距离，在此方面，上海对于姚明的形象符号利用可以对北京有所借鉴。

因此，在与来自其他国家、地区跨文化背景的人群进行交流沟通的时候，选择具有北京传统文化特色或者能体现本土发展特色的知名人物和市民生活，结合国际社会的关注点，用能打动受众的方式加以报道，是取得良好传播效果的关键。独特的、传统的生活反而更丰富多彩、富有魅力，也是外媒报道所看重的。这也就是“北京故事，世界表述”的内涵所在。

英美主流媒体关于北京城市形象的认知分析

——以《纽约时报》和《每日电讯报》为例

王笑璇　高金萍

一、研究背景

1. 北京城市形象的重要价值

城市形象是一座城市内在历史底蕴和外在特征的综合表现，体现着城市的总体特征和独特风格。作为国家形象的子系统，城市形象构建及其传播越来越受到政府、学界、业界的高度重视，并呈方兴未艾之势。西方学者认为“城市形象是通过大众传媒、个人经历、人际传播、记忆以及环境等因素的共同作用而形成的”。快节奏的城市生活以及地域、交通条件等限制，使大众难以获得对一座城市的实地体验和感知。因此，大众心目中的城市形象很大程度上来自大众传媒，而大众传媒强大的传播功能也极大地影响着城市形象。

北京是中国的政治和文化中心，是名扬中外的历史文化名城，也是世界上具有重要影响力的国际化大都市。从2008年奥运会成功举办到2015年获得2022年冬奥会举办权，北京始终是国际主流媒体广泛关注的重要城市。自2009年至2016年，国际主流媒体发表了大量关于北京的报道，这些报道既体现了西方媒体对北京城市形象的国际认知，也影响着西方受众对中国国家形象的认知。

城市形象包含多个要素，而城市的建筑毋庸置疑是城市形象最直接的体现。随着北京现代化步伐的加快，北京城市建筑也在不断变化。故宫、城墙和胡同这些传统建筑同鸟巢、央视大楼等现代建筑在“新旧”融合中交汇成当下的北京城市形象。从外媒对“北京建筑”的报道入手，分析外媒对北京城市形象的认知，具有可操作性：首先，大众传媒构建着人们对周围环境的认知。外媒对“北京建筑”的报道，势必影响北京城市形象的国际认知，甚至影响中国国家形象和中外关系的发展。因此，研究外媒对“北京建筑”的报道，了解国际社会对北京城市建设的关注点，了解北京的国际形象，有助于更好地塑造北京的国际城市形象。其次，在全球化时代，研究外媒对“北京建筑”的报道，可以为当前北京的城市建设提供有益的建议和指导，助力“北京建筑”的建设向更为合理的方向发展。

2. 文献综述

（1）关于城市形象的研究。

国外对城市形象的研究最早出现在 20 世纪 60 年代的美国，早期是从建筑学的角度出发研究城市形象。国外的城市形象研究是与城市景观、城市设计和建筑美学相连的，对城市形象的研究呈现出从追求外在美到追求内在美的趋势。最先提出“城市形象”概念的是美国城市学家凯文·林奇（Kevin Lynch），他在 1960 年出版的《城市意象》中提出了城市形象的主要构成要素和传播途径，并强调城市形象是通过人的综合“感受”而获得的。刘易斯·芒福德（Lewis Murnford）在其《城市发展史：起源、演变和前景》一书中，从人文科学的角度系统阐述了城市的起源和发展，探究了大众传媒与城市的公共空间、群体文化以及城市形象塑造之间的关系。

中国城市形象研究与国外城市形象研究相似，也是以城市美学思想为开端。城市形象最早是在城市规划和设计中提出的，主要是指城市景观。较为系统的研究起步于 20 世纪 90 年代，很多城市开始探索并努力构建具有特色的城市建筑风格。1988 年，国内学者郝慎钧在翻译《城市风貌设计》（日本学者池泽宽原著）一书时认为，“城市的风貌是一个城市的形象，反映一个城市特有的景观和风貌、风采和神志，表现城市的气质和性格，体现出市民的精神文明、礼貌和昂扬”。21 世纪以来，以建筑学研究为基础，大众文化研究、传播研究也开始涉足这一研究领域。

以 2008 年为分水岭，北京城市形象研究出现了较大转变。2008 年之前的研究较多停留在传统文化层面和文学文本研究领域，如《城市形象与城市竞争力》（周汉民，2005）、《2008 年奥运会对北京城市形象与景观的影响》（王大勇，王军，2007）、《关于城市品牌与在电影中城市形象的研究》（罗太洙，2008）等。2008 年北京奥运会开启了北京城市形象建设的新篇章，在现代城市形象与城市精神构建方面出现了一些优秀研究成果，如《城市形象传播的广告美学解读》(董保堂，黎泽潮，2009)、《以城市文化实力塑造国家中心城市形象》(雷兆玉，2010)、《北京城市形象与全球本土化的研究——以话语分析为视角》(冯捷蕴，2011) 等。纵观目前学界对北京形象的研究，大多围绕城市营销、城市规划及文化产业方面对北京形象的塑造进行探索，较少从传播角度进行文本分析，从城市建筑报道层面剖析城市形象塑造的研究更少。

(2) 北京城市形象传播的研究。

在已有研究成果中，曾一果的学位论文《从"老北京"到"新北京"——改革开放以来大众传媒的"北京叙事"》，关注改革开放之后国内大众传媒对"北京城市形象"的叙事和构建，这一研究梳理了改革开放初期的文学、电影、电视剧等作品中不够现代的"乡土北京"，描绘了北京奥运会后报纸、期刊等主流媒体眼中经过改造不断城市化的"新北京"，也涉及经历改造和巨变后，人们怀念的"老北京"。作者认为媒介对"老北京"的"再塑造"更多的只是一种"想象性构造"。通过对国内大众传媒塑造的"新北京"和"老北京"的分析，作者反思了北京政府对"老北京"的保护和"新北京"的建设。

杜剑锋和陈坚的论文《西方影片中北京城市形象的塑造与传播》，聚集于西方电影中的文化符号，分析不同时期西方对"北京"城市形象的认知，西方眼中的北京既是"东方帝都"和"红色天安门"，也是"古都文化"和"美丽北京"。这类研究大多局限于影视等虚构性文本，缺乏对报纸等纪实性媒体对北京城市形象塑造的分析。

还有一些研究通过问卷调查描述北京城市形象在国际受众中的认知，如赵永华和李璐的论文《国际受众对北京城市形象的认知与评价研究》，这类研究大多通过对国际受众的调查分析，间接获取西方媒体对"北京城市形象"的塑造和构建。

另外，针对西方主流报刊对于北京形象认知与塑造的研究乏善可陈。当前从事中国国际形象研究的学者大多把中国作为一个整体来研究，很少对北京城市形象进行分析研究。

国内对北京城市形象问题的研究，较少从传播角度进行，从外媒报道角度探讨北京城市形象的成果更为少见。基于此，本文拟从北京城市形象入手，使用文献研究法、内容分析法和文本分析法，以西方主流报刊美国《纽约时报》和英国《每日电讯报》为研究对象，通过它们对"北京建筑"的报道探究北京城市形象的国际认知。

二、研究设计

1. 研究对象

与网络媒体、电子媒体相比，报纸的权威性和转载率较高，它不仅是国际传播的重要渠道，也是多数受众的主要消息来源之一。在信息传播的过程中，报纸往往处于信息流的前端，网络报道则常常转发纸媒。尤其是在国际新闻报道中，各国媒体驻海外机构数量少，因此，多数媒体往往以转发本国主流媒体的国际新闻为主。本文以西方主流报纸美国《纽约时报》和英国《每日电讯报》为研究对象，两报均为具有全球影响的大报，发行量均在 100 万份以上，具有较高的权威性和国际影响力。

2008 年北京奥运会是北京城市发展史上的一个重大历史性事件，奥运会后，西方媒体称中国进入“后奥运时代”。自 2009 年至今，北京在经济建设、文化发展、体制改革、科技创新与和谐社会建设等诸多方面都取得了重大进展，是“后奥运时代”中国综合发展的龙头。因此，研究“后奥运时代”北京的城市建设，也可以从中反射出中国社会的发展与进步。

2. 研究方法

本文使用 EBSCO host 报纸全文数据库，以“Beijing landmark”“Beijing architecture”“Beijing tourist attractions”“Beijing building”等作为关键词，检索 2009 年 1 月 1 日至 2016 年 12 月 31 日《纽约时报》和《每日电讯报》关于“北京建筑”的报道，并对其进行内容分析。

本文以报道数量、报道体裁、报道时间、报道倾向为分析指标，进行量化研究。其中，报道体裁包括消息、通讯、评论、深度报道及其他（含图片报道、札记、小故事等）共五种类型；报道倾向分为正面报道、负面报道和中性报道三类，倾向性主要依据新闻报道的作者在写作和叙述时的客观性判断。

本文运用内容分析法，着重分析外媒对“北京建筑”形象的呈现及其意义的赋予，发现外媒对北京建设的关注点和态度，确认北京城市形象的国际认知。

三、英美主流媒体对北京形象建构的分析

研究者以“Beijing”为检索词，对2009年1月1日至2016年12月31日期间《纽约时报》《每日电讯报》的报道进行检索。检索结果显示，《纽约时报》关于北京的报道总量为2 363篇，关于伦敦的报道总量为7 237篇，巴黎5 387篇，东京1 213篇，首尔609篇，新德里536篇，曼谷357篇；《每日电讯报》关于北京的报道总量为2 590篇，关于纽约的报道总量为7 292篇，巴黎8 364篇，东京1 450篇，首尔608篇，新德里349篇，曼谷550篇（见图1）。

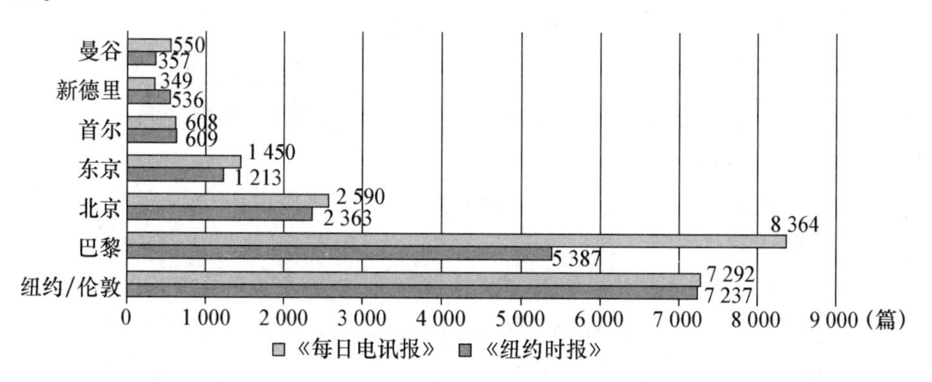

图1　2009—2016年《纽约时报》《每日电讯报》对几大首都报道数量统计图

与对北京的关注度相比较，西方媒体对纽约、伦敦、巴黎等世界城市的关注度更高；但是在对亚洲地区主要国家首都的报道中，西方媒体对北京的报道数量要远远超过东京、首尔、新德里和曼谷，可见西方媒体对北京的关注度还是很高的。

研究者以“Beijing landmark”“Beijing architecture”“Beijing tourist attractions”“Beijing building”“Beijing travel”等作为检索词，检索2009年1月1日至2016年12月31日《纽约时报》和《每日电讯报》关于“北京建筑”的报道。共检索出《纽约时报》相关报道报道271篇，《每日电讯报》相关报道305篇；后经过比对去重，再选择内容紧扣“北京建筑”主题的报道，最终《纽约时报》得到35篇研究样本，《每日电讯报》得到40篇研究样本。至此，共得到75篇研究样本。

1.《纽约时报》和《每日电讯报》对“北京建筑”报道的量化分析

根据新闻报道体裁，本文将75篇研究样本划分为5种类型：消息、通讯、评论、深度报道、其他（含图片、旅游服务性信息、札记、小故事等）（见表1）。

表1 2009—2016年《纽约时报》《每日电讯报》对“北京建筑”报道体裁统计 单位：篇

报纸	消息	通讯	评论	深度报道	其他	总量
《纽约时报》	11	6	3	5	10	35
《每日电讯报》	13	4	2	3	18	40
合计	24	10	5	8	28	75

依据表1发现：

首先，两报关于“北京建筑”的报道体裁多样化。

其次，其他新闻体裁是两报关于“北京建筑”的报道中使用最多的新闻体裁，占全部报道的37.3%。这些体裁受到两报青睐，可能是源于“建筑”的艺术性与观赏性。

再次，消息体裁在两报对“北京建筑”的全部报道中也占有重要地位，占全部报道的32%。

从图2可见，两报2009年对“北京建筑”的报道频率最高，达到20篇，占总报道量的26.67%。这样高报道量的出现绝非偶然，报道频率的高峰明显和2008年北京奥运会的举办有着对应关系。2008年北京奥运会结束后，北京乃至中国都进入了“后奥运时代”，不仅经济进入大发展期，也受到更多西方媒体的关注。2009年，奥运会带给北京的热度明显还没有下降，西方媒体对北京的高关注度依然存在。不过随着时间的推移，关注度和报道量逐渐下降。2012年，由于伦敦奥运会的举办，作为上一届奥运会举办地的北京再次得到国际媒体的关注，报道量增加，之后又逐渐下降。2015年由于北京获得2022年冬奥会举办权，国际媒体对北京的报道量再次上升。由此可以看出，北京已经成为一座和奥运紧密相连的城市。

本文从新闻报道的作者在写作和叙述时的客观性入手，将75篇研究样本的倾向性分为正面报道、负面报道和中性报道三类。

2009年1月1日至2016年12月31日，《纽约时报》和《每日电讯报》对“北京建筑”的报道中，正面报道有28篇，约占总报道量的37.3%；负面报道有13篇，约占总报道量的17.3%；中性报道有34篇，约占总报道量的45.3%（见图3）。

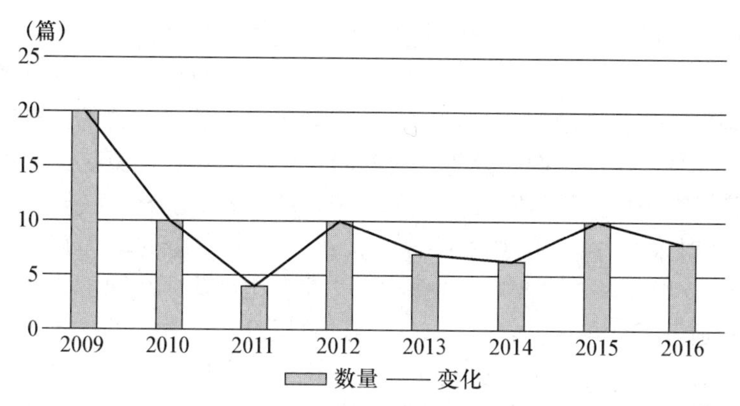

图 2　2009—2016 年《纽约时报》《每日电讯报》对"北京建筑"报道时间分布图

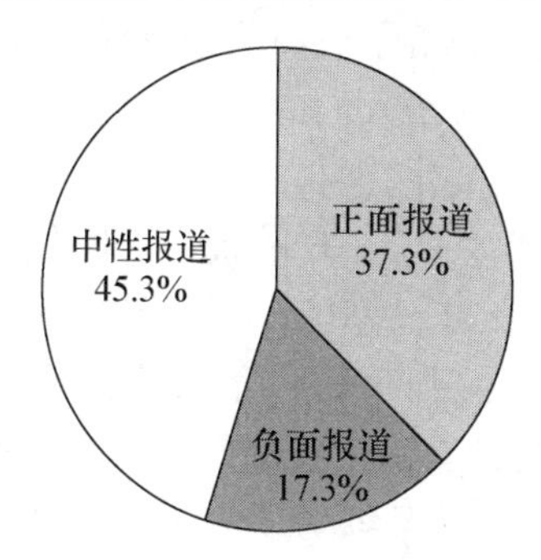

图 3　2009—2016 年《纽约时报》《每日电讯报》对"北京建筑"的报道倾向

新闻报道的客观性和真实性要求客观叙事，使报道的事实符合客观实际，而不能从主观意愿出发，有明显的倾向性。因此，大多数有关建筑的报道在总体上呈中性倾向，客观陈述建筑的相关信息及其与城市发展的关系。从整体上来看，两报关于"北京建筑"的报道主要为中性报道，约占全部新闻报道的 45.3%。另外，"北京建筑"的报道多涉及文化、旅游等领域，涉及意识形态的内容并不多，所以两报采用正面倾向的报道数量也多于负面倾向的报道数量，约占总报道量的 37.3%。

2.《纽约时报》和《每日电讯报》对"北京建筑"报道的文本分析

（1）"北京建筑"的文化体现。

建筑不仅是文化的载体，而且体现着一个民族的生活方式、生活态度、价值取向和文化观念。因此，"北京建筑"更是北京的一种文化景观。两报在关于"北京建筑"的报道中也关注"文化"二字，从三个方面赋予这些建筑一定的历史和时代意义，从而传递其中的文化内涵：其一，传播"传统"的北京文化；其二，抓住现代建筑与城市发展的关联，传达紧跟潮流的北京

“新”文化；其三，探讨城市现代化进程中传统与现代文化的冲突。

在传播“文化传统”层面，中国对于众多西方受众来说还是一个遥远而神秘的国度。作为中国的首都，北京是中国历史上著名的古都，有着万里长城、皇家园林、胡同、四合院等传统建筑，帝王的尊贵与威仪、平民百姓的市井生活、历史的悠长与厚重在这些城市建筑中得到充分体现。

《纽约时报》2011年7月3日的报道《北京寺庙的新邻居》（“Beijing Monastery's Newer Neighbors”）写道：“没有比小巷或胡同更能让北京有古老感觉的地方了。在这里，自行车穿行过单层且落满灰尘的住宅区，铃铃的响声提醒着行人保持警觉。这些天，没有比雍和宫区更好的地方能让你迷失在北京的小街了，错综复杂的小巷分支于建于17世纪的藏传佛教寺庙，或称雍和寺（这是一个受欢迎的旅游景点，是这座城市最著名的宗教活动场所）。”文中作者所关注的，是胡同带给人们的“古老感”，连接着胡同的雍和宫能够让人们了解北京传统的寺庙文化。

《每日电讯报》2014年9月18日的报道《明代的中国：从长城、寺庙到瓷器》（“Ming China：From The Great Wall to Temples and Porcelain”），从皇家宫殿紫禁城到皇家祭祀场所天坛，介绍了中国明朝时的文化。

“现在，北京许多著名的旅游景点都是建于明王朝，包括近500年一直作为皇家宫殿的紫禁城，以及每天参观量最大的长城，如八达岭。明朝是古城多产的一个年代，像西安这样的古都和平遥仍然保留着当年的坚固。

“坐落于北京和长城之间的是数位明代皇帝长眠之地，这里有石雕围绕的大道，有柱廊的大厅和帝国的墓室。

“回到首都，天坛是另一个杰出的明代纪念碑。为了显示其对称美和象征意义，天坛是一个125英尺高的三层木质建筑，不过其并没有使用一个钉子。”

《每日电讯报》2012年9月30日的报道《北京：中国美丽的矛盾》（“Beijing：China's Beautiful Contradiction”），写到了紫禁城建筑的象征意义和风水文化：“北侧便是传说中的紫禁城，建于1420年。一代又一代无所不能的皇帝生活在这些画有柏树的大殿内，金黄色的屋顶下刻有起守卫作用的龙。带有象征意义的颜色和数字命理学主导着这些古典建筑，而建筑的方向则取决于风水这一原则。”

作为一种完全不同于西方文化的异域文化，“古老”“象征”“宗教”“神秘”等成为西方媒体描述北京传统文化的主要用语。

在展现现代建筑代表的北京新文化层面，沿着宽阔的长安街越过紫禁城，古都一直延伸至CBD国贸大厦，紫禁城的威严宏伟与央视新大楼的另类不拘交相辉映，勾勒出北京城古典与现代的冲突和融合。鸟巢、水立方、国家大剧院、世贸天阶、三里屯酒吧街、首都机场和北京西站等建筑构成北京城的新面貌，也形成了北京新文化的印迹。

2010年10月17日，《纽约时报》题为《中国之震撼》（“China Surprise”）的文章，以第一人称叙述第一次来到中国的作者面对放眼所及的高楼大厦，不禁惊叹于北京的现代化程度，这些建筑提醒着人们，北京已经走进了一个“新”世界。

“过去一周我一直在北京，这是我的第一次中国之旅。这座城市除了著名的交通堵塞，和我预期的一点也不一样。我对这座庞大、蔓延般快速变化的城市的预期是什么呢？今天是北京的星期五——我和张宇（时尚杂志*VOGUE*中国版的主编）在位于柏悦酒店66层的北京亮餐厅共进午餐。因为提前到餐厅几分钟，我透过玻璃窗向外张望。新建筑的扩张——摩天大楼、酒店、公寓——几乎是深不可测，无穷无尽。在我面前是由雷姆·库哈斯设计的央视大楼，是一座双悬臂式塔……令人眼花缭乱的建筑提醒你，你正在看着的是一个崭新的世界。”

《每日电讯报》2009年7月12日的报道《中国对北京奥运会的期望》（“China's Hopes for the Beijing Olympics”）也写到对新北京的看法，鸟巢等现代建筑更象征着一种北京新文化、北京新态度。

“新的北京国家体育场——鸟巢，众所周知是精致的网格状，就像不锈钢流苏花边，是现代世界最伟大的建筑奇迹之一。每一个看到它的人都会被震惊乃至沉默。

“重要的一点是，新北京的四大建筑奇迹——鸟巢、水立方、央视大楼、国家大剧院（被称为‘蛋壳’）——都是由外国建筑师设计。这不仅象征着中国看向世界汲取长处的意愿，或许，也是这样一个事实的象征，即多年的孤立主义不利于任何伟大本土建筑师的培训和发展。”

随着北京的巨变，北京不再意味着古老、传统和永恒不变，相反，新北京意味着摩登和国际化。

在体现北京现代化进程中传统与现代文化冲突层面，在摩登和国际化口号下，北京城市面积迅速扩张，胡同和四合院却不断减少，胡同所代表的“老北京”也不再是温馨、闲暇和充满传统特色的城市形象。“新北京”不断挤压“老北京”的空间，现代与传统的冲突也越来越明显。对此，西方媒体大多表示遗憾，且持批评的观点。

《纽约时报》2012年5月2日的题为《北京的建筑狂潮：“不可移动文物”甚至不保》（“In Beijing's Building Frenzy，Even an ‘Immovable Cultural Relic' Is Not Safe"）的文章也透露出对文物破坏的遗憾："在这样一个城市里，百年沧桑的低矮房屋逐渐地或被冷冰冰的玻璃塔楼所取代，或变成传统与现代的混合物。梁林夫妇一生奔波于古建筑保护，如今北总布胡同24号院被损毁，无疑是一个莫大的讽刺。上周，关于故居被拆的报道、社论不断，官方新闻媒体谴责，强拆故居这一行为，是对国家法律的侵犯和历史的侮辱……一个老人静静地看着这一番喧闹，但一经询问，他激动地向众人说起梁林故居的细节及他生活了一辈子的胡同。'这个胡同曾经挤满了名人啊。'老人说。他今年76岁，是一个退休的邮政工人。他只说他姓马。他指指身后的一片废墟，又指着他前面的他自己家的房子，上面写着一个大大的'拆'字。不远处就是车来车往的二环路。那里，曾经就是梁思成毕生热爱的古城墙。"

面对传统建筑的消失，北京政府并非坐视不管，对部分建筑的修复确实起到了一定的作用，西方媒体对这一行为也给予了支持，但是面对更多即将消失的传统文明，西方媒体仍然持不乐观态度。例如《纽约时报》在2012年5月11日的一篇题为《在中国，复兴古城的传统工艺》（"In China，Reviving an Ancient City and Its Craft Traditions"）的报道中这样写道："中国正试图重振其手工文化的一项工作是大栅栏，这是剩下为数不多的具有历史意义的北京地区之一，破旧的胡同和四合院从城中心其他地方的重建工作中幸存下来。'20世纪的大部分时间内，中国都在摧毁自己的文化。值得庆幸的是，现在人们意识到我们失去了什么以及我们需要重新发现它。'Aric Chen说。他作为北京设计周的创意总监组织大栅栏9月的一系列项目。……这一挑战不仅特指北京。许多国家也面临着类似的问题，但是中国古代城市现代化的速度和规模使得那里的状况尤其严峻。除非采取行动恢复这些古城，否则它们终将消失。"

城市的发展与对古老建筑的保护始终是北京市政面临的一个难题。西方媒体对此也给予了一定的关注度，一方面关注着北京政府采取的行动，另一方面也对传统文化的消失感到遗憾。

（2）作为旅游胜地的"北京建筑"。

《每日电讯报》的《北京景点：去哪里放松》（"Beijing Attractions：Where to Wind Down"，2012年1月12日）、《北京：中国美丽的旅游之地》（"Beijing：China's Beautiful Contradiction"，2012年9月30日），《纽约时报》的《参观北京、香港和上海的建议》（"Tips for Visiting Beijing，Hong Kong and Shanghai"，2012年6月5日）、《在北京的36小时》（"36 Hours in Beijing"，2015年2月22日）等报道，都是介绍北京旅游景点的文章。北京既是现代中国的政治和文化中心，也曾是古代中国的都城，现代建筑和传统建筑的融合使北京成为西方媒体关注的旅游佳地。

故宫、长城、圆明园、颐和园、天坛、雍和宫、天安门、孔庙、十三陵、地坛、卢沟桥、国家大剧院、四合院、北京图书大厦、世纪坛、商务印书馆、首都博物馆、北京天文馆、自然博物馆、中国美术馆、钟楼、军事博物馆、世贸天阶、中央电视台、首都机场、鸟巢、水立方，这些横贯古今的建筑包揽了名胜古迹、自然景观、出版社、博物馆、现代购物中心、娱乐场所。“北京建筑”在西方媒体报道中成为吸引一个个西方人士前来北京游览的原因之一。

（3）“北京建筑”所体现的社会生活。

作为社会议题出现在西方媒体报道中的“北京建筑”也多为引人注目的现代大楼或者充满神秘感的传统建筑，这类报道大致分为两类：

一类报道针对北京的社会管理问题。例如《纽约时报》2009 年 10 月 30 日刊登的名为《中国：电视塔的维修即将展开》（“China：Repairs on TV Tower to Begin Soon”）的报道，讲述了央视大楼失火后的修缮问题；《每日电讯报》2011 年 5 月 11 日刊登的名为《紫禁城夜晚的百万侵袭》（“1 Million Night Raid in Forbidden City”）的消息报道了故宫发生的失窃案。

另一类报道涉及北京人的社会生活。例如《纽约时报》2009 年 9 月 14 日刊登的《在中国的小巷，小贩叫卖成为过去的回声》（“In China's Alleys, Shouting Vendors Sow Echoes of the Past”），文章讲述了老北京胡同的平民生活：“黎明后不久，在这个城市开始它洪亮的吼叫前，中国首都拥挤的城中心老巷子深处的四合院内就会听到叫卖声。‘羊肉，羊肉！’‘鸡蛋，米饭，鸡蛋，米饭！’”“比起词更注重曲，这些叫卖声是流动的水果摊、卖烤鸭的人、已经掌握翻新钝菜刀手艺的驼背人的营销歌谣。像八月里熟悉的蝉鸣声一样，他们的叫卖声是北京夏季的配乐。许多居民期待着那些小贩的糯米糕、不配对的陶器和宠物蛐蛐的叫声。”

（4）“北京建筑”的经济价值。

城市建筑不仅具有精神文化层面的功能，而且具有物质功能，满足城市居民的需要，承担一定的实用价值。例如《纽约时报》2010 年 2 月 7 日刊登的《夏季奥运结束后：北京的空壳》（“After Summer Olympics，Empty Shells in Beijing”），文章探讨了奥运会后北京运动场馆的经济价值：“北京著名的水立方已经从奥林匹克运动场变成音乐厅，作为俄罗斯‘天鹅湖’表演的舞台。其最新的身份是室内水上乐园。奥运会后结束后，标志性的拥有91 000个座位的鸟巢举办了一次成龙的演唱会、一场意大利足球比赛、一场歌剧以及中国式歌唱的表演。”

中国作为新兴的经济大国，其首都北京的经济发展也受到西方媒体的普遍关注。作为经济讨论的一个部分，鸟巢等建筑的经济价值也自然受到西方媒体的重视。

四、从英美主流媒体对“北京建筑”报道看北京形象的国际认知

1. 寻找“老北京”的“真正”魅力

在 75 篇研究样本中，涉及北京传统建筑的文章共 24 篇，占报道总量的 32%，接近三分之一的比例足以看出西方媒体在选题和把关时的价值选择标准。在选择“北京建筑”进行报道时，两报都更多关注北京传统建筑，并选择将这些“建筑”置于北京的传统文化、传统民俗、传统精神层面进行介绍。北京，一座拥有着三千多年历史的古都，长期以来与以上海为代表的“摩登都会”形成鲜明对比，这更加强了北京在西方眼中的“古都形象”。

《纽约时报》2015 年 2 月 18 日的《在北京的 36 小时》（“36 Hours in Beijing”），是一篇介绍北京旅游景点的报道，在作者眼中北京是传统文化的代表，北京吸引人们的魅力就是那些老北京韵味。

“雍和宫附近的传统胡同是一个融入北京街头生活的绝佳之地。要避开过度改良的南锣鼓巷（一个充满了 T 恤和零食商店的地方），向西转进更为安静的如迷宫般小巷的宝钞胡同。在这里，当地居民会坐在长满青苔的灰色屋檐下打麻将，或者在饺子店喝点儿啤酒。”

在作者看来，南锣鼓巷这样的旅游景点只是被“过度改良”的胡同而已，其中所透露的“传统”气息也只是被现代人重建后再生产出来的“现代化传统”。或是由于人们的怀旧情绪，抑或是发展北京旅游业的需要，传统被人们重新认识并生产出来。《纽约时报》2010 年 7 月 21 日的文章《推土机遇到中国传统建筑，产生混合反应》（“Bulldozers Meet Historic Chinese Neighborhood, To Mixed Reaction”）写道：“前门的翻新并不是保留历史，而是创建一个假的好莱坞版本的前门而已。”

城市是人类历史文化发展的载体。城市漫长历史所遗留下来的建筑记载了当地人类社会发展的历史，蕴含着丰富的文化。当然，《纽约时报》和《每日电讯报》在报道北京这座文化古城的建筑时，将视角集中在威仪的皇宫、

斑驳的城墙、古老的小巷和胡同，努力寻求北京城中依然存留的传统美学和韵味，正体现了西方媒体对北京"传统"形象的塑造。

2. "现代北京"的发展和迷惘

在75篇研究样本中，涉及经济领域的内容相对较少，但北京经济发展所催生的现代化却是不能被忽视的。2008年北京奥运会刺激了北京经济的快速发展，经济的进步带来北京城市的巨变，这些巨变也得到了西方主流媒体的肯定。两报在报道中表达了对北京发展的赞叹和肯定，《纽约时报》2010年11月15日的《让中国进入"中国制造"》("Putting the Chinese in 'Made in China'")，描述了北京三里屯商业区的繁荣现状：

"如果好莱坞场务人员正在寻找一个地方来传达痴迷于潮流消费主义的新北京，崭新的三里屯购物中心将是一个强有力的竞争者。

"他们希望在那儿能找到什么？即将开业的法国时装公司巴黎世家和朗万吗？当然有。更多的像日本品牌Comme des Garçons和Bathing Ape这样的潮流新店吗？当然也有。由外国设计师设计的精品酒店吗？这个也有。当代艺术画廊？一家卖非常昂贵但又很好吃的杯子蛋糕的咖啡店？这些当然也有。

"三里屯的北区囊括了所有这些东西。几年前，三里屯也只是以酒吧一条街著称。现在这个地方正在成为，或者说它的发展者希望它成为像东京表参道大街一样能够满足北京潮流购物的地方。"

像三里屯这样代表新北京的建筑不断涌现，国家大剧院、鸟巢、水立方、央视大楼等建筑正迅速改变北京的"城市面貌"，这些建筑已成为改变北京城市形象和国家形象的标志性建筑。像国际上众多的现代大都市一样，北京也在极力宣扬并追求"国际化"和"现代化"，然而这样的改变也让"老北京"的生存空间越来越狭小。北京城市化进程的加快，对旧城历史文化遗产的保护造成了巨大的冲击：传统建筑遭到破坏，大量的传统街区被推平，旧城区的重建开发也往往忽视了原始建筑背后悠久的历史文化和长远的经济价值。保护旧城和建设现代化的城市，成为北京发展过程中一个两难的选择。

《纽约日报》2011年7月13日在《库哈斯，北京的混沌》("Koolhaas, Delirious in Beijing")一文中，借设计者雷姆·库哈斯表达了对北京央视新大楼的看法。在作者看来，央视新大楼的设计恰巧表达了当下的北京处在现代化发展的黄金期，却又无法摆脱一系列发展问题：

"中央电视台有自己的问题，首先，它的建设被广泛视为备战2008年奥运会这项大型公关活动的一部分。但库哈斯却着迷于北京传统胡同和三里屯工人建筑的混合。不像纽约由于城市老龄化变得越来越怀旧，北京正处在强大现代化的推动之中。

"'当然，我意识到那里的负面发展。'库哈斯说，'但总体上，在这个当下也存在着一种令人难以置信的改变。存在着想要进步的渴望，特别是在北京。'"

"现代北京"在库哈斯看来符合中国人民长期以来实现民族复兴的渴望，同时他也利用建筑来隐喻北京和中国尴尬的"新身份"，这个身份虽然显赫、时尚，却具有种种不稳定因素。丰厚、独特的历史文化资源无疑是北京走向国际化的雄厚资本。然而，在全球化浪潮中，北京大多集中于传统领域的文化优势正面临着严峻的挑战。追求国际化，却逐渐呈现出和众多国际城市相似的形象，几千年的文明发展历程和文化古都特色，早已在北京现代化的步伐中渐失特色。在研究样本中，两报直接关注传统建筑破坏现象的报道共有12篇。历史文化遗迹的破坏，传统胡同的改建以及四合院传统生活方式的消逝都是西方媒体的关注点。外媒对老北京传统之美的向往和寻找正体现了当下北京传统特色的陨落。

关于保护和发展的争论是每个城市在其现代化发展中必然面临的问题。在西方媒体眼中，"发展和迷惘"正是当下处在国际化和现代化浪潮推动中的北京的城市形象。

3. 有失偏颇的报道思维

从整体上来看，两报对"北京建筑"的报道主要持中性立场。但从某些报道的细节推敲，西方媒体对北京的态度往往存在偏见，这与西方媒体对华的认知密不可分。

首先，意识形态差异严重影响了英美主流媒体对北京城市形象的认知。西方主流新闻媒体依然习惯于戴着有色眼镜看待中国，偏见让其对中国的报道往往先入为主。中西文化的差异，使得西方媒体在解读北京传统文化时，像上文提到的一样，更多集中于"古老""神秘"等角度，这种以猎奇式眼光介绍和观赏北京的态度从开始便有失偏颇。面对北京拔地而起的现代建筑，西方媒体报道中呈现出的多是惊讶。在《每日电讯报》2012年9月30日的《北京：中国美丽的旅游之地》（"Beijing：China's Beautiful Contradiction"）一文中出现了这样的描述："有时，很难相信这就是北京，一个社会主义国家的首都。例如，在三里屯的新使馆区域，有很多外籍人士聚集的欧洲餐厅……"作者不加掩饰地提到意识形态问题，在其眼中，充满国际化的北京似乎与其想象中的样子格格不入。《纽约时报》也在其一篇报道中用"一向冷漠"这样的词来形容新华社这一媒体机构。

其次，面对西方媒体对北京形象的错误建构，中国政府和媒体也常常未能及时有效地应对。另外，中国长期以来的信息不透明也容易造成西方媒体对北京形象的错误理解。

五、北京城市形象对外传播的对策建议

《纽约时报》和《每日电讯报》是发行量较大、影响力巨大的全球性日报，在国际传播中拥有话语权。两报对“北京建筑”的报道，既体现了西方媒体对北京形象的国际认知，也影响着西方受众对北京形象的认知，甚至影响中国的国家形象和中外关系的发展。

英美主流媒体通过对“北京建筑”报道所建构的北京城市形象具有四个特点：其一，与其他东方国家的首都比较，英美主流媒体对北京的关注度很高；其二，从报道时间上来看，对北京的关注度往往与北京发生的重大事件相关联，呈正比关系；其三，从报道倾向来看，对“北京建筑”的报道大多为中性倾向，但往往在细节方面存在一些误解和意识形态的偏见；其四，在报道内容上，西方媒体一面寻求着传统北京的魅力，一面感叹北京现代发展的速度，对北京城市建设中遇到的问题给予高度关注。

从上述报道特点出发，研究者就北京城市形象的对外传播提出四点对策建议，旨在提高北京城市形象的国际认知。

1. 北京城市形象报道要注重传统与现代的融合

北京不仅是中国历史悠久的典型城市，而且是走在现代化前沿的中国首都。在北京外宣工作中，妥善处理北京历史传统与现代建设的关系，塑造可持续发展的历史城市这一北京形象，对北京、对中国都具有重大的现实意义。

大众媒体对“传统”的关注和报道，对内能够唤起人们对北京古都风貌的保护意识，对外能够传播北京的独特魅力。古都风貌是北京可贵的文化遗产，不仅吸引了无数外国游客，也正被西方媒体所关注。古都历史传统保护与城市现代化建设之间并不是互相矛盾和抵触的，只有通过保护传统，才能提高北京在世界的知名度，才能让世界不带偏见地认识灿烂辉煌的中华文化。因此在对外传播中，理应加强对传统北京的关注和报道。

北京政府要善于对外传播和塑造现代北京城市形象。现代化的城市才是能让居民生活得越来越好的城市。大众媒体对现代北京的关注，不但能促进

北京的发展，而且能在国际上塑造现代化的北京形象。

面对西方媒体的质疑，在对外传播中，有效地将传统和现代融合，关注“传统北京”和“现代北京”，关注保护和发展，是塑造北京可持续发展的城市形象的重要一环。

2. 加强城市文化的对外传播

北京城市形象的对外传播在很大程度上是城市文化的传播。虽不像政治和经济等议题具有较强的意识形态倾向，文化吸引力也是沟通世界的重要纽带。因此，在北京城市形象的对外传播过程中，需要有效提升跨文化交流的技巧，用深层次的沟通来建构理想的北京城市形象。

西方媒体对北京文化的关注度很高，尤其是北京传统文化。皇家建筑、胡同和四合院、北京饮食文化、民俗和戏曲文化等，都可以成为对外传播中有效利用的形象。因此，在北京城市形象的对外传播过程中，选择具有北京传统文化特色的信息点，结合西方媒体的关注点，用能打动受众的方式加以报道，是建构良好北京国际形象的关键一环。

3. 利用重大事件建构北京城市形象

2008年北京奥运会的举办带来了西方媒体的“北京热”，这一点证明重大事件对城市形象的对外传播具有重大的影响。北京通过承办一些具有国际影响力的活动，可以吸引英美主流媒体的关注。应通过主办大型活动进行议程设置，让北京的城市形象以更加具体化的形式呈现在国际受众眼前。要通过在大型活动中与国际社会的交流和联系，与英美主流媒体保持频繁的互动和交流，进而深化与西方世界的文化交流，让西方媒体了解中国、报道中国、正确表述中国。

4. 加大官方信息的开放和透明

他塑和自塑一直是国际传播讨论的问题。北京官方信息源的开放化和透明化意味着引入外媒竞争后，对北京媒体的对外传播能力提出了更高的要求。政府应当鼓励北京媒体在对外传播中增强主动传播的意识，通过有效的信息管理，增强主导性信息的发布，在国际社会中传达出自己的声音，引导国际舆论。

要主动报道突发事件、敏感问题，增强媒体在国际上的权威性，避免外界的猜测和误解。在塑造北京城市形象的过程中，北京需要向国际社会传递一个信息，北京有不断发展的实力，也有面对问题和承担责任的勇气，主动承担往往比被动回应来得有效。

六、结语

“不像纽约由于城市老龄化变得越来越怀旧，北京正处在强大现代化的推动之中。”借用央视大楼设计师雷姆·库哈斯对北京的评价，北京正步入其发展的黄金时期，受到国际社会的普遍关注。中国的文化和政治中心，灿烂厚重的历史古都，熠熠生辉的现代国际大都市，这些都是北京城市形象的特色标签。在建构北京的世界城市形象时，要保持并强化这些标签，打造一个以悠久历史文化为过去、以蓬勃发展为今天的城市形象。

参考文献

[1] 安东尼·吉登斯. 社会学：第5版 [M]. 李康，译. 北京：北京大学出版社，2009.

[2] 安东尼·吉登斯. 社会的构成·结构化理论大纲 [M]. 李康，李猛，译. 北京：三联书店，1998.

[3] 尼克·库尔德利. 媒介、社会与世界：社会理论与数字媒介实践 [M]. 何道宽，译. 上海：复旦大学出版社，2014.

[4] 安吉拉·克拉克. 全球传播与跨国公共空间 [M]. 金然，译. 杭州：浙江大学出版社，2015.

[5] 沃尔特·李普曼. 公众舆论 [M]. 阎克文，江红，译. 上海：上海世纪出版公司，2006.

[6] 诺曼·乔姆斯基. 世界秩序的秘密：乔姆斯基论美国 [M]. 季广茂，译. 南京：译林出版社，2015.

[7] 本尼迪克特·安德森. 想象的共同体：民族主义的起源与散布 [M]. 吴睿人，译. 上海：上海世纪出版集团，2003.

[8] 盖伊·塔奇曼. 做新闻 [M]. 麻争旗，刘笑盈，徐扬，译. 北京：华夏出版社，2008.

[9] 查尔斯·赖特·米尔斯. 权力精英 [M]. 王昆，许荣，译. 南京：南京大学出版社，2004.

[10] 梅尔文·L. 德弗勒，埃雷特·E. 尼斯. 大众传播通论 [M]. 颜建军，译. 北京：华夏出版社，1989.

[11] 赫伯特·甘斯. 什么在决定新闻 [M]. 石琳，李红涛，译. 北京：北京大学出版社，2009.

[12] 亨利·基辛格. 世界秩序 [M]. 胡利平，等译. 北京：中信出版集团，2014.

[13] 艾伦·贝尔，彼得·加勒特. 媒介话语的进路 [M]. 徐桂全，译. 北京：中国人民大学出版社，2016.

［14］格雷姆·特纳. 普通人与媒介：民众化转向［M］. 许静，译. 北京：北京大学出版社，2011.

［15］周明伟. 国家形象传播研究论丛［M］. 北京：外文出版社，2008.

［16］史安斌. 国际传播研究前沿［M］. 北京：清华大学出版社，2012.

［17］姜加林，于运全. 全球传播：新趋势·新媒体·新实践［M］. 北京：外文出版社，2014.

［18］陈燕. 境外媒体涉华舆论年度分析报告（2004—2013年）［M］. 北京：外文出版社，2014.

［19］洪俊浩. 传播学新趋势［M］. 北京：清华大学出版社，2014.

［20］单波，刘学. 全球媒介的跨文化传播幻象［M］. 上海：上海交通大学出版社，2015.

［21］赵启正. 公共外交与跨文化交流［M］. 北京：中国人民大学出版社，2011.

［22］赵启正，等. 跨国对话：公共外交的智慧［M］. 北京：新世界出版社，2012.

［23］高金萍. 跨文化传播：中美新闻文化概要［M］. 上海：复旦大学出版社，2006.

［24］万晓红. 奥运传播与国家形象建构：以柏林奥运会、东京奥运会和北京奥运会为样本［M］. 武汉：华中科技大学出版社，2014.

附录 1：国外 50 家主流媒体来源

	媒体	所在地	中文名称
1.	Agence France Presse	法国	法新社
2.	Al Jazeera English	卡塔尔	半岛电视台英语频道
3.	All Africa	非洲	泛非通讯社
4.	Arab News (Saudi Arabia)	沙特阿拉伯	阿拉伯新闻社
5.	Associated Press Newswires	美国	美联社
6.	Bangkok Post (Thailand)	泰国	曼谷邮报
7.	Chicago Tribune	美国	芝加哥论坛报
8.	Dong-A Ilbo Daily (South Korea)	韩国	东亚日报
9.	Financial Times	英国	金融时报
10.	Forbes	美国	福布斯杂志
11.	Hindustan Times (India)	印度	印度斯坦时报
12.	International New York Times	法国	国际纽约时报
13.	Kyodo News	日本	共同社
14.	Los Angeles Times	美国	洛杉矶时报
15.	Manila Bulletin (Philippines)	菲律宾	马尼拉公报
16.	National Post (Canada)	加拿大	国家邮报
17.	New Straits Times (Malaysia)	马来西亚	新海峡时报
18.	Newsweek	美国	新闻周刊
19.	PNA (Philippines News Agency)	菲律宾	菲律宾新闻社
20.	Press Trust of India	印度	印报托
21.	Reuters News	英国	路透社
22.	Sputnik News Service	俄罗斯	卫星通讯社
23.	TASS World Service	俄罗斯	俄塔社
24.	The Australian	澳大利亚	澳大利亚人报
25.	The Boston Globe	美国	波士顿环球报
26.	The Christian Science Monitor	美国	《基督教科学箴言报》网站
27.	The Daily Telegraph (U. K.)	英国	每日电讯报
28.	The Economist (United Kingdom)	英国	经济学家杂志

29. The Egyptian Gazette	埃及	埃及公报
30. The Globe and Mail (Canada)	加拿大	环球邮报
31. The Guardian (U. K.)	英国	卫报
32. The Hindu (India)	印度	印度教徒报
33. The Huffington Post	美国	赫芬顿邮报（博客）
34. The Independent (U. K.)	英国	独立报
35. The Irish Times	爱尔兰	爱尔兰时报
36. The Jakarta Post	印度尼西亚	雅加达邮报
37. The Japan News	日本	日本新闻
38. The New York Times	美国	纽约时报
39. The New Zealand Herald	新西兰	新西兰先驱报
40. The Observer (U. K.)	英国	观察家报
41. The Straits Times (Singapore)	新加坡	海峡时报
42. The Sunday Times (South Africa)	南非	星期天时报
43. The Sydney Morning Herald	澳大利亚	悉尼先驱晨报
44. The Times (U. K.)	英国	泰晤士报
45. The Times of India	印度	印度时报
46. The Toronto Star	加拿大	多伦多星报
47. The Wall Street Journal	美国	华尔街日报
48. The Washington Post	美国	华盛顿邮报
49. USA Today	美国	今日美国
50. Yonhap English News (South Korea)	韩国	韩联社

附录 2：2009—2016 年北京大事记

年度	事件
2009 年	1 月 21 日，河北省高级法院对北京市原副市长刘志华受贿案宣布二审裁定，维持一审法院的死缓判决。 2 月 9 日，中央电视台新址园区正在建设的附属文化中心大楼工地因违规燃放烟花发生火灾。2 月 10 日，北京市召开全市紧急安全工作会议。会议强调，要深刻汲取中央电视台新址园区在建的附属文化中心工地发生火灾的惨痛教训，严格落实安全责任制，迅速在全市开展安全大检查、大整改，狠抓“平安北京”各项工作的落实，全力维护首都的安全。 3 月 28 日，20 时 30 分，国家体育场（鸟巢）、国家大剧院、北京南站、国家游泳中心（水立方）、银泰中心等一批标志性建筑关闭外景照明，加入由世界自然基金会（WWF）倡议的“地球一小时”活动，为宣传节能减排、应对气候变化熄灯一小时。北京首次加入这项活动。 4 月 12 日，2009 年北京国际长跑节在天安门广场开跑。本届赛事设 10 公里长跑和迷你马拉松两项，吸引了上万名长跑爱好者参加。 4 月 21 日，北京市脐带血造血干细胞库新库在北京经济技术开发区落成并投入使用。该库是当时全世界库容量最大的脐带血造血干细胞库。 5 月 2 日，中共北京市委、市政府召开紧急会议，部署本市甲型 H1N1 流感防控工作。会议要求，严格把好入口关，全面预防，有效控制，防止疫情二次扩散。要全面及时掌握疫情发展情况，建立相应应急制度，确保各项措施落实到位。 5 月 16 日，北京市确诊一例输入性甲型 H1N1 流感病例。

5 月 17 日，国务院总理温家宝到北京地坛医院看望北京确诊的首例甲型 H1N1 流感患者和医护人员，并到中国疾病预防控制中心考察甲型 H1N1 流感防控工作。

5 月 19 日，第十二届中国北京国际科技产业博览会主题报告会在人民大会堂举行。两名诺贝尔经济学奖获得者在主题报告会上进行专题演讲，部分国际组织和国外政府官员、世界 500 强企业总裁或代表、国内外参会代表团等 3 000 多人参加了主题报告会。

6 月 25 日，北京市迎国庆防控甲型 H1N1 流感防控工作部署大会召开，深入贯彻落实中央关于甲型 H1N1 流感防控工作部署，对全市防控工作进行再部署、再落实，确保新中国成立 60 周年庆祝活动顺利进行。

7 月 1 日，北京市卫生局通报，本市朝阳区南湖中园小学发生一起学校聚集性发热疫情，在已追查到的 16 名发热学生中，共有 7 人被确诊为甲型 H1N1 流感确诊病例。

7 月 29 日，北京天竺综合保税区封关运行。该区于 2008 年 7 月由国务院批准成立，规划面积 5.944 平方公里，集口岸通关、出口加工、保税物流等功能于一体，享有“免证、免税、保税”政策。

8 月 7 日，由北京市政府举办、北京奥运城市发展促进会承办的北京奥运城市发展论坛开幕。论坛以“弘扬奥运精神、继承奥运成果、促进城市发展、建设和谐北京”为主题，近 800 名专家学者、政府部门负责人和各界代表出席论坛。

9 月 12 日，北京六环路全线通车。该线全封闭、全立交、双向 4 至 6 车道，全长 187.6 公里，连接京承、京平、京哈、京沈、京津、京津塘、京台等 12 条放射线高速路。

9 月 28 日，北京地铁 4 号线开通。该线全长 28.165 公里，共设 24 座车站，连接丰台、宣武、西城、海淀 4 区，是国内首条采用特许经营模式运营的城市轨道交通项目，也是国内首次引入港资进行合作经营的轨道交通线路。

9 月 26 日—10 月 5 日，第七届中国花卉博览会在北京顺义举行。二十多个国家和地区的 1 300 多家知名花卉企业参展。

10 月 24 日，北京世界设计大会暨首届北京国际设计周主题展在北京举行。

11 月 25 日，由文化部、广播电影电视总局、新闻出版总署和北京市政府共同主办的第四届中国北京国际文化创意产业博览会在北京开幕。

12月8日，北京市机动车保有量突破400万辆，这意味着在不到一年的时间里，首都的机动车新增50万辆。

2010年

1月3日，北京市20小时降雪量为11毫米，创下1951年以来1月份日最大降雪量纪录。

4月8日，北京通州国际化新城建设启动，通州运河核心区及西海子棚户区搬迁进入签约阶段。此次搬迁涉及搬迁户一万余户，共有7处置换房源供居民选择。

4月11日，首都精神文明办、北京市市政市容委在北京市联合组织开展的“做文明有礼的北京人——垃圾减量、垃圾分类从我做起”主题宣传实践活动正式启动。活动旨在增强全社会的资源利用意识。

5月7日，北京市门头沟区最后6座煤窑全部停产，结束了该区近千年的采煤历史。

5月20日，北京市政府与新闻出版总署签署《关于共同推进首都新闻出版业发展的战略合作框架协议》。根据协议，双方将以中关村科技园区德胜科技园为核心，共同推进中国北京出版创意产业园建设。

5月30日，北京金融资产交易所揭牌，成为目前国内第一家正式运营的全国性金融资产交易平台。

6月，国务院正式批复北京市政府关于调整首都功能核心区行政区划的请示，同意撤销北京市东城区、崇文区，设立新的北京市东城区，以原东城区、崇文区的行政区域为东城区的行政区域；撤销北京市西城区、宣武区，设立新的北京市西城区，以原西城区、宣武区的行政区域为西城区的行政区域。

8月1—6日，第29届世界音乐教育大会在北京举行。大会期间举办了66场音乐会，其中有53场世界音乐博览、13场中国传统音乐；组织了6个学术论坛以及25堂教学展示课。

8月28日—9月3日，北京首届世界武搏运动会在北京举行，来自106个国家和地区的2 097人报名参赛。

10月9日，第16届亚洲运动会圣火火种采集仪式在居庸关长城举行。

10 月 12 日，第 16 届亚洲运动会火炬点燃暨火炬传递活动启动仪式在天坛公园举行。国家主席胡锦涛点燃主火炬并宣布火炬传递活动开始。

10 月 13 日，城市可持续发展北京论坛在京举行。全球 20 多个城市的市长或城市代表就城市环境保护、生态建设、节能减排等交流看法及经验。

12 月 4 日，广州 2010 年亚洲残疾人运动会火炬点燃暨火炬传递活动启动仪式在京举行。中共中央政治局常委、国家副主席习近平在仪式上点燃主火炬，宣布广州 2010 年亚洲残疾人运动会火炬传递活动开始。

12 月 10 日，首都机场年吞吐量突破 7 000 万人次，稳居世界第二。

12 月 23 日，北京市人民政府发布《关于进一步推进首都交通科学发展，加大力度缓解交通拥堵工作的意见》，以及《北京市小客车数量调控暂行规定》。《规定》的实施细则确定，2011 年度小客车总量额度指标为 24 万辆，平均每月 2 万辆，指标额度中个人占 88%，营运小客车占 2%，单位占 10%。本市机关、全额拨款事业单位不再新增公务用车指标。

2011 年

1 月 16—21 日，北京市第十三届人民代表大会第四次会议举行。会议通过了关于北京市国民经济和社会发展第十二个五年规划纲要的决议。

4 月 9—13 日，由国家旅游局和北京市政府联合主办的“亚太旅游协会成立 60 周年庆典暨年会”在京举行。来自 66 个国家和地区的近千名代表参加年会。

4 月 11 日，朝阳区和平东街 12 区 3 号楼发生燃气爆燃，事故造成 6 死 1 伤，楼房部分坍塌。

4 月 18 日，2011 年北京国际长跑节在天安门广场举行。来自全国各地的 12 000 多名选手和群众代表以及来自美国、德国、韩国等国家和地区的 200 多名长跑爱好者参加本次活动。

4 月 23—28 日，第一届北京国际电影季举行。本届电影季融思想性、艺术性和观赏性于一体，安排“北京展映”“北京电影洽谈”等活动，同时举办 3 场论坛、4 场学术讲座。“北京展映”集中放映来自 42 个国家和地区的近 160 部影片。

4 月 29 日，国家统计局发布第六次人口普查数据，北京市常住人口为 1 961 万，比 2000 年第五次全国人口普查时增加 604.3 万人。外来人口占 35.9%，男女性别比为 106.8∶100，家庭户均规模 2.45 人。同日，北汽福田汽车股份公司与印度马哈拉施特拉邦签约，投资 24.6 亿元在印度建设一座年产能力 10 万辆的工厂。

5 月 8 日，故宫博物院斋宫举办《交融——两依藏珍粹展》，当晚发生展品失窃。

5 月 17—22 日，第十四届中国北京国际科技产业博览会在京举行。

6 月 30 日，北京南站发出京沪高铁首次列车。

8 月 22 日，北京市经济技术开发区建成本市最大太阳能屋顶，铺设 11 万平方米太阳能电池板，年可发电 600 万千瓦时。

9 月 20—23 日，第 14 届世界群众体育大会在京举行。大会发布《第 14 届世界群众体育大会宣言》(《北京宣言》)，来自近百个国家和地区的 500 多名代表参会。

11 月 2 日，“爱国、创新、包容、厚德”的北京精神表述语正式发布。

11 月 9—13 日，第六届中国北京国际文化创意产业博览会在北京举行。文博会以“文化融合科技、创新驱动发展”为主题，逾百万人次参与了展览、推介交易、论坛、创意体验及会场活动，签署文化创意内容产业的产品交易、艺术品交易等方面的协议总金额达 786.85 亿元。

11 月 17 日，“北京微博发布厅”正式在新浪网上线运行。首批共有 21 个北京市政府部门的政务微博加入“微博发布厅”。

12 月 31 日，北京地铁 8 号线 2 期北段（北土城—回龙观东大街)、9 号线南段（望京西站—俸伯)、15 号线 1 期东段（北京西站—郭公庄）开通试运营。本市轨道交通运营里程从 336 公里增加到 372 公里。京新高速公路五环路至北清路段竣工通车。

2012 年

1 月 21 日，北京市环保监测中心首次公布本市细颗粒物研究性监测数据 24 小时均值。

2 月 16 日，根据交通部门统计，北京市机动车保有量达到 501.7 万辆。由于小汽车限购令的实施，这是自 1984 年以来，机动车保有量增幅首次放缓。

2 月 26 日，《北京日报》报道，北京市医疗保险体系已拥有 27 万户参保单位，覆盖 1 700 万人。

3 月 16 日，北京市 78 个市级部门公布“三公经费”。

4 月 15 日，2012 年北京国际长跑节在天安门广场举行。来自全国各地的两万多名长跑选手以及来自十多个其他国家和地区的长跑爱好者参加了本次活动。

6 月 10 日，为纪念毛泽东“发展体育运动，增强人民体质”题词发表 60 周年，进一步弘扬中华体育和奥林匹克精神，广泛深入开展全民健身活动，奥林匹克日万人长跑活动在奥林匹克中心区举行。

6 月 18 日，全国首家省级国有文化资产监管机构——北京市国有文化资产监督管理办公室正式挂牌成立。

6 月 20—26 日，世界知识产权组织保护音像表演外交会议在北京举行。来自 154 个世界知识产权组织成员国和 48 个国际组织的 721 名代表参会，共同缔结《视听表演北京条约》。

7 月 19 日，北京农学院综合试验基地培育的“转基因克隆牛”诞生，这标志着本市已具备生产转基因动物的成熟技术体系。

7 月 21 日，北京市平均降雨量 164 毫米，为自 1951 年有完整气象记录以来最大降雨量。降雨最大点在房山区河北镇，降雨量 541 毫米；城区平均降雨量 212 毫米。暴雨造成多条道路损坏，79 人遇难，全市因灾造成直接经济损失 116.4 亿元。

8 月 3 日，北京市与澳大利亚新南威尔士州共同签署《北京市与新南威尔士州缔结友好市州关系的协议》，新南威尔士州成为北京市第 48 个国际友好城市。

10 月 13 日，国务院批复同意中关村示范区空间规模和布局调整的方案。中关村示范区的面积从 233 平方公里扩展为 488 平方公里，从“一区十园”变成“一区十六园”，房山、门头沟等 7 个远郊区县首次拥有了中关村园区，享受中关村各项优惠政策和配套政策措施。

11 月 21 日，中国代表团在法国巴黎国际展览局第 152 次全体会上正式发表北京申办 2019 年世界园艺博览会的声明。

12 月 1 日，北京万达文化产业集团成立。该集团共有 11 家公司，涉及 9 个行业，是中国最大的文化企业。

12 月 5 日，北京市政府新闻办公室发布“北京市对部分国家实行 72 小时过境免签政策”。2013 年 1 月 1 日起，北京将对美国、英国、法国等 45 个国家持有第三国签证和机票的外国人实行 72 小时过境免签政策。

12 月 12—19 日，世界智力精英运动会在北京举行。来自 39 个国家和地区的 150 余名世界顶级运动员参与桥牌、国际象棋、围棋、国际跳棋和中国象棋 5 个项目的比赛。

12 月 26 日，京广高铁首趟列车从北京西站发出。该高铁北起北京，经石家庄、郑州、武汉、长沙，南至广州，全长 2 298 公里。

同日，首都机场年旅客吞吐量突破 8 000 万人次。

2013 年

1 月 1 日，北京市环境保护局正式按照国家新发布的《环境空气质量标准》开始监测细颗粒物等 6 项污染物的数据，并对本市空气质量状况做出评价。

1 月 4 日，北京市住房公积金管理中心发布《关于调整“二套住房”住房公积金个人贷款人均住房建筑面积标准的通知》。《通知》规定，今后购买第二套住房的贷款发放对象，仅限于现有人均住房建筑面积低于 29.4 平方米（不含）的缴存职工家庭。

1 月 12 日，北京地区持续遭受雾霾天气，空气质量达到严重污染级别。据市环境保护监测中心发布，天坛、东四环等监测点细颗粒物指数一度接近每立方米 900 微克，西直门北监测点最高达每立方米 993 微克。

1 月 29 日，北京市政府召开全市电视会议，紧急部署空气重污染日应急工作。会议决定，空气严重污染时启动更加严格的大气污染应急减排措施，削减机动车污染、工业污染、扬尘污染和燃煤污染排放。

3 月 8 日，北京地铁日客流量达 1 027.54 万人次，首次突破 1 000万人次大关，超过莫斯科日均 800 万到 900 万人次的客流量，成为世界上运力最大的地铁。

4 月 12 日，北京市发现首例人感染 H7N9 禽流感疑似病例。同日，北京市政府召开防控 H7N9 禽流感工作会。会议要求，立即启动人感染 H7N9 禽流感防控指挥部；严格取缔各类有形无形的活禽市场，停止活禽交易，停止信鸽放飞；卫生部门加强对医疗机构和高危人群流感样病例的监测，对流感样病例实施人感染 H7N9 禽流感病毒筛查。

4 月 16—23 日，第三届北京国际电影节举行。本届电影节举办“天坛奖”评选、北京展映、电影嘉年华等七大主题活动，展映 260 部国内外影片。

4 月 26 日，法国皮诺家族在北京宣布，将向中方无偿捐赠流失海外的圆明园铜鼠首和兔首。这是圆明园十二生肖兽首被英法联军掠走后，首次以海外无偿捐赠的方式重返祖国。

7 月 22 日，中央电视台新台址演播室和采编部门陆续启用。

9 月 12 日，2013 年诺贝尔奖获得者北京论坛在京举行。4 位诺贝尔经济学奖、物理学奖获得者及多位国内外著名专家学者参会，共同探讨“新材料和新能源”这一论坛年度主题。

9 月 12 日，朝阳路（京广桥至慈云寺桥）由东向西方向主路内侧潮汐车道开通。

10 月 23 日，北京、天津、河北、山西、内蒙古、山东六省市领导在北京召开区域协作、联防大气污染会议。会议传达了中央领导同志关于京津冀及周边地区做好防治大气污染工作的重要批示，明确了京津冀及周边地区大气污染防治协作机制。

10 月 23 日，北京市发布《北京市空气重污染应急预案》。重污染预警分四级，红色预警时部分工业企业停产和限产，停驶 80%公车，单双号限行提前 24 小时通知，中小学和幼儿园停课。

10 月 28 日，北京再次雾霾弥漫，全市大部分监测站点细颗粒物浓度均超过每立方米 200 微克。中心城区及南部的房山、大兴、丰台等区域的空气质量处于严重污染水平。2013 年，北京细颗粒物全年平均浓度每立方米为 89.5 微克，相比每立方米 35 微克的国家标准，北京的细颗粒物浓度超标约 1.5 倍。

11 月 4 日，北京市交通委发布《北京市 2013—2017 年机动车排放污染控制工作方案》任务分解表。对市民关心的购车摇号指标、新能源车、拥堵费等做了进一步详解。从 2014 年起，小汽车摇号指标将从每年 24 万个缩水至 15 万个，且不同类型机动车配比额度会有变化。

11 月 19 日，北京市政府审议决定，取消和下放 113 项行政审批事项。这是继 2013 年 8 月本市取消和下放 246 项审批事项后的又一次简政放权。

11月20日，据《北京日报》报道称，北京市基层医疗机构诊疗人次已由2008年的4 121.9万人次上升到2012年的5 905.8万人次，约占全市总诊疗人次的30%。其中，社区卫生服务机构诊疗人次由2008年的2 127.6万人次上升到2012年4 086.8万人次，5年平均增幅18.4%。

11月28日，北京市交通委员会公布《北京市小客车数量调控暂行规定》实施细则（2013年修订）。细则规定从2013年起，小客车指标摇号逢双月进行，而且参与摇号期数越多且从未中过签的人，中签的概率成倍提高。

11月28日，北京碳排放权交易市场在北京环境交易所开市。中石化燕山公司、北京京能热电股份有限公司石景山热电厂、中信证券投资有限公司与大唐国际北京高井热电厂签订《协议转让合同》。北京实施碳排放权交易，标志着北京将以经济手段减少本市二氧化碳以及大气污染物细颗粒物等排放。

12月25日，国务院南水北调工程建设委员会办公室宣布，经过10年建设，南水北调中线干线主体工程完工。中线工程从丹江口水库引水，沿线开挖渠道，沿京广铁路西侧北上，可自流到北京、天津。输水干线全长1 432公里，总投资2 013亿元。

2014年 1月8日，北京网络广播电视台BRTN在全球上线开播。

1月23日，联想集团与IBM签订协议，以23亿美元收购IBM的X86服务器业务。

1月30日，联想集团与谷歌达成协议，以29.1亿美元购买摩托罗拉智能手机业务。

2月21日，受不利气象条件影响，京城雾霾加重，空气质量维持重度污染水平。全市35个监测站点中，有27个站点的空气质量达到最高级别的严重污染水平，空气质量指数细颗粒物普遍超过300。市气象台将霾黄色预警信号升级至橙色，北京市启动“四停一冲”应急措施，111家污染企业停产减产。

2月25—26日，中共中央总书记习近平到北京市就全面深化改革、推动首都更好发展特别是破解特大城市发展难题进行考察调研。

2月27日，北京百位新闻发言人微博上线仪式举行，110位新闻发言人以实名认证身份与网民互动。这是北京市在政务微博应用发展中的一项重要创新。

4月16—23日，第四届北京国际电影节举行。本届电影节核心板块的电影市场吸引了来自24个国家和地区的724个电影企业和机构，248家参展商参展，其中国际展商125家，首次超过国内展商数。

5月4日，中共中央总书记、国家主席、中央军委主席习近平到北京大学考察并发表重要讲话，向全国各族青年致以节日问候，向全国广大教育工作者和青年工作者致以崇高敬意。

5月8—11日，第43届世界广告大会在北京举行。近2 000名世界各国和地区的广告界代表参会，共同探讨世界广告发展新趋势。

5月24日，南水北调地下输水环路全线贯通，这条闭合输水环路总长107.3公里，由西、南、北、东四线组成。

6月22日，联合国教科文组织第38届世界遗产委员会正式批准中国大运河项目列入《世界遗产名录》。北京是京杭大运河的北端城市和漕运终点。

7月7日，国际奥委会执委会决定，奥斯陆、阿拉木图和北京成为2022年第24届冬奥会的候选城市。

7月29日，2014年世界葡萄大会在延庆举行。来自34个国家和地区的300多名专家就葡萄遗传和育种展开学术交流和研讨。

8月25日，国家对外文化贸易基地（北京）暨北京天竺文化保税园开园。

10月22日，第21届亚太经合组织财长会议在京召开。

11月6日，北京知识产权法院正式挂牌成立。

11月11日，亚太经合组织第二十二次领导人非正式会议在北京怀柔雁栖湖国际会议中心举行。

11月27日，经北京市政府批准，本市决定调整公共交通价格，自2014年12月28日起地铁票价调整为3元起步梯级优惠；公交票价为2元起步，市域内路段给予普通卡5折，学生卡2.5折优惠。

12月26日，北京新机场开工建设。

2015年

1月1日，新《环保法》正式实施，首次提出“按日计罚”等内容。今后，在重污染天气来临前两到三天，将提前启动减排措施，这些措施会比现在更加严厉，有可能发布橙色预警时就提前施行单双号限行。

1 月 5 日，由中共北京市委宣传部、首都文明办主办，北京广播电视台、北京人民广播电台承办的“2014 年度十大北京榜样”揭晓。

1 月 6 日，北京 2022 年冬奥会申办委员会代表团正式向国际奥委会提交 2022 年冬奥会的申办报告。

1 月 24 日，北京德胜门内大街 93 号院因业主擅自下挖地下室，致使德内大街部分道路发生塌陷，市政管线断裂，4 间民房倒塌。

2 月 2 日，首钢马来西亚东钢综合钢厂投产，标志着首钢第一座海外综合钢厂项目进入东盟市场。

2 月 8 日，北京市交通委代表市政府与北京京港地铁有限公司签署协议，京港地铁获地铁 16 号线投资、建设和 30 年运营权。

2 月 25 日，全国人大常委会授权国务院在北京市大兴区等 33 个试点县（市、区）行政区域暂时调整实施土地管理法、城市房地产管理法关于农村土地征收、集体经营性建设用地入市、宅基地管理制度的有关规定。

3 月 6 日，故宫迎来 90 周年院庆。

3 月 12 日，北京汽车股份有限公司与戴姆勒持股的 MBtech 技术公司正式签约，成立北京北汽德奔汽车技术中心有限公司。

3 月 14 日，位于首钢老工业区建筑垃圾回收项目场地的北京市首座全封闭建筑垃圾处置线投产试运行。

3 月 17 日，北京市文物局公布了大兴三合庄墓地考古发掘的进展。经过 7 个月的勘探、近 2 个半月的发掘，考古人员发掘出从东汉到辽金时期的古代墓葬 129 座，现已清理出 75 座，墓地延续时间之长、年代跨度之大，墓葬数量之多，墓葬形制种类和保存之完好，为近年来北京地区所罕见。

3 月 19 日，有着 93 年建厂史的北京市石景山热电厂关停。

3 月 20 日，中共北京市委召开巡视工作动员部署会，启动 2015 年本市首轮巡视，并决定对北京首都创业集团有限公司、首钢总公司、北京首旅集团、北京建工集团、北京公共交通集团等市属国企展开专项巡视。国华燃煤热电厂（原北京第一热电厂）正式关停，每年可消减燃煤 130 万吨。

3 月 21 日，北京西站直达北京站地下直径线通车，实现了京哈、京广两大铁路的互联互通。

3 月 24—26 日，国际奥委会评估团考察北京申办 2022 年冬奥会工作，并对鸟巢、水立方、首体等北京赛区的竞赛和非竞赛场馆进行实地考察。

4 月 15 日，北京市出现沙尘暴天气，市气象台多个站点可吸入颗粒物浓度达到 1 000 微克/立方米的峰值。

4 月 16—23 日，第五届北京国际电影节在怀柔雁栖湖国际会展中心举行。

4 月 24 日，北京与老挝万象市签署缔结友好城市关系协议，万象成为北京第 52 个国际友好城市。

4 月 30 日，中共中央政治局审议通过《京津冀协同发展规划纲要》。

5 月 18 日，北京市公安交通管理局印发《关于纯电动小客车不受工作日高峰时段区域限行措施限制的通告》。

7 月 1 日，北京市实施境外旅客购物离境退税政策，境外旅客离境时，对其在退税商店购买的退税物品退还增值税。

7 月 7 日，纪念全民族抗战爆发七十八周年暨《伟大胜利　历史贡献》主题展览开幕式在北京中国人民抗日战争纪念馆举行。

7 月 31 日，国际奥委会投票，决定北京与张家口获得 2022 年第 24 届冬奥会主办权。

7 月 31 日，北京市 885 个地下水位监测点数据显示，本市地下水埋深为 26.55 米，较 6 月 30 日 26.7 米回升 15 厘米，地下水储量增加 8 000 多万立方米，这是 1999 年以来地下水位首次回升。

8 月 7 日，神华国华北京燃气热电厂投产。

8 月 14 日，北京市住建委、通州区人民政府联合发布《关于加强通州区商品住房销售管理的通知》，对通州区商品房购置实施限购政策。

8 月 22—30 日，第 15 届世界田径锦标赛在北京举办，来自 207 个国家和地区的近 2 000 名运动员参赛。

9 月 3 日，中国抗日战争胜利暨世界反法西斯战争胜利 70 周年庆典在北京举行。

9 月 13 日，北京环球影城主题公园及度假区项目《合资协议》签约仪式在康卡斯特 NBC 环球集团纽约总部举行。

9 月 20 日，2015“北京现代·北京国际马拉松邀请赛”在天安门广场起跑，来自 45 个国家和地区的 30 000 人参赛。

10 月 3—11 日，中国网球公开赛在北京举办。

10 月 5 日，中国中医科学院中药研究所研究员屠呦呦获 2015 年诺贝尔生理学或医学奖。这是中国科学家因为在中国本土进行的科学研究而首次获诺贝尔科学奖。

10 月 30 日，国家卫计委发布消息，二孩生育审批将取消，改为登记制；自愿只生育一个孩子将不再发放独生子女父母光荣证，不再享受独生子女父母奖励费等相关奖励优待政策。

11 月 9 日，北京市市政务服务中心正式启用，40 个委办局的 740 项审批事项可在此实现一站式办理。

11 月 17 日，经国务院批准，撤销密云县、延庆县，设立密云区、延庆区。

11 月 24—25 日，中共北京市委十一届八次全会召开。全会审议通过了《中共北京市委关于制定北京市国民经济和社会发展第十三个五年规划的建议》。

12 月 7 日，北京市空气重污染应急指挥部发布，将空气重污染预警等级由橙色提升至红色，全市于 12 月 8 日至 12 月 10 日启动空气重污染红色预警，这也是北京市首次启动空气重污染红色预警。

12 月 15 日，北京 2022 年冬奥会和冬残奥会组委会成立大会在北京召开。国务院副总理张高丽任第 24 届冬奥会工作领导小组组长。

12 月 25 日，北京市 139 条公交线路试点京津冀一卡通互联互通。

2016 年　1 月 5 日，世界旅游城市联合会在北京首次发布《世界旅游城市发展报告（2015）》。香港、北京入选世界旅游城市发展指数排行前十位。

1 月 12 日，万达集团并购美国传奇影业公司签约仪式在京举行，此项并购成为中国最大海外文化企业并购。

1 月 28 日，北京市第十四届人民代表大会第四次会议批准关于北京市国民经济和社会发展第十三个五年规划纲要的决议。

3 月 29 日，北京市与捷克首都布拉格市共同签署缔结友好城市关系协议。至此，北京市已与 53 个城市结为国际友好城市。

4月6日，一名微博ID为“弯弯2016”的网友爆料称自己4月3日晚在如家旗下的北京望京和颐酒店入住时，在走廊上遭遇陌生男子袭击，整个过程大约三分半钟，当时围观的人包括酒店的安保人员。此事引发网友热议。

4月16日，第六届北京国际电影节在北京怀柔雁栖湖国际会展中心开幕。

4月17日，2016年北京国际长跑节在北京天安门广场鸣枪起跑，两万余名长跑爱好者分别参加半程马拉松和“家庭跑”比赛。

5月19日，首届世界旅游发展大会在北京人民大会堂隆重开幕。

7月1日，庆祝中国共产党成立95周年大会在北京人民大会堂隆重举行。

7月19日，北京2016年首次发布洪水预警，最强降雨持续47小时。截至20日23时全市平均降雨202毫米，城区263毫米。

7月23日，北京八达岭野生动物园东北虎园内发生老虎伤人事件，造成一死一伤。

7月29日，中非合作论坛约翰内斯堡峰会成果落实协调人会议在京开幕。

8月25日，党和国家领导人习近平、李克强等在北京人民大会堂会见第31届奥林匹克运动会中国体育代表团全体成员。

10月19日，首届国际冬季运动（北京）博览会在北京国家会议中心开幕。

11月1日，中共中央总书记习近平下午在北京会见洪秀柱主席率领的中国国民党大陆访问团。

11月11日，纪念孙中山先生诞辰150周年大会在京举行，习近平发表重要讲话。

11月13日，北京确定提前供暖，应对持续低温天气，成为《北京市供热采暖管理办法》新机制实施后的首次提前供暖。

11月17日，北京市2016年首次启动空气重污染橙色预警。21日下午，最新修订的《北京市空气重污染应急预案》发布，京津冀统一预警分级，北京空气重污染橙色及红色预警时，国Ⅰ、国Ⅱ排放标准轻型汽油车全市禁行。此外，重污染日期间，中小学学生停课措施不再“一刀切”。

12 月 14 日，首都机场年旅客吞吐量正式突破 9 000 万人次，连续 7 年位列世界第二。

12 月 16 日，北京 2016 年首次启动空气污染红色预警。

12 月 19—21 日，第一届医疗健康国际研讨会在京举行。

12 月 25 日，北京市首列磁浮列车启动列车调试，预计 2017 年实现载客运行。

12 月 27 日，天坛雅乐团在国家图书馆开展“坛月清音”公益展示，在北京首次完整恢复祭祀古乐。

12 月 28 日，京津冀互通卡实现北京公交路线全覆盖。

资料来源：2009—2015 年资料来源于《当代北京研究》(2010 年第 1 期；2011 年第 1 期；2012 年第 1 期；2013 年第 1 期；2014 年第 1 期；2015 年第 1 期)，作者许方。2016 年资料由孟俊汐收集整理。

后　记

五个春秋倏忽而过，窗外的国槐着实比五年前高大了许多，即使在这北风萧瑟的隆冬时节，也能想见春风醉人时它的婀娜，盛夏骄阳下它的圆润，秋高气爽中它的苍翠。这匆匆成长的国槐，从二层楼伸展到三层楼，确实用了五个年头。完成这部三十多万字的书稿，也花费了五个年头。

2011 年初冬时节，北京市哲学社会科学规划项目“外媒舆情分析与北京世界城市建设”正式立项。当时，我已开始为中宣部舆情局和北京市外宣办进行外媒舆情监测，原计划在外媒监测时嵌入关于北京城市形象的舆情分析，但是一个城市建设与发展的脉络，绝非两年、三年能够描画出眉目。北京的发展，日新月异；外媒的报道，五花八门。头绪繁多时，十分发愁如何结项。2013 年我转岗至学校党委宣传部，宣传部 7 种媒体每天运转，还有责任重大的意识形态工作不断加码，这一项目的研究暂时搁置了。

这个项目的再次启动，得缘于 2014 年底北京市人民政府新闻办公室委托北语外媒报道分析中心开展“境外媒体北京报道的特点、规律与对策研究”，当时内心的惴惴不安至今仍难以忘怀。那时我转岗至学校党委宣传部已近两年，繁忙的行政工作让我难以兼顾念兹在兹的舆情研究。在那犹豫彷徨的关头，是北京语言大学首都国际文化研究基地主任韩经太教授给了我坚持研究的定盘星。韩老师鼓励我接下北京市外宣办的任务，这不仅是在支持北京市的外宣工作，而且对于北京语言大学、对于首都国际文化研究基地下设的外媒报道分析中心来说，也具有重大意义。他说，北京语言大学和外媒报道分析中心就是以服务国家、服务外宣为宗旨的，结合你这两年的宣传工作经验，可以让舆情研究与现实需求有效对接，提升 2010 年以来我们开展的外媒舆情分析。韩老师用他的眼光和情怀激发了我继续持之以恒地开展外媒舆情监测。围绕外媒舆情监测，我们也建立了一支工作小分队，新闻传播学院青年教师郭之恩、张海华和我，分别带领一帮学生开始了紧锣密鼓的信息采集和分析工作。

北京市人民政府新闻办公室媒体服务处的徐和建处长是促成我继续坚持

外媒舆情监测的另一位智者，有赖于他的信任，我们长期合作、互相激励。他多次打电话指点外媒报道分析中心开展研究，亲自率队赴北语督导……在他的持续推动下，我们的外媒舆情监测终于步步推进。在此期间，徐处长也已荣升北京市人民政府新闻办副主任，实在是积跬步成千里，实至名归。

在课题研究过程中，郭之恩被评聘为副教授，张海华入选北京语言大学青年英才培养计划，我也顺利完成了宣传部部长的第一届任期。回首过去五个春秋，特别是 2016 年春节期间，趴在网上一篇篇地看英文新闻报道，一次次眼睛熬到充血，也一次次感受心灵的震撼——为什么我们伟大的祖国在西方媒体眼中，变得滑稽而可笑？为什么中国政府的许多改革，并不被西方媒体认可？外媒关于旧中国的刻板印象，虽然经历了 67 年的洗礼，仍然没有磨灭。长期以来，中国在外宣中的一些莽撞做法，确实还有不足，还缺乏国务院新闻办原主任赵启正、北京市外宣办原主任王惠那样了解外媒、善于引导外媒的政府官员。但，我们已在路上……我们孜孜以求，不忘初心，努力前行。我相信，中国终将拥有世界话语权，我们正在从“他塑”走向“自塑”。

此书付梓之际，衷心感谢在项目申报、研究和结项过程中给予我们无私帮助的人们：北京市政府新闻办公室的王惠主任、张劲林主任、徐和建副主任；新华社参编部《参考资料》编辑室的鲁向明主任；北京师范大学的喻国明教授、王长潇教授；北京语言大学的韩经太教授、张宝钧教授、罗智勇副教授，以及研究生高荣唱、孟俊汐、彭雪婷，本科生王笑璇、曹忆蕾、郭梦迪。感谢中国人民大学新闻学院院长赵启正惠赐序言，感谢北京语言大学国际化的校园文化对我们的滋养，感谢北京市哲学社会科学规划办尹岩处长、赵晓伟副处长的鼎力支持。最诚挚的致谢给予我亲密的合作者——郭之恩副教授、张海华博士，过去几年里，围绕这个项目的研究，我们共同成长，各有所获，而其中最宝贵的是收获了理解与信任，享受了风雨同行的快乐。最后，还要感谢默默支持我们的家人。因为这本书稿，我们错过了许多与他们相伴的时光，谢谢研究路上有他们的爱永伴左右。

高金萍

2017 年 1 月 9 日

图书在版编目（CIP）数据

北京镜像：2009—2016年度外媒北京报道研究/高金萍，郭之恩，张海华著．—北京：中国人民大学出版社，2017.12

北京市社会科学基金项目

ISBN 978-7-300-25320-6

Ⅰ.①北… Ⅱ.①高…②郭…③张… Ⅲ.①传播媒介-关系-城市-形象-研究-北京 Ⅳ.①TU984.271

中国版本图书馆CIP数据核字（2017）第318052号

北京市社会科学基金项目

北京镜像：2009—2016年度外媒北京报道研究

高金萍　郭之恩　张海华　著

Beijing Jingxiang：2009—2016 Niandu Waimei Beijing Baodao Yanjiu

---

出版发行	中国人民大学出版社		
社　　址	北京中关村大街31号	**邮政编码**	100080
电　　话	010－62511242（总编室）		010－62511770（质管部）
	010－82501766（邮购部）		010－62514148（门市部）
	010－62515195（发行公司）		010－62515275（盗版举报）
网　　址	http://www.crup.com.cn		
	http://www.ttrnet.com（人大教研网）		
经　　销	新华书店		
印　　刷	北京七色印务有限公司		
规　　格	165 mm×238 mm　16开本	**版　　次**	2017年12月第1版
印　　张	19.25 插页2	**印　　次**	2017年12月第1次印刷
字　　数	335 000	**定　　价**	58.00元
